高等院校机电类工程教育系列规划教材

工程测试技术及应用

主编　郑建明　班　华

副主编　赵庆海　杨　静

电子工业出版社

Publishing House of Electronics Industry

北京·BEIJING

内 容 简 介

本教材秉承"工程教育"的教学理念,对基础理论进行精简,对工程应用进行突出,从而为卓越工程技术人才的培养奠定基础。本教材分为上下两篇。上篇共 6 章,包括绪论、信号分析与处理基础、测试系统特性分析、敏感元件与传感器技术、信号调理及记录仪器以及计算机测试技术;下篇共 6 章,包括力与力矩的测量、位移与速度的测量、振动与噪声的测量、温度的测量、转速与功率的测量以及流体参量的测量。教材中还设立了"工程背景"、"应用点评"等环节,并免费为采用本教材授课的教师提供电子课件和书中所有插图(通过 yuy@phei.com.cn进行申请)。

本教材既可作为高等工科院校机械类及相关工科专业本科生的教材使用,也可作为企业和科研单位技术人员从事测试工作的参考书。

图书在版编目(CIP)数据

工程测试技术及应用/郑建明,班华主编. —北京:电子工业出版社,2011.1

(高等院校机电类工程教育系列规划教材)

ISBN 978-7-121-12234-7

Ⅰ. ①工… Ⅱ. ①郑… ②班… Ⅲ. ①工程测量-高等学校-教材 Ⅳ. ①TB22

中国版本图书馆 CIP 数据核字(2010)第 218097 号

策划编辑:余 义
责任编辑:余 义
印　　刷:北京虎彩文化传播有限公司
装　　订:北京虎彩文化传播有限公司
出版发行:电子工业出版社
　　　　　北京市海淀区万寿路 173 信箱　邮编　100036
开　　本:787×1092　1/16　印张:18.75　字数:480 千字
版　　次:2011 年 1 月第 1 版
印　　次:2023 年 7 月第 12 次印刷
定　　价:32.00 元

凡所购买电子工业出版社图书有缺损问题,请向购买书店调换。若书店售缺,请与本社发行部联系,联系及邮购电话:(010)88254888。

质量投诉请发邮件至 zlts@phei.com.cn,盗版侵权举报请发邮件至 dbqq@phei.com.cn。

服务热线:(010)88258888。

序

2008 年 7 月间，电子工业出版社邀请全国 20 多所高校几十位机电领域的老师，研讨符合"工程教育"要求的教材的编写方案。大家认为，这适应了目前我国高等院校工科教育发展的趋势，特别是对工科本科生实践能力的提高和创新精神的培养，都会起到积极的推动作用。

教育部于 2007 年 1 月 22 日颁布了教高（2007）1 号文件《教育部财政部关于实施高等学校本科教学质量与教学改革工程的意见》。同年 2 月 17 日，紧接着又颁布了教高（2007）2 号文件《教育部关于进一步深化本科教学改革全面提高教学质量的若干意见》。由这两份文件，可以看到国家教育部已经决定并将逐步实施"高等学校本科教学质量与教学改革工程"（简称质量工程），而质量工程的核心思想就在于培养学生的实践能力和创新精神，提高教师队伍整体素质，以及进一步转变人才培养模式、教学内容和方法。

教学改革和教材建设从来都是相辅相成的。经过近两年的教改实践，不少老师都积累了一定的教学经验，借此机会，编写、出版符合"工程教育"要求的教材，不仅能够满足许多学校对此类教材的需求，而且将进一步促进质量工程的深化。

近一年来，电子工业出版社选派了骨干人员与参加编写的各位教授、专家和老师进行了深入的交流和研究。不仅在教学内容上进行了优化，而且根据不同课程的需要开辟了许多实践性、经验性和工程性较强的栏目，如"经验总结"、"应用点评"、"一般步骤"、"工程实例"、"经典案例"、"工程背景"、"设计者思维"、"学习方法"等，从而将工程中注重的理念与理论教学更有机地结合起来。此外，部分教材还融入了实验指导书和课程设计方案，这样一方面可以满足某些课程对实践教学的需要，另一方面也为教师更深入地开展实践教学提供丰富的素材。

随着我国经济建设的发展，普通高等教育也将随之发展，并培养出适合经济建设需要的人才。"高等院校机电类工程教育系列规划教材"就站在这个发展过程的源头，将最新的教改成果推而广之，并与之共进，协调发展。希望这套教材对更多学校的教学有所裨益，对学生的理论与实践的结合发挥一定的作用。

最后，预祝"高等院校机电类工程教育系列规划教材"项目取得成功。同时，也恳请读者对教材中的不当、不贴切、不足之处提出意见与建议，以便重印和再版时更正。

中国工程院院士、西安交通大学教授

教材编写委员会

参编院校

(按拼音排序)

前　言

测试技术作为一项共性技术在工业生产与科学研究的各个领域都有着广泛的应用。随着科学技术的不断进步，产品信息化、数字化、智能化的趋势愈加明显，测试技术正日益成为科技发展水平的重要标志。我国许多高等工科院校自 20 世纪 80 年代以来都相继开设了"测试技术"这门课程，尤其对于机械与测控等相关专业更是一门十分重要的专业基础课。在长期的教学实践过程中，发现学生普遍存在难以将抽象的物理概念与工程实践相联系的问题，缺乏灵活运用测试技术解决实际工程问题的能力。

近年来，随着高等工科教育改革的不断深化，如何突出和加强大学生的工程实践与创新能力成为社会普遍关注的问题。为此，根据电子工业出版社"高等院校机电类工程教育系列规划教材"的出版计划，我们组织有关教师编写了这本面向工程教育的测试技术教材。

该教材在原有教材的基础上，对相关内容进行了进一步整合，压缩了信号与系统中抽象的理论与公式推导，将重点放在基本概念及其物理意义的工程解释上，使学生更加易于理解、掌握和应用；同时保留和补充了大量关于抽象物理概念与测试技术工程应用的实例，突出了理论与实践、知识与应用相结合，从而为培养卓越工程技术人才奠定了基础。

本教材分为上下两篇。上篇共 6 章，主要论述测试技术基础理论和方法。第 1 章绪论介绍测试技术发展概况与测量基础；第 2 章论述测试信号处理的基本理论、方法与现代信号处理的最新发展；第 3 章论述测试系统基本特性及其分析评价方法，实现无失真测试的条件以及负载和干扰对测试的影响及其解决措施；第 4 章介绍信号获取方法与传感器理论；第 5 章讨论信号转换与调理的原理和方法；第 6 章介绍计算机测试技术原理、构成与发展概况。下篇共 6 章，主要论述工程领域常见物理量的测试方法及其工程应用实例，各学校可根据实际情况选讲部分内容，同时也可作为上篇基础知识学习的补充材料，加强学生解决实际工程测试问题的能力。本教材的配套教学资源包括电子课件和书中所有插图，采用本教材授课的教师通过 yuy@phei.com.cn 可免费获取。

本教材既可作为高等工科院校机械类及相关工科专业本科生的教材使用，也可作为企业和科研单位技术人员从事测试工作的参考书。

本教材第 1、2 章由西安理工大学郑建明教授编写，第 3 章由西安理工大学赵庆海教授编写，第 4 章由华南农业大学班华高级工程师编写，第 5 章由华南农业大学刘洪山副研究员编写，第 6 章由华南农业大学王涛工程师编写，第 7、8 章由西安理工大学杨静副教授编写，第 9、10 章由西安理工大学王凯副教授编写，第 11、12 章由西安理工大学王世军副教授编写。全书由郑建明、班华担任主编，赵庆海、杨静担任副主编，郑建明统稿。

在本教材的编写过程中，参考和借鉴了大量有关测试技术方面的教材和论著，在此对它们的作者表示衷心的感谢。同时，由于时间紧迫和编者水平有限，书中难免存在错误与疏漏之处，恳请读者批评指正。

编　者

2010 年 11 月

目　　录

上篇　测试技术基础

上　篇

测试技术基础

第1章 绪 论

1.1 测试技术概述

1.1.1 测试技术的发展与重要性

测试是测量和试验的简称，是为了获取被测对象基本属性与内在运行规律有用信息，而对被测对象物理、化学、工程技术等方面的参量、特性等进行数值测定的工作，是取得对试验对象定性或定量信息的一种基本方法和途径。

信息是客观事物时间与空间的特性，是无所不在、无时不存的。人们为了某些特定的目的，需要从浩如烟海的信息中把有用的部分提取出来，以达到观测事物某一本质问题的目的。信息通过各种测试手段以"信号"的形式表达出来，供人们观测和分析，所以信号是某一特定信息的载体。

信息、信号、测试与测试系统之间的关系可以表述为：测试的目的是获取信息，信号是信息的载体，测试是通过测试系统得到被测参数信息并以信号的形式表现出来的技术手段。

从广义的角度来讲，测试技术涉及试验设计、模型试验、传感器、信号加工与处理、误差理论、控制工程、系统辨识和参数估计等内容；从狭义的角度来讲，测试技术是指在选定激励方式下，所进行的信号的检测、变换、处理、显示、记录及电量输出的数据处理工作。

人类处在一个广大的物质世界中，面对众多的测试对象和测试任务，被测的量千差万别、种类各异。为了保证加工零件的质量，要对机床主轴的振动特性进行监测和分析；飞机在飞行时要依靠众多仪表来测量和指示航向、速度、加速度、里程等一系列数据，从而确保飞机始终位于正确的航程中；轧钢过程中要对轧制的带钢厚度及宽度尺寸进行连续自动检测；为了保证旋转机械的平稳运行，要对旋转机械因轴承摩擦发热而造成的部件热变形进行检测……根据被测的物理量随时间变化的特性，可将它们从总体上分成静态量和动态量。所谓静态量是指那些静止的或缓慢变化的物理量，对这类物理量的测试称为静态测试或测量；所谓动态量是指随时间快速变化的物理量，对这类物理量的测试称为动态测试。

现代测试技术的一大特点是采用非电量电测方法，其测试结果通常是随时间变化的电量，即电信号。在这些电信号中，包含着有用信息和大量不需要的干扰信号。干扰的存在给测试工作带来了麻烦。测试工作中的一项艰巨的任务就是要从复杂的信号中提取有用的信号或从含有干扰的信号中提取有用的信息。

测试是人类认识客观世界的手段，是科学研究的基本方法。科学探索需要测试技术，用定量关系和数学语言来表述科学规律和理论也需要测试技术，检验科学理论和规律的正确性同样需要测试技术。可以认为，精确的测试是科学的根基。伟大的化学家、计量学家门捷列夫说过："科学是从测量开始的，没有测量就没有科学，至少是没有精确的科学、真正的科学。"我国"两弹一星"元勋王大珩院士也说过："仪器是认识世界的工具；科学是斗去量禾的学问。用斗去量禾就对事物有了深入的了解、精确的了解，就形成了科学。"

科学上的发现和技术上的发明是从对事物的观察开始的。对事物的精细观察就要借助于仪器，就要测试，特别是在自然科学和工业生产领域更是如此。在对事物观察、测试的基础上经过分析推导，形成认识。到这一阶段还只能是假说、学说。实践是检验真理的唯一标准，只有经过测试和考核，才能真正形成科学，所以在科学发展的哪一阶段都离不开测试。国家中长期科学技术发展规划指出，仪器仪表和测试是"新技术革命"的先导和基础。

纵观科学发展史和科技发明史，许多重大发现和发明都是从仪器仪表和测试技术的进步开始的。从 20 世纪初到现在，诺贝尔奖颁发给仪器发明、发展与相关的实验项目达 27 项之多。众所周知，没有哈勃望远镜就难以进行天体科学的研究，天体科学上的许多重大发现都是依靠哈勃望远镜的观测而得到的。扫描隧道显微镜的发明对纳米科技的兴起和发展可以说起了到决定性作用。

国防和高科技的发展也与测试技术密切相关。现代战争使用的主要武器都是精确制导武器，仪器仪表的测量控制精度决定了武器系统的打击精度，测试速度、诊断能力决定了武器系统的反应能力。美国正在发展反导弹战略计划，它的基本思想就是精确、快速地探测对方发射的导弹，并在此基础上发射自己的火箭进行拦截。测试是这一战略思想的技术基础。

在飞机、火箭、宇宙飞船的制造过程中，从加工到装配一步都离不开检测。火箭在现场进行安装、准备发射也离不开检测。在发射场上精确找正并发射后，由于大气和其他天体、气象等因素的影响，火箭、宇宙飞船还可能偏离预定的轨道，因此需要不断地检测航行的轨迹，进行校正。不仅要按测量结果校正航行轨迹，还要按测得的加速度控制燃料和气体的排放，以保证飞行轨道的准确，而对所有这些检测的精度和速度响应的要求是极高的。国家中长期科学技术发展规划指出，运载火箭的试制费一半用于仪器仪表，由此可见测试技术在发展航天、航空、国防等高科技中的作用。

在工程技术领域中，工程研究、产品开发、生产监督、质量控制和性能试验等，都离不开测试技术。信息技术与制造技术的融合是机械制造技术发展的主要方向。这些年，制造业的最大进步是制造业信息化的实现，而作为提供源头信息的测试技术在这里起关键作用。越是现代化的企业，测控设备在总投资中的比例越大。例如，在宝山钢铁公司建设中，仪器仪表、测试装备占总投资的 1/3。仪器仪表、测试装备对整个国民经济的推动作用很大。国家中长期科学技术发展规划指出，仪器仪表是国民经济的倍增器。美国 21 世纪 90 年代仪器仪表只占工业总产值的 4%，但它对国民经济的影响面占 66%。作为自动化的进一步发展就是智能化。智能化生产要求生产过程能自动适应环境、原材料、工具和装备条件的变化，使生产系统工作在最佳状态，获得最优的产品与效益。因此在整个智能化生产过程中，要对环境、原材料、工具和装备的状态进行检测，并在此基础上做出决策，使生产过程按最佳方式进行。

日常生活用具，如汽车、家用电器等方面也离不开测试技术。许多家用电器都带有测试装置，如傻瓜相机具有测量光亮度和物体距离的装置，能够自动调整曝光度和对焦。一辆现代汽车装有 50~60 个传感器，用于检测油量、油门打开的情况，以及司机是否喝了酒，安全带是否系好，等等。全球导航系统（GPS）也已成为汽车的必备装置。

总之，测试技术已渗透到人类活动的每个领域，从日常生活中的三表（水、电、气表）、每日的天气预报、医院中对病人的监护设施、汽车中的各种指示仪表，直至宇宙飞船的姿态控制装置、飞机的导航仪表。测试技术广泛地应用于工农业生产、科学研究、国内外贸易、国防建设、交通运输、医疗卫生、环境保护和人民生活的各个方面，起着越来越重要的作用，成为国民经济发展和社会进步的一项必不可少的重要基础技术。因而，先进的测试技术使用也就成为经济高度发展和科技现代化的重要标志之一。

1.1.2　测试系统的一般组成

如 1.1.1 节所述，现代测试技术对非电量的检测多采用电测法，即首先通过传感器将非电量转换为电量，然后经过放大、调理、传输、采集、分析处理等环节，将被测参量以数据或图表的形式显示或记录下来。虽然测试对象不同，所用的检测方法和仪器也不同，但是归纳起来，一个完整的测试系统一般由传感器、信号转换与调理电路、信号分析与处理装置、数据显示与记录仪器等模块组成。测试系统的原理与构成可用图1-1所示的原理方框图来描述。

图 1-1　测试系统原理与构成框图

传感器是测试系统中的第一个环节，用于从被测对象获取有用的信息，并将其转换为适合于测量的变量或信号。例如，当采用弹簧秤测量物体受力时，其中的弹簧便是一个传感器或者敏感元件，它将物体所受的重力转换成弹簧的变形-位移量。又如，当测量物体的温度发生变化时，可采用以水银为媒介的温度计作为传感器，将热量或温度的变化转换为汞柱液位亦即位移的变化。同样，也可采用热敏电阻来测温，此时温度的变化被转换为电参数-电阻率的变化。再如，在测试物体振动时，可以采用磁电式传感器，将物体振动的位移或振动速度通过电磁感应原理转换成电压变化量。由此可见，对于不同的被测物理量要采用不同的传感器，这些传感器的作用原理所依据的物理效应也是千差万别的。对于一个测试任务来说，首要的一步就是能够有效地从被测对象拾取能用于测试的信息，因此传感器在整个测试系统中的作用十分重要。

信号转换与调理电路是对从传感器输出的信号做进一步的加工和处理，包括对信号的转换、放大、滤波及一些专门的处理。这是因为从传感器出来的信号通常十分微弱，一般为毫伏级或毫安级，而且往往除有用信号外还夹杂有各种有害的干扰和噪声，因此在做进一步处理之前必须将干扰和噪声滤除掉。另外，传感器的输出信号往往具有光、机、电等多种形式，而对信号的后续处理往往都采取电的方式和手段，因而有时必须把传感器的输出信号进一步转换为适宜于电路处理的电信号。通过信号的调理，最终希望获得便于传输、显示和记录以及可做进一步后续处理的信号。

信号分析与处理装置接收来自信号转换与调理环节的信号，并对其进行各种运算、滤波、分析。例如，进行金属切削机床主电动机功率测试时，主电动机的三相交流输入信号经三相隔离采样电路后，形成三相电流、三相电压信号的共地跟踪电压信号，在单片机控制下由 A/D 转换器对其进行多点同步采样，采样得到的数据由 DSP 器件按电工原理计算出被测信号的三相有功功率（数字量），然后将其输出到显示与记录设备，或通过进一步的分析来实现对金属切削过程的监控。

数据显示和记录仪器是将调理和处理过的信号用便于人们观察和分析的介质和手段进行记录或显示。目前，常用的显示方式包括模拟显示、数字显示和图像显示。常用的记录仪有笔式记录仪、高速打印机、绘图仪、数字存储示波器、磁带记录仪、硬盘存储设备等。

图1-1所示的各个方框中的功能都是通过传感器和不同的测试仪器和装置来实现的，它们构成了测试系统的核心部分。但需要注意的是，被测对象和观察者也是测试系统的组成部分。

这是因为在用传感器从被测对象获取信号时，被测对象通过不同的连接或耦合方式也对传感器产生了影响和作用；同样，观察者通过自身的行为和方式也直接或间接地影响着系统的传递特性。因此，在评估测试系统的性能时必须考虑这两个因素的影响。

测试系统是用来测试被测信号的，被测信号经系统的加工和处理之后在系统的输出端以不同的形式被输出。系统的输出信号应该真实地反映原始被测信号，这样的测试过程被称为"精确测试"或"不失真测试"。如何实现一个精确的或不失真的测试？系统各部分应具备什么样的条件才能实现精确的测试？这正是测试技术中所要研究的一个主要问题。

1.1.3　测试技术的发展趋势

测试技术与科学技术的发展是相辅相成的。科学技术的飞速发展给测试技术的发展不断注入了新的活力。近20年来，现代物理学、微电子技术、计算机技术、信息技术、微机电系统的发展极大地推动了测试技术的迅猛发展。同时，随着人们对客观世界认识的不断深入与科学技术的不断进步，在科学研究与工程领域都不断地对测试技术的发展提出更高的要求和新的挑战。现代测试技术正朝着高度智能化、集成化、微型化方向发展，其发展特征主要表现在以下几个方面。

（1）测试仪器向高精度、高速度和多功能方向发展

精度是计量测试技术的永恒主题，随着科技的发展，各个领域对测试精度的要求越来越高。

在尺寸测量范畴内，从绝对量来讲已经提出了纳米与亚纳米的测量要求；在时间测量上，分辨力要求达到飞秒级，相对精度为 10 的 -14 次方；在电量上则要求能够精确测出单个电子的电量；在航空航天领域，对飞行物速度和加速度的测量都要求达到 0.05% 的精度。

在测量速度方面，机床、涡轮机、交通工具等的运行速度都在不断加快。目前，涡轮机转子的转速已达每分钟十几万次，要完成涡轮机转子和定子间气隙的准确测量，采样速率要求达到飞秒级。国防、航天等高科技领域对测量速度的要求更高，飞行器在运行中要对其轨迹、姿态、加速度不断进行校正，要求在很短时间内迅速做出反应。进行火箭拦截时，反应不及时就会发生灾难，测量和反应速度更是起决定作用。在对爆炸和核反映过程的研究中，也常要求能反应微秒时段内的状态数据。

在科学技术的进步与社会发展过程中，不断出现新领域、新事物，需要人们去认识、探索和开拓，如开拓外层空间、探索微观世界、了解人类自身的奥秘等。为此所需要测试的领域越来越多，环境也越来越复杂，涉及天上、地下、水中和人体内部。有的测量条件越来越恶劣，如高温、高速、高湿、高尘、振动、密闭、遥测、高压力、高电压、深水、强场、易爆等。所需测量的参数类别也越来越多。在有的要求实现联网测量，以便在跨地域情况下实现同步测量。有的则要求对多种参数实现同步测量，而同步的要求达微秒级。所有这一切都要求测量手段与方法具有更强的功能。

（2）传感器向新型、微型、智能型发展

传感器材料是传感器技术的重要基础。近年来，随着材料科学与技术的飞速发展，各种性能优良的新型材料在传感器技术领域的应用日益广泛，如采用半导体硅材料研制的各种类型的硅微结构传感器，采用石英晶体材料研制的各种微小型化的高精密传感器，利用功能陶瓷材料研制的各种特殊功能的传感器。此外，一些化合物半导体材料、复合材料、薄膜材料、记忆合金材料等在传感器技术中也得到了成功的应用。所以，开发新型功能材料已成为发展传感器技术的关键之一。

从 IC 制造技术发展起来的微机械加工工艺使被加工的敏感结构的尺寸达到微米、亚微米级，并可以批量生产，从而制造出价格便宜的微型化传感器。传感器逐渐呈小型化、微型化的发展趋势。

微处理器技术的进步使传感器技术正在向智能化方向发展，这也是信息技术发展的必然趋势。所谓智能化传感器就是将传感器获取信息的功能与专用的微处理器的信息分析、处理等功能紧密结合在一起的传感器。由于微处理器具有计算与逻辑判断功能，故可以方便地对数据进行滤波、变换、校正补偿、存储记忆、输出标准化等；同时实现必要的自诊断、自检测以及通信与控制等功能。

（3）测量范围向极端测量方向发展

就目前测试技术的发展水平而言，常规测量已经比较成熟，但是随着研究的不断深入与领域的不断拓宽，一些极端情况下的测量任务不断涌现。尺寸测量要求能从原子核测到宇宙空间，电压测量要求能从纳伏测到百万伏，电阻测量要求能从超导测至 $10^{+14}\,\Omega$，加速度测量要求能从 $10^{-4}\,g$ 测到 $10^{+4}\,g$，温度测量要求能从接近绝对零度测到 10^{+18} 度。测试技术正在向解决这些极端测量问题的方向发展。

（4）参数测量与数据处理向自动化发展

一个产品的大型综合性试验，准备时间长，待测参数多，若众多数据依靠手工去处理，则不仅精度低，处理周期也太长。现代测试技术的发展，使采用以计算机为核心的自动测试系统成为可能。该系统一般能实现自动校准、自动修正、故障诊断、信号调制、多路采集和自动分析处理，并能打印输出测试结果。同时还出现了将微测试系统直接放入被测体内，直接测试被测体在工作过程中各种主要参数的变化，并将数据存储起来，然后通过计算机接口读出存储数据的测试技术。

1.1.4　课程的主要内容与学习方法

本课程主要围绕机械工程及相关领域产品开发、实验以及设备控制与运行监测中的测试问题，论述常见物理量的基本测试理论、测试方法与测试手段。其主要内容包括以下几个方面。

（1）信号处理的理论与方法　包括信号时域和频域描述方法；信号频谱的概念与频谱分析技术；信号卷积与相关分析；数字信号处理的基本理论与方法；现代信号处理方法的最新成果。

（2）测试系统基本特性及其分析评价方法　包括测试系统动态特性的概念及其传递函数与频响函数的描述方法；一、二阶系统的动态特性与参数测定方法；实现无失真测试的条件以及负载和干扰对测试的影响及其解决措施。

（3）传感器理论　包括各类常用传感器的原理、结构及性能参数，以及传感器的典型工程应用。

（4）信号转换与调理的原理和方法　包括常用电桥电路与信号放大器；信号的调制与解调的原理与方法；信号的滤波；常见的显示记录仪器的工作原理与性能特点。

（5）计算机测试技术　信号的模/数和数/模转换；计算机测试系统的原理、构成与设计；虚拟测试技术理论、硬件构成与软件实现等相关实用技术。

（6）工程领域常见物理量的测试方法及其工程应用。

测试技术作为一项共性技术在工业生产与科学研究的各个领域都有着广泛的应用，因此，我国许多高等院校的工科专业都相继开设了"测试技术"这门课程，尤其是机械与测控等相关专业更是一门十分重要的专业基础课。通过对本课程的学习，要求学生对工程测试问题有一个总体、全面的认识，掌握有关测试技术的基本理论和方法，学会针对具体测试对象合理选用或设计测试装置，初步具备运用测试技术进行工程试验的知识和技能，为进一步研究和处理工程技术问题打下基础。

测试技术是一门多学科交叉的课程，涉及数学、物理、电工学、电子学、信息、控制工程及计算机技术等多门学科的知识，学习中要求学生既具备扎实的基础，又具有较宽的知识面。同时测试技术的研究对象直接源于生产和科研现场，具有很强的实践性。因此，在学习过程中，必须注意理论联系实际，重视实践环节，注意抽象物理概念与实际工程问题的联系，才能真正掌握有关理论。学生只有通过必要的实验操作才能获得实验能力的培养，加深对所学知识的消化和理解，也只有这样，才能培养学生运用测试技术解决实际工程问题的能力。

1.2 测量的基础知识

在产品开发、试验研究及生产设备运行监测中，需要测量各种物理量（或其他工程参量）及其随时间变化的特性，这项工作通常由各种测量装置和测量过程来完成。在测量过程中，如何保证被测物理量及其随时间变化的准确性，是检测技术人员必须关注和解决的问题。在本节主要介绍测量的基本概念、测量误差与测量不确定性等关于测量的基础知识，为后续的测试工作奠定基础。

1.2.1 测量的基本概念与方法

1. 测量的概念

测量（Measurement）是借助专门的技术和仪表设备，采用一定的方法取得某一客观事物定量数据资料的实践过程。所谓"定量"，就是使用一定精度等级的测量仪器、仪表，比较准确地测得被测量的数值。例如，用电子天平测量大气尘降，可以精确到 0.1 mg；又如，用磁敏电阻可以测出地球磁场万分之一的变化，从而可以用于探矿或判定海底沉船的位置。

测量过程实质上是一个比较的过程，即将被测量与一个同性质的、作为测量单位的标准量进行比较，从而确定被测量是标准量的若干倍或几分之几的比较过程。用天平测量物体的质量就是一个典型的例子。测量结果可以表现为一定的数字，也可表现为一条曲线，或者显示成某种图形等。测量结果包含数值的大小、符号以及单位。

2. 测量方法分类

对于测量方法，从不同的角度出发，有不同的分类方法。根据被测量是否随时间变化，可分为静态测量和动态测量。例如，用激光干涉仪对建筑物的缓慢沉降进行长期监测就属于静态测量；又如，用光导纤维陀螺仪测量火箭的飞行速度、方向就属于动态测量。

根据测量的手段不同，可分为直接测量和间接测量。用标定的仪表直接读取被测量的测量结果，该方法被称为直接测量。例如，用磁电式仪表测量电流、电压；用离子敏 MOS 场效应晶体管测量 pH 值和甜度等。间接测量的过程比较复杂。首先要对几个与被测量有确定函数关系的量进行直接测量，将测量值代入函数关系式，经过计算求得被测量。例如，为了求出某一匀质金属球是否纯金，就必须测出它的密度。可先用电子秤称出球的质量 m，再用长度传感器测出球的直径 D，然后通过公式

$$\rho = m / \left(\frac{1}{6}\pi D^3 \right) \tag{1-1}$$

才可得到球的密度 ρ。通过与纯金的密度比较，就可得到结论。

根据测量结果显示方式的不同，可分为模拟式测量和数字式测量。目前，绝大多数测量均采用数字式测量。

根据测量时是否与被测对象接触，可分为接触式测量和非接触式测量。例如，用多普勒超声测速仪测量汽车超速与否就属于非接触测量。非接触测量不影响被测对象运行工况，是目前发展的趋势。

另外，为了监视生产过程，或在生产流水线上监测产品质量的测量称为在线测量，反之，则称为离线测量。例如，现代自动化机床均采用"边加工、边测量"的方式，就属于在线测量，它能保证产品质量的一致性。离线测量虽然能测出产品的合格与否，但无法实时监控生产质量。

根据测量的具体手段不同，又可分为偏位式测量、零位式测量和微差式测量。下面简单介绍这三种测量方式的测量过程和特点。

（1）偏位式测量

在测量过程中，被测量作用于仪表内部的比较装置，使该比较装置产生偏移量，直接以仪表的偏移量表示被测量的测量方式称为偏位式测量。例如，用弹簧秤测物体质量，用高斯计测量磁场强度等，均是直接以指针偏移的大小来表示被测量。在这种测量方式中，必须事先用标准量具对仪表刻度进行校正。显然，采用偏位式测量的仪表内不包括标准量具。

偏位式测量易产生灵敏度漂移和零点漂移。例如，随着时间的推移，弹簧的刚度会发生变化，弹簧秤的读数就会产生误差，所以必须定期对偏位式仪表进行校验和校准。偏位式测量虽然过程简单、迅速，但精度不高。

（2）零位式测量

在测量过程中，被测量与仪表内部的标准量相比较，当测量系统达到平衡时，用已知标准量的值决定被测量的值，这种测量方式称为零位式测量。在零位式测量仪表中，标准量具是装在测量仪表内的。用调整标准量来进行平衡操作过程，当两者相等时，用指零仪表的零位来指示测量系统的平衡状态。

例如，用天平测量物体的质量、用平衡式电桥测量电阻值等均属于零位式测量。在上述测量中，平衡操作花费的时间较多。为了缩短平衡过程，有时采用自动平衡随动系统。自动平衡电位差计原理示意图如图1-2所示。

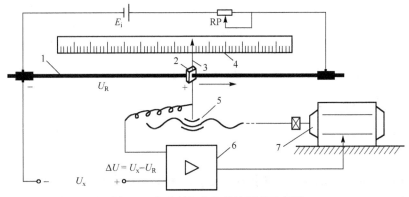

图 1-2 自动平衡电位差计原理示意图

1—滑线电阻；2—电刷；3—指针；4—刻度尺；5—传动机构；6—检零放大器；7—伺服电动机

测量时，传感器的输出 U_x 与比较电压 U_R 反向串联，U_x 与 U_R 叠加后的差值电压 ΔU 送到检零放大器放大，其输出电压控制伺服电动机的正反转状态，从而带动滑线电阻的滑动臂电刷触点及指针移动，直到滑线电阻上的压降 U_R 等于 U_x 时，检零放大器输出为零，伺服电动机停转，基准电压 U_R 的指示值就表示被测电压值 U_x，图1-2中的RP就是灵敏度调节电位器。零位式测量的特点是精度高，但平衡复杂，多适用于缓慢信号的测量。

（3）微差式测量

微差式测量是综合了偏位式测量速度快和零位式测量精度高的优点而提出的测量方法。这种方法预先使被测量与测量装置内部的标准量取得平衡。当被测量有微小变化时，测量装置失去平衡。用上述偏位式仪表指示出其变化部分的数值。

例如，用天平（零位式仪表）测量化学药品，当天平平衡之后，又增添了少许药品，天平将再次失去平衡。这时即使用最小的砝码也称不出这一微小的差值，但是可以从天平指针在标尺上移动的格数来读出这一微小差值。又如，用电子秤测物体质量，用不平衡电桥测量电阻值，以及如图1-3所示的核辐射钢板测厚仪都属于微差式测量。

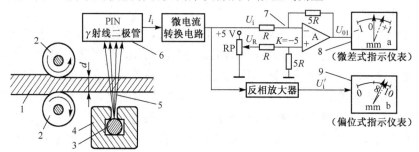

图 1-3 核辐射钢板测厚仪原理图

1—被测钢板；2—轧辊；3—γ 射线源；4—铅盒；5—γ 射线；6—γ 射线探测器；

7—差动放大器；8—指示仪表 a；9—指示仪表 b

在线测量钢板厚度前，先将标准厚度的钢板放置于 γ 射线和射线探测器之间，调节电位器 RP，使差动放大器的输出 U_{01} 为零，测量系统达到平衡。当移开标准钢板后，RP 所决定的参考电压 U_R 就成为电压比较装置中的标准量。被测钢板进入测量位置时，若被测钢板的厚度等于标准钢板的厚度，则 U_i 等于 U_R，差动减法放大器的输出为零，放大指示仪表 a 指在零位（中间位置）；若被测钢板的厚度不等于标准厚度，U_i 将大于或小于 U_R，其差值经差动放大器放大后，由指示仪表 a 指示出厚度的偏差值。用上述方法测量时，分辨力较高，但量程较小。在本例中，只能测量厚度变化在 ±1 mm 之间的钢板，但可分辨 0.1 mm 甚至更小的变化量。如果将 U_i 直接接到指示仪表 b 上，就是偏位式测量，其测量范围可达 0～10 mm，但分辨力会低得多。

微差式测量装置在使用时要定期用标准量校准（包括调零和调满度），才能保证其测量精度。

1.2.2 测量误差的定义及分类

1. 测量误差的概念

（1）真值

真值（True Value）即真实值，是指在一定时间和空间条件下，被测物理量客观存在的实际值。真值通常是不可测的未知量，一般说来，真值是指理论真值、规定真值和相对真值。

① 理论真值：理论真值也称为绝对真值，如平面三角形内角之和为 180°。

②　规定真值：国际上公认的某些基准量值。如国际上规定"米"是光在真空中 1/299 792 458 秒的时间间隔内所经路程的长度。这个米基准就作为计量长度的规定真值。规定真值也称为约定真值。

③　相对真值：计量器具按精度不同分为若干等级，上一等级的指示值即为下一等级的真值，此真值称为相对真值。

（2）测量误差

测量误差存在于一切测量中，测量误差定义为测量结果减去被测量的真值，即

$$测量误差 = 测量结果 - 真值 \tag{1-2}$$

（3）残余误差

由于真值通常是不可测的未知量，因此，实际测量中通常将被测量的最佳估计值作为约定真值，此时的测试误差称为残余误差，定义为测量结果减去被测量的最佳估计值，即

$$残余误差 = 测量结果 - 约定真值 \tag{1-3}$$

2．误差的分类

测试过程中，不可避免地会产生测量误差，究其原因，主要由以下因素引起的。

● 工具误差：包括试验装置、测量仪器所产生的误差，如传感器的非线性等。

● 方法误差：由测量方法不正确所引起的误差称为方法误差，包括测量时所依据的原理不正确而产生的误差，这种误差也称为原理误差或理论误差。

● 环境误差：在测量过程中，因环境条件的变化而产生的误差称为环境误差。环境条件主要指环境的温度、湿度、气压、电场、磁场及振动、气流、辐射等。

● 人为误差：测量者生理特性和操作熟练程度的优劣引起的误差称为人为误差。

为了便于对测量误差进行分析和处理，按照误差的特点和性质进行分类，可分为系统误差、随机误差和粗大误差。

（1）系统误差（Systematic Error）

在相同的测量条件下，当多次测量同一物理量时，误差不变或按一定规律变化着，这样的误差称为系统误差。在测量偏离了规定的测试条件时，或测量方法引入了会引起某种按确定规律变化的因素时就会出现此类误差。按其表现的特点，又可分为常值误差和变值误差两大类。常值误差在整个测量过程中，其数值和符号都保持不变。例如，由于刻度盘分度差错或刻度盘移动而使仪表刻度产生的误差。

引起系统误差的因素为系统效应。例如，环境温度、湿度波动、电源电压下降、机械零件变形移位、仪表零点漂移等。又如，用零点未调整好的天平称量物体，称量结果会产生偏高或偏低。

系统误差是有规律性的，因此可以通过实验的方法或引入修正值的方法计算修正，也可以重新调整测量仪表的有关部件使系统误差尽量减小。

由于系统误差及产生的原因不能完全知晓，因此通过修正和调整只能有限地对系统误差进行补偿，其系统误差的模会比修正前的小，但不能为零。

（2）随机误差（Random Error）

在相同的测量条件下，多次测量同一物理量时，误差的绝对值与符号以不可预定的方式变化着，也就是说，产生误差的原因及误差数值的大小、正负是随机的，没有确定的规律性，或者说带有偶然性，这样的误差就称为随机误差。随机误差大多是由影响量的随机变化而引

起的，这种变化带来的影响称为随机效应，它导致重复观测中的分散性。测量列中的每一个测量结果的随机误差是不相同的。随着重复次数的增加，出现的随机误差的总和趋向于零，即随机误差可以认为是测量误差中期望为零的误差分量，它反映了测量值离散性的大小。

随机误差就个体而言，从单次测量结果来看是没有规律的，但就其总体来说，随机误差服从一定的统计规律，多数随机误差都服从正态分布规律。因此可以通过增加测量次数，利用概率论的一些理论和统计学的一些方法，可以掌握看似毫无规律的随机误差的分布特性，并进行测量结果的数据统计处理。

（3）粗大误差（Gross Error）

粗大误差是指那些误差数值特别大，超出在规定条件下的预计值，测量结果中有明显错误的误差。这种误差也称为粗大误差。出现粗大误差的原因是由于在测量时仪器操作的错误，或读数错误，或计算出现明显的错误等。粗大误差一般是由于测量者粗心大意、实验条件突变造成的。

粗大误差由于误差数值特别大，容易从测量结果中发现，一经发现有粗大误差，应认为该次测量结果无效。数据处理时，可依据一定的原则剔除含有粗大误差的数据，消除其对测量结果的影响。

从测量的静态特性和动态特性来分类，还可将误差分为静态误差和动态误差。

（1）静态误差（Static Error）

在被测量不随时间变化时所产生的误差称为静态误差。前面讨论的误差多属于静态误差。

（2）动态误差（Dynamic Error）

当被测量随时间迅速变化时，系统的输出量在时间上不能与被测量的变化精确吻合，这种误差称为动态误差。例如，被测水温突然上升到100℃，玻璃水银温度计（属于一阶系统）的水银柱不可能立即上升到100℃。如果此时就记录读数，必然产生误差。

引起动态误差的原因很多。例如，用笔式记录仪（属于二阶系统）记录心电图时，由于记录笔有一定的惯性，所以记录的结果在时间上滞后于心电的变化，有可能记录不到特别尖锐的窄脉冲。用不同品质的心电图仪测量同一个人的心电图时的曲线如图1-4所示。

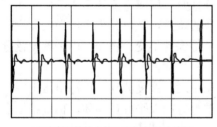 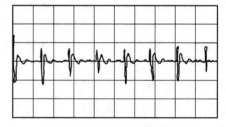

(a) 动态误差较小的心电图仪测量结果　　　　　　(b) 动态误差较大的心电图仪测量结果

图1-4　用不同品质的心电图仪测量同一个人的心电图时的曲线

由于其中一台放大器的带宽不够，动态误差较大，描绘出的窄脉冲幅度偏小。又如，用放大器放大含有大量高次谐波的周期信号（如很窄的矩形波）时，由于放大器的频响及电压上升率不够，电路中的积分常数较大，故造成高频段的放大倍数小于低频段，最后在示波器上看到的波形失真很大，从而产生误差。

图1-5所示的是一个突变的被测量引起某个测量系统产生的瞬态响应曲线。在 t_1 时刻，被测量 x 突然从零跃升到 $1.0y_e$，但由于测量仪表的输出无法立即跟上输入的突然变化，于是得

到如图1-5(b)所示的阶跃响应曲线。其主要性能指标有延迟时间 t_d、上升时间 t_r、峰值响应时间 t_p、调整时间 t_s、超调量 M_p 等，仪表的输出最终稳定在静态误差上。

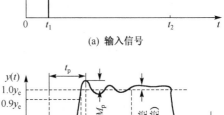

(a) 输入信号

一般静态测量要求仪器的带宽从 0 Hz（直流）到 10 Hz 左右，而动态测量要求带宽上限较高（例如，要求大于 10 kHz）。这就要求采用高速运算放大器，并尽量减小电路的时间常数。

对用于动态测量并带有机械结构的仪表而言，应尽量减小机械惯性，提高机械结构的谐振频率，才能尽可能真实地反映被测量的迅速变化。

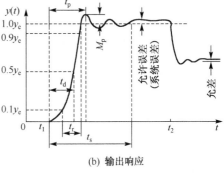

(b) 输出响应

图 1-5 阶跃响应曲线

3. 误差的表示方法

下面介绍几种常用的误差（绝对误差、相对误差和引用误差）的表示方法。

（1）绝对误差

绝对误差 Δx 是指实际测量值 x 与真值 x_0 之差，可表示为

$$绝对误差 = 测得值 - 真值 \tag{1-4}$$

（2）相对误差

相对误差是指绝对误差与被测真值之比值，通常用百分数表示，即

$$相对误差 = \frac{绝对误差}{被测真值} \times 100\% \tag{1-5}$$

当被测真值为未知数时，一般可用测得值的算术平均值代替被测真值。对于不同的被测值，用测量的绝对误差往往很难评定其测量精度的高低，通常采用相对误差来评定。

（3）引用误差

引用误差是指测量仪器的绝对误差除以仪器的满量程值所得的值，即

$$引用误差 = \frac{绝对误差}{满量程值} \times 100\% \tag{1-6}$$

引用误差实质上是一种相对误差，可用于评价某些测量仪器的准确度。国际规定电测仪表的精度等级指数 α 分为 0.1、0.2、0.5、1.0、1.5、2.5、5.0 共 7 个等级，其最大引用误差不超过仪器精度等级指数 α 百分数，即引用误差 $\leq \alpha\%$。

（4）分贝误差

分贝误差定义为

$$分贝误差 = 20 \times \lg\frac{测量结果}{真值} \tag{1-7}$$

分贝误差的单位为 dB，但本质上属于无量纲量，是一种特殊形式的相对误差。

（5）表征测量结果质量的指标

既然测量过程中必然存在误差，那么，测量结果的可信程度就显得非常重要。在计量中，常用正确度、精密度、准确度、不确定度等来描述测量的可信度。

① 正确度　正确度表示测量结果中系统误差大小的程度，即由于系统误差而使测量结果与被测真值偏离的程度。系统误差越小，测量结果越正确。

② 精密度　精密度表示测量结果中随机误差大小的程度，即在相同条件下，多次重复测量所得测量结果彼此间符合的程度。随机误差越小，测量结果越精密。

③ 准确度　准确度表示测量结果中系统误差与随机误差综合大小的程度，即测量结果与被测真值偏离的程度。综合误差越小，测量结果越准确。

④ 不确定度　不确定度表示合理赋予被测值的分散性，与测量结果相联系的参数。不确定度越小，测量结果可信度越高。

1.2.3　不确定度评定的基本知识

当给出测量结果时，必须对其质量给出定量的说明，以确定测量结果的可信度。近年来，人们已越来越普遍地认为，在测量结果的定量表述中，用"不确定度"比"误差"更为合适。测量不确定度是对测量结果质量的定量表征，测量结果的可用性很大程度上取决于其不确定度的大小，所以测量结果必须附有不确定度说明才是完整并有意义的。

1. 有关不确定度的术语

本节所用术语及定义与中华人民共和国国家计量规范 HFl059—1999 相一致。

（1）标准不确定度：以标准差表示的测量不确定度。

（2）不确定度的 A 类评定：用对观测序列进行统计分析的方法来评定标准不确定度，并用实验标准偏差（即样本标准偏差）来表征。不确定度的 A 类评定有时又称为 A 类不确定度评定。

（3）不确定度的 B 类评定：用不同于观测序列进行统计分析的方法来评定标准不确定度。不确定度的 B 类评定有时又称为 B 类不确定度评定。

（4）合成标准不确定度：当测量结果是由若干个其他量的值求得时，按其他各量的方差和协方差算得标准不确定度；它是测量结果标准差的估计值。

（5）扩展不确定度，确定测量结果区间的量，合理赋予被测量之值分布的大部分可望包含于此区间。扩展不确定度有时也称为展伸不确定度或范围不确定度。

（6）包含因子：是为求得扩展不确定度，对合成标准不确定度所乘之数字因子。

2. 产生测量不确定度的原因

（1）产生测量不确定度的因素

测量过程中有许多引起不确定度的因素，它们可能来自以下几个方面：

① 被测量的定义不完整；

② 复现被测量的测量方法不理想；

③ 取样的代表性不够，即被测样本不能代表所定义的被测量；

④ 对测量过程受环境影响的认识不恰如其分，或对环境的测量与控制不完善；

⑤ 对模拟式仪器的读数存在人为偏移；

⑥ 测量仪器的计量性能（如灵敏度、鉴别力阈、分辨力、死区及稳定性等）的局限性；

⑦ 测量标准或标准物质的不确定度；

⑧ 引用的数据或其他参数的不确定度；

⑨ 测量方法和测量程序的近似和假设；

⑩ 在相同条件下被测量在重复观测中的变化。

在实际工作中经常会发现，无论怎样控制环境及各类对测量结果可能产生影响的因素，最终的测量结果总会存在一定的分散性，即多次测量的结果并不完全相等。这种现象是一种客观存在，是由一些随机效应造成的。

上述不确定度因素之间可能相关，例如第⑩项可能与前面各项有关。对于那些尚未认识到的系统效应，显然是不可能在不确定度中予以考虑的，但它可能导致测量结果的误差。

由此可见，测量不确定度一般来源于随机性或模糊性。前者归因于条件不充分，后者归因于事物本身概念不确定。因而，测量不确定度一般由许多分量组成，其中一些分量具有统计性，另一些分量具有非统计性。所有这些不确定度的来源，若影响到测量结果都会对测量结果的分散性做出贡献。可以用概率分布的标准差来表示测量的不确定度，称为标准不确定度，它表示测量结果的分散性。也可以用具有一定置信概率的区间来表示测量不确定度。

3．测量不确定度及其数学模型的建立

测量不确定度通常由测量过程的数学模型和不确定度的传播律来评定。由于数学模型可能不完善，所有有关的量应充分反映其实际情况的变化，以便可以根据尽可能多的观测数据来评定不确定度。在可能的情况下，应采用按长期积累的数据建立起来的经验模型。核查标准和控制图可以表明测量过程是否处于统计控制状态之中，有助于数学模型的建立和测量不确定度的评定。

当某些被测量是通过与物理常量相比较得出其估计值时，按常数或常量来报告测量结果，可能比用测量单位来报告测量结果有较小的不确定度。例如，一台高质量的齐纳电压标准通过与约瑟夫森效应电压基准相比较而被校准，该基准是以国际计量委员会（CIPM）向国际推荐的约瑟夫森效应常量 K_{1-90} 的约定值为基础的。当按约定的 K_{1-90} 作为单位来报告测量结果时，齐纳电压标准的已校准电压 V_s 的相对合成标准不确定度 $u_{crel}(V_s) = u_c(V_s)/V_s = 2 \times 10^{-8}$。然而，当 V_s 按电压的单位伏特给出时，$u_{crel}(V_s) = 4 \times 10^{-7}$，因为 K_{1-90} 用 Hz/V 表示其量值时引入了不确定度。

在实际测量的很多情况下，被测量 Y 不能直接测得，而是由 N 个其他量 $X_1, X_2, \cdots, X_N$ 通过函数关系 f 来确定，即

$$Y = f(X_1, X_2, \cdots, X_N) \tag{1-8}$$

式(1-8)称为测量模型或数学模型。

数学模型不是唯一的，如果采用不同的测量方法和不同的测量程序就可能有不同的数学模型。例如，一个随温度 t 变化的电阻器两端的电压为 V，在温度为 t_0 时的电阻为 R_0，电阻器的温度系数为 α，则电阻器的损耗功率 P 取决于 V, R_0, α 和 t，即

$$P = f(V, R_0, \alpha, t) = V^2 [1 + \alpha(t - t_0)] / R_0 \tag{1-9}$$

同样是测量该电阻器的损耗功率 P，也可采用测其端电压和流经电阻的电流来获得，则 P 的数学模型就变成

$$P = f(V, I) = VI$$

有时被测量的数学模型也可能简单到 $Y = X$，如当用卡尺测量工件的尺寸时，工件的尺寸就等于卡尺的示值。

在式(1-8)中，设被测量 Y 的估计值为 y，输入量 X_i 的估计值为 x_i，则有

$$Y = f(x_1, x_2, \cdots, x_N) \tag{1-10}$$

式(1-8)中，大写字母表示的量的符号代表可测的量，也代表随机变量。当叙述为 X_i 具有某概率分布时，这个符号的含义就是随机变量。

在一列观测值中，第 k 个 X_i 的观测值用 X_{ik} 表示。如电阻器的电阻符号为 R，则某观测列中的第 k 次值表示为 R_k。

在式(7-10)中，当被测量 Y 的最佳估计值 y 是通过输入量 $X_1, X_2, \cdots, X_N$ 的估计值 $x_1, x_2, \cdots, x_N$ 得出时，可以有以下两种方法得到 Y 的最佳估计值 y，即

$$y = \bar{y} = \frac{1}{n}\sum_{k=1}^{n} y_k = \frac{1}{n}\sum_{k=1}^{n} f(x_{1,k}, x_{2,k}, \cdots, x_{N,k}) \tag{1-11}$$

式中，y 是取 Y 的 n 次独立观测值 y_k 的算术平均值，其每个观测值 y_k 的不确定度相同，且每个 y_k 都是根据同时获得的 N 个输入量 X_i 的一组完整的观测值求得的。

$$y = f(\bar{x}_1, \bar{x}_2, \cdots, \bar{x}_N) \tag{1-12}$$

式中，$\bar{x}_i = \dfrac{1}{n}\sum_{k=1}^{n} x_{i,k}$，它是独立观测值 $X_{i,k}$ 的算术平均值。这一方法的实质是先求得 X_i 最佳估计值 $\bar{x}_i$，再通过函数关系式得出 y。

以上两种方法，当 f 是输入量 X_i 的线性函数时，它们的结果相同。但当 f 是 X_i 的非线性函数时，则式(1-12)的计算方法较为优越。

在数学模型中，输入量 $X_1, X_2, \cdots, X_N$ 可以是由当前直接测定的量，也可以是由外部引入的量。由当前直接测定的量值与不确定度可得自单一观测、重复观测、依据经验对信息的估计，并可包含测量仪器读数修正值，以及对周围温度、大气压、湿度等影响的修正值。对于由外部引入的量，如已校准的测量标准或由手册所得的参考数据等。

x_i 的不确定度是 y 的不确定度的因素。当寻找不确定度的因数时，可从测量仪器、测量环境、测量人员、测量方法、被测量等方面全面考虑，应做到不遗漏、不重复，特别应考虑对结果影响大的不确定度因数。遗漏会使 y 的不确定度过小，重复会使 y 的不确定度过大。

在评定 y 的不确定度之前，为确定 Y 的最佳值，应将所有修正量加入测得值，并将所有测量异常值剔除。Y 的不确定度将取决于 x_i 的不确定度，为此首先应评定 x_i 的标准不确定度 $u(x_i)$。评定方法可归纳为 A，B 两类。具体的评定方法，读者可参考有关专著。

1.3 思考题与习题

1-1 列举一些测试在工程中的应用实例，说明测试产品信息化和数字化中的作用与地位。

1-2 论述一个测试系统的基本构成与系统各环节的基本功能。

1-3 何谓测量误差？通常测量误差是如何分类与表示的？

1-4 简述测量不确定度的概念。

1-5 试论述静态测量与动态测量的区别。

1-6 根据自己熟悉的某物理量的测量过程，总结测量具体的实现过程与实施方法。

信号分析与处理基础

工程背景

从工业现场通过传感器获取的信号，通常含有各种噪声的干扰，同时蕴涵着环境、被测对象状态和属性等多种丰富的有用信息。例如，从加工过程中采集的切削力信号包含着金属切削、刀具磨损状态、工艺系统振动等多种信息，同时又受到测量噪声、工件材质不均等因素的干扰。因此，若从时域波形来看，则通常看到的是杂乱无章的不规则信号，难以直接准确地获得所需要的对象信息，所以必须对信号进行必要的分析和处理。本章就是旨在为信号分析与处理奠定基础。

内容提要

本章主要讲述有关信号处理的一些基本理论和方法。重点介绍周期信号的傅里叶级数、非周期信号的傅里叶变换，以及频谱分析及其工程应用。最后，对数字信号的获取与处理、现代信号处理方法进行简要介绍。

2.1 信号与测试系统

　　信号是运载信息的工具，是信息的载体。从广义上讲，它包含光信号、声信号和电信号等。例如，古代人利用点燃烽火台而产生的滚滚狼烟，向远方军队传递敌人入侵的信息，这属于光信号；当我们说话时，声波传递到他人的耳朵，使他人了解我们的意图，这属于声信号；遨游太空的各种无线电波、四通八达的电话网中的电流，都可以用来向远方表达各种信息，这属于电信号。人们通过对光、声、电信号进行接收，才知道对方要传递的信息。信号处理的基本任务就是运用数学的方法和工具从信号中获取有用的信息。

　　测试系统的主要任务是用来获取和传递被测对象的各种参数（温度、压力、速度、位移、流量等）。为了使观察者能得到被测的各种参数，必须采用适当的转换设备将这些参数按一定的规律转换成对应信号，再经合适的传递介质，如传输线、电缆、光缆、空间等将信号传递到观察者。一个测试系统从大的方面来讲主要是由信号的传感部分、信号的转换与调理、信号的显示与记录三部分组成。图2-1为一个接收物体振动信号的测试系统结构框图，图中假设被测的物理量为一个物体的简谐振动，其振动的位移为 x，频率为 f_x。采用位移传感器将该振动信号转换为毫伏量级的电压信号。但同时该传感器也得到邻近设备的高频干扰信号，该信号也叠加到有用信号上。采用一个放大器将上述信号放大到一个足以方便计算机进行记录和处理的电平。同时，为了去除不希望的干扰噪声信号，在放大之后设置了一级低通滤波。经过滤波后的信号再送给计算机进行记录或显示。

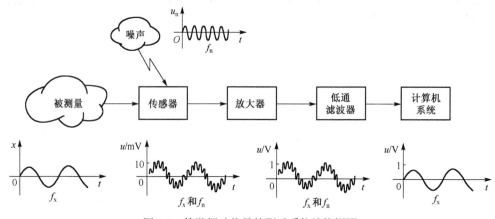

图 2-1　简谐振动信号的测试系统结构框图

　　在上述测试系统中，放大器和低通滤波器组成了测试系统的信号转换与调理部分，而计算机组成了测试系统的显示与记录部分。对于不同的被测参量，测试系统的构成及作用原理可以不同。一个较复杂的系统可以像图2-1所示的系统那样，包括数个功能部件；但有时候一个简单的测试系统可能仅包括传感器本身就行了。根据不同的作用原理，测试系统可以是机械的、电的和液压的等。尽管这些系统所处理的对象有所不同，但它们都可能具有相同的信号传递特性。实际中，当对待属性各异的各类测试系统时，常常略去系统具体的物理含义，而将其抽象为一个理想化的模型，目的是为了得到系统共性的规律。将系统中变化着的各种物理量，如力、位移、加速度、电压、电流、光强等称为信号，客观地研究信号作用于测试系统的变化规律，来揭示系统对信号的传递特性。

可见，信号与系统是紧密相关的。信号按一定的规律作用于系统，系统在输入信号的作用下，对它进行"加工"，并输出"加工"后的信号。通常将输入信号称为系统的激励，而将输出信号称为系统的响应。

在讲到信号时不能不提及"噪声"的概念。噪声也是一种信号，噪声的定义是：任何干扰对信号的感知和解释的现象称为噪声。"噪声"一词本来源于声学，意思也是指那些干扰对声音信号的感知和解释的声学效应。噪声作为对信号的污染产生于测试系统的各个环节，信号处理实质就是去除信号中的噪声，保留信号中的有用信息，达到去伪存真的目的。

信号被噪声所污染的程度用信噪比来度量。信噪比 ξ 表达为信号功率 P_s 与噪声功率 P_n 之比，通常将信噪比用分贝来表示，即

$$\xi_{dB} = 10\lg\frac{P_s}{P_n} \tag{2-1}$$

【工程应用点评 2-1】　信号与噪声的区别

　　信号与噪声的区别纯粹是人为的，主要取决于使用者对两者的评价标准。某种场合中被认为是干扰的噪声信号，在另一种场合却可能是有用的信号。例如，齿轮噪声对工作环境来说是一种"污染"，但这种噪声也是齿轮传动缺陷的一种表现，因而可用来评价齿轮副的运动状态，并用它来对齿轮传动机构进行故障诊断。从这个意义上来讲，它又是一个有用的信号。一个被干扰的信号仍然是一个信号，因此仍采用相同的模型来描述有用信号及其干扰，这样，信号理论也必须包括噪声理论。

2.2　信号的分类与其描述

2.2.1　信号的分类

不同信号可以从不同的角度分类。对于工程测试信号（或测试数据），通常有以下几种分类方法。

1. 确定性信号和随机信号

若将信号表示为确定时间的函数，则根据信号随时间的演变特性可将信号分为两大类：确定性信号和随机信号。

（1）确定性信号　是指可以用合适的数学模型或数学关系式来完整地描述或预测其随时间演变情形的信号，又分为周期信号和非周期信号。

①　周期信号　是指经过一定时间可以重复出现的信号，可表示为

$$x(t) = x(t + kT) \tag{2-2}$$

式中，T 为周期。周期信号服从一种规则的、周期重复的变化规律，重复的周期为 T。简谐（正弦、余弦）信号和周期性的方波、三角波等非简谐信号都是周期信号。

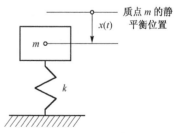

图 2-2　单自由度振动系统

例如，当集中质量的单自由度振动系统（如图2-2所示）进行无阻尼自由振动时，其位移 $x(t)$ 就是确定性的周期信号，可用式(2-3)来确定质点各时刻的瞬时位置。

$$x(t) = x_0 \sin\left(\sqrt{\frac{k}{m}}t + \phi_0\right) \tag{2-3}$$

式中，x_0、ϕ_0 表示取决于系统初始条件的常数；m 表示质量；k 表示弹簧刚度；t 表示时刻。其周期为 $T_0 = 2\pi / \sqrt{k/m}$，圆频率为 $\omega_0 = 2\pi / T_0 = \sqrt{k/m}$。

② 非周期信号　是指不具有周期重复性质的确定性信号。

非周期信号又可分成准周期信号和瞬态信号两类。其中，准周期信号是由两个以上频率比为无理数的周期信号合成的。如图2-3所示，信号为三个正弦信号的合成的，其频率比不是有理数的，因此合成信号不满足其周期条件。这类信号往往出现于通信、振动系统，广泛应用于机械转子振动分析、齿轮噪声分析、语音分析等。

瞬态信号是指除准周期之外的其他非周期信号，是在一定的时间内存在，或随时间的增长而衰减至零的信号。在如图2-2所示的振动系统中，若加上阻尼装置后，其质点的位移 $x(t)$ 可用下式表示：

$$x(t) = x_0 e^{-at} \sin(\omega_0 t + \phi_0) \tag{2-4}$$

其图形如图2-4所示，属于一种瞬态信号，位移 $x(t)$ 随时间的无限增加而衰减至零。

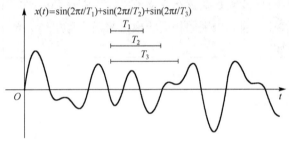

图 2-3　准周期信号

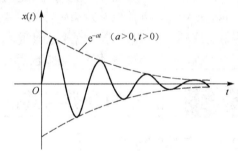

图 2-4　指数衰减振动系统

（2）随机信号　是指不能准确预测其未来瞬时值，也无法用哪个数学关系式来描述的信号。可分成两大类：平稳随机信号和非平稳随机信号。

① 平稳随机信号　信号的统计特征参数是时不变的，如图2-5所示。

② 非平稳随机信号　不具有上述特点的随机信号称为非平稳随机信号，如图2-6所示。

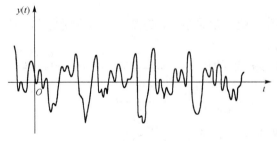

图 2-5　平稳随机信号图

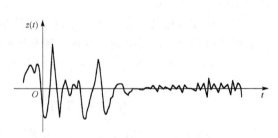

图 2-6　非平稳随机信号

在工程测试中，随机信号大量存在，如汽车行驶时的振动信号、环境噪声信号、切削材质不均匀工件时的切削力信号等。这类信号无法用公式对它进行精确描述，也无法预见任意时刻此信号的确切大小，最多只能用概率统计的方法指出某一时刻此信号取得某一值的概率。

2．能量信号和功率信号

信号 $x(t)$ 的平方 $x^2(t)$ 及其对时间的积分分别称为信号的功率和能量。当 $x(t)$ 满足

$$\int_{-\infty}^{\infty} |x(t)|^2 \, \mathrm{d}t < \infty \tag{2-5}$$

时，则称信号 $x(t)$ 为能量有限信号，也称为平方可积信号，简称能量信号。如矩形脉冲、衰减指数信号等均属这类信号。能量信号仅在有限时间区段内有值，或在有限时间区段内其幅值可衰减至小于给定的误差值或趋近于零。

当信号在有限区间 (t_1, t_2) 满足条件

$$\frac{1}{t_2 - t_1} \int_{t_1}^{t_2} |x(t)|^2 \, \mathrm{d}t < \infty \tag{2-6}$$

时，则称信号为平均有限功率信号，简称功率信号。

在如图 2-2 所示的无阻尼振动系统中，其位移 $x(t)$ 便是能量无限的正弦信号，但在一定的时间区间内，其功率是有限的。在该系统加上阻尼之后，其振动将逐渐衰减，此时的信号便是能量有限的。

3．连续信号和离散信号

根据信号的幅值及其自变量（即时间 t）是连续的还是离散的，可将信号分成连续信号和离散信号。若信号的独立变量是连续的，则称该信号是连续信号，如图 2-7(a) 所示；若信号的独立变量是离散的，则称该信号为离散信号，图 2-7(b) 所示的是将连续信号等时距采样后的结果，它属于离散信号。

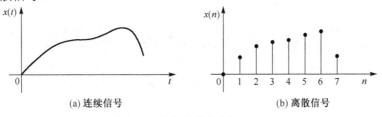

(a) 连续信号　　　　　　　　　(b) 离散信号

图 2-7　连续信号和离散信号

对连续信号来说，信号的独立变量（时间 t 或其他量）是连续的，而信号的幅值或值域可以是连续的，也可以是离散的，自变量和幅值均为连续的信号称为模拟信号。对于离散信号来说，若信号的自变量为离散值但其幅值为连续值时，称该信号为被采样信号；若信号的自变量及幅值均为离散的，则称为数字信号。计算机的输入、输出信号都是数字信号。

实际应用中，连续信号与模拟信号两个词常不加区分，离散信号与数字信号两个词也经常互相通用。

2.2.2　信号描述方法

信号作为一定物理现象的表示，包含着丰富的信息，但通常又是高度含噪的，无法直接从中提取某种有用的信息，必须对信号进行必要的分析和处理。所谓"信号分析"就是采取各种物理的或数学的方法准确、全面地从信号中提取有用信息的过程。

为了实现这一过程，从数学的角度讲，一般采用不同的基函数给出信号在不同变量域的数学描述，以便从不同角度研究信号的构成或提取需要的特征参数。

　　归纳起来，描述一个信号的变化过程的方法通常有三种：时域表示、频域表示和时频域（或时间-尺度）表示。如表 2-1 所示，时域表示的基函数为脉冲函数 $\delta(t)$，频域表示的基函数为复指数函数 $e^{j\omega t}$，时频域表示如短时傅里叶变换、Wigner-Ville 分布、小波变换等，其基函数为具有紧支撑的振荡函数 $g(t)e^{j\omega t}$。

表 2-1　基函数及信号的表示

基函数种类	脉冲函数 $\delta(t)$	复指数函数 $e^{j\omega t}$	紧支撑函数 $g(t)e^{j\omega t}$
基函数时域波形			
信号的表示	$x(\tau)=\int x(t)\delta(t-\tau)dt$	$P(\omega)=\dfrac{1}{2\pi}\int x(t)e^{-j\omega t}dt$	$P(\tau,\omega)=\dfrac{1}{2\pi}\int x(t)g(t-\tau)e^{-j\omega t}dt$

　　从表 2-1 中可以直观地看出三种信号表示方法各自的特点及它们之间的相互关系。

　　在时域描述中，信号的自变量为时间，信号的历程随时间而展开。信号的时域描述主要反映信号的幅值随时间变化的特征。频域分析法是将信号和系统的时间变量函数或序列变换成对应频率域中的某个变量的函数，来研究信号和系统的频域特性。

　　上述两种信号表示方法的特点是它们相互之间是孤立的，没有将时域和频域组合成一个域，特别是，信号的时变信息在频域是不容易得到的。而在不少实际问题中，我们关心的却是信号在局部范围中的特征。于是出现了信号的时频域表示，它采用介于脉冲函数与复指数函数之间的紧支撑振荡函数作为基函数，能够同时提供信号的时间频率局部化信息，对奇异信号的处理具有显著效果。时频分析技术的出现为非平稳信号的处理提供了强有力的工具。

【工程应用点评 2-2】　信号描述方法的选取

　　对一个信号具体采用何种方法来分析和描述，完全取决于不同测试任务的需要。时域描述直观地反映信号随时间变化的情况，频域描述侧重描述信号的组成成分，时频域描述则主要反映信号的组成成分随时间的变化规律。无论采用哪一种描述法，同一信号均含有相同的信息量，不会因方法的不同而增添或减少原信号的信息量，并且信号的描述可以在不同的域之间互相转换，如傅里叶变换可以使信号的描述从时域变换到频域，而傅里叶逆变换可以从时域变换到频域。

2.3　周期信号的频谱——傅里叶级数

2.3.1　周期信号的三角函数展开式与离散频谱

　　从数学分析可知，在有限区间上，一个周期信号 $x(t)$ 当满足狄利克雷（Dirichlet）条件时可展开成傅里叶级数。傅里叶级数的三角函数展开式为

$$x(t)=a_0+\sum_{n=1}^{\infty}(a_n\cos n\omega_0 t+b_n\sin n\omega_0 t) \tag{2-7}$$

式中，$a_0=\dfrac{1}{T}\int_{-T/2}^{T/2}x(t)dt$，是此函数在一个周期内的平均值，也称为直流分量；$a_n=\dfrac{2}{T}$

$\int_{-T/2}^{T/2} x(t)\cos n\omega_0 t \mathrm{d}t$，是 n 次余弦谐波分量的幅值；$b_n = \dfrac{2}{T}\int_{-T/2}^{T/2} x(t)\sin n\omega_0 t \mathrm{d}t$，是 n 次正弦谐波分量的幅值；T 为周期；ω_0 为基波圆频率或角频率，$\omega_0 = \dfrac{2\pi}{T}$；$n = 1, 2, 3\cdots$ 为正整数。

将式(2-7)中正、余弦函数的同频率项合并、整理，可得信号另一种形式的傅里叶级数表达式为

$$x(t) = a_0 + \sum_{n=1}^{\infty} A_n \cos(n\omega_0 t + \phi_n) \tag{2-8}$$

式中，$A_n = \sqrt{a_n^2 + b_n^2}$，为 n 次谐波的幅值；$\phi_n = -\arctan\dfrac{b_n}{a_n}$，为 n 次谐波的相位角。

从式(2-7)可知，周期信号可由有限多个或无限多个不同频率的正、余弦（谐波）分量叠加而成。通常，为直观地表示出一个信号的频率成分结构，以圆频率作为横坐标，以信号各次谐波的幅值 A_n 和相角作为纵坐标作图，可得到信号的幅频谱和相频谱。由于 n 为整数，各频率分量仅在 $n\omega_0$ 处取值，因而得到的是关于幅值 A_n 和相角 ϕ_n 的离散谱线。因此，周期信号的频谱是离散的。

【工程实例2-1】　███ **三角函数表示的傅里叶级数求解** ███

求图2-8所示的周期方波信号 $x(t)$ 的傅里叶级数。

解： 信号 $x(t)$ 在它的一个周期中的表达式为

$$x(t) = \begin{cases} -1 & -T/2 < t < 0 \\ 1 & 0 < t < T/2 \end{cases}$$

根据式(2-7)，常值分量为

$$a_0 = \frac{1}{T}\int_{-T/2}^{T/2} x(t)\mathrm{d}t = 0 \quad \text{（被积函数 } x(t) \text{ 为奇函数）}$$

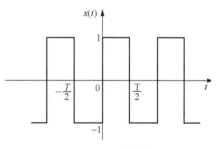

图 2-8　周期方波信号

余弦分量幅值为

$$a_n = \frac{2}{T}\int_{-T/2}^{T/2} x(t)\cos n\omega_0 t \mathrm{d}t = 0 \quad \text{（被积函数 } x(t) \text{ 为奇函数）}$$

正弦分量幅值为

$$b_n = \frac{2}{T}\int_{-T/2}^{T/2} x(t)\sin n\omega_0 t \mathrm{d}t = \frac{4}{T}\int_0^{T/2}\sin n\omega_0 t \mathrm{d}t = \frac{4}{T}\left[\frac{1}{n\omega_0}(-\cos n\omega_0 t)\Big|_0^{T/2}\right]$$

$$= \frac{2}{n\pi}(-\cos n\pi + 1) = \begin{cases} \dfrac{4}{n\pi} & n = 1, 3, 5\cdots \\ 0 & n = 2, 4, 6\cdots \end{cases}$$

根据式(2-7)，可得图2-8所示周期方波信号的傅里叶级数表达式为

$$x(t) = \frac{4}{\pi}\left(\sin\omega_0 t + \frac{1}{3}\sin 3\omega_0 t + \frac{1}{5}\sin 5\omega_0 t + \cdots\right)$$

方波频谱图如图 2-9 所示，其幅频谱仅包含信号的基波和奇次谐波，各次谐波的幅值以 $1/n$ 的倍数收敛。在信号的相频谱中，基波和各次谐波的相角均是零。

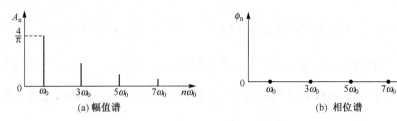

图 2-9 周期方波信号的频谱图

2.3.2 周期信号的复指数展开式

以上介绍的是傅里叶级数三角函数展开形式，傅里叶级数还可以表达为复指数函数形式。

由欧拉公式（$e^{\pm j\omega t} = \cos\omega t \pm j\sin\omega t$）可知：

$$\begin{cases} \cos\omega t = \dfrac{1}{2}(e^{-j\omega t} + e^{j\omega t}) \\[2mm] \sin\omega t = \dfrac{j}{2}(e^{-j\omega t} - e^{j\omega t}) \end{cases} \qquad (2\text{-}9)$$

将式(2-9)代入式(2-7)，整理得

$$x(t) = a_0 + \sum_{n=1}^{\infty}\left[\frac{1}{2}(a_n + jb_n)e^{-jn\omega_0 t} + \frac{1}{2}(a_n - jb_n)e^{jn\omega_0 t}\right] \qquad (2\text{-}10)$$

令 $C_0 = a_0$，$C_n = \dfrac{1}{2}(a_n - jb_n)$，$C_{-n} = \dfrac{1}{2}(a_n + jb_n)$，则

$$x(t) = C_0 + \sum_{n=1}^{\infty}\left[C_{-n}e^{-jn\omega_0 t} + C_n e^{jn\omega_0 t}\right] = \sum_{n=-\infty}^{\infty} C_n e^{jn\omega_0 t} \quad (n = 0, \pm 1, \pm 2\cdots) \qquad (2\text{-}11)$$

式(2-11)即为傅里叶级数的复指数函数展开式。将式(2-7)中的 a_0、a_n、b_n 表达式代入 C_n，可得

$$C_n = \frac{1}{T}\int_{-T/2}^{T/2} x(t)e^{-jn\omega_0 t}\mathrm{d}t \qquad n = 0, \pm 1, \pm 2\cdots \qquad (2\text{-}12)$$

从式(2-12)可知，C_n 是离散频率 $n\omega_0$ 的函数，故称为周期信号 $x(t)$ 的离散频谱。C_n 一般为复数，故可写为

$$C_n = \mathrm{Re}\,C_n + j\mathrm{Im}\,C_n = |C_n|e^{j\phi_n} \qquad (2\text{-}13)$$

式中，$\mathrm{Re}\,C_n$ 和 $\mathrm{Im}\,C_n$ 分别表示 C_n 的实部与虚部，$|C_n|$ 和 ϕ_n 分别为复系数 C_n 的振幅与相位，且有

$$|C_n| = \sqrt{\mathrm{Re}^2\,C_n + \mathrm{Im}^2\,C_n} \qquad (2\text{-}14)$$

$$\phi_n = \arctan\frac{\mathrm{Im}\,C_n}{\mathrm{Re}\,C_n} \qquad (2\text{-}15)$$

式(2-11)将一个周期信号展开成为共轭成对的复指数函数的无穷级数和，分别以$|C_n|$或ϕ_n与频率的关系作图，可得到信号复指数展开后的幅频谱图和相频谱图。

【工程实例2-2】　**复指数表示的傅里叶级数求解**

采用周期信号复指数展开式求如图2-8所示周期方波的频谱。

解：根据式(2-12)，有

$$C_n = \frac{1}{T}\int_{-T/2}^{T/2} x(t)\mathrm{e}^{-jn\omega_0 t}\mathrm{d}t = \frac{1}{T}\left[\int_{-T/2}^{0} -\mathrm{e}^{-jn\omega_0 t}\mathrm{d}t + \int_{0}^{T/2}\mathrm{e}^{-jn\omega_0 t}\mathrm{d}t\right]$$

$$= \frac{1}{T}\cdot\frac{1}{jn\omega_0}\left[2-(\mathrm{e}^{jn\pi}+\mathrm{e}^{-jn\pi})\right]$$

由欧拉公式 $\mathrm{e}^{\pm j\omega t} = \cos j\omega t \pm \sin j\omega t$，代入上式可得

$$C_n = \frac{1}{j2n\pi}(2-2\cos jn\pi) = \begin{cases} -j\dfrac{2}{n\pi} & n = \pm1, \pm3, \pm5\cdots \\ 0 & n = 0, \pm2, \pm4\cdots \end{cases}$$

由于 C_n 为纯虚数，$|C_n| = \dfrac{2}{n\pi}$，$\phi_n = \dfrac{\pi}{2}$，所以

$$x(t) = -j\frac{2}{\pi}\sum_{k=-\infty}^{\infty}\frac{1}{2k+1}\mathrm{e}^{j(2k+1)\omega_0 t} \qquad (k = 0, \pm1, \pm2\cdots)$$

比较傅里叶级数两种展开式可知，由三角函数表达的傅里叶级数的频谱为单边谱，角频率 ω 的变化范围为 $0\sim+\infty$。而以复指数函数表达的傅里叶级数的频谱为双边谱，角频率 ω 的变化范围扩大到负半轴方向，即为 $-\infty\sim+\infty$。两种形式的幅值谱在幅值上的关系是 $|C_n| = A_n/2$，即双边谱中各谐波的幅值为单边谱中各对应谐波幅值的一半，且双边幅值谱为偶函数，且双边相位谱为奇函数。

在双边谱中将频率的范围扩大到负半轴方向，出现了"负频率"的概念，这是由于在推导复指数函数表达的傅里叶级数时将 n 从正值扩展到了正、负值。

【工程应用点评2-3】　**"负频率"概念的理解**

"负频率"是一个抽象的数学概念，很难理解。在工程实际中，将旋转机械在一个方向上的转动规定为正转，而在相反方向上的转动规定为反转。相应地，其转动角速度便也有了正、负之分。"负频率"的概念可以从这个意义上来理解。

归纳起来，周期信号的频谱具有以下三个特点。

（1）谐波性　各频率成分的频率比为有理数；

（2）离散性　各次谐波在频率轴上取离散值，其间隔为有 $\Delta\omega = n\omega_0$，$n = 1, 2, 3\cdots$ 为正整数；

（3）收敛性　各次谐波分量随频率增加，其总体趋势是逐渐衰减的。

2.3.3　周期信号的功率

在 2.2 节信号的分类中曾提到，周期信号是功率信号。一个周期信号 $x(t)$ 的功率定义为

$$P = \frac{1}{T}\int_{-T/2}^{T/2} x^2(t)\mathrm{d}t \tag{2-16}$$

式(2-16)表示信号 $x(t)$ 在时间区间 $(-T/2, T/2)$ 上的平均功率。

将式(2-8)代入式(2-16)，有

$$P = \frac{1}{T} \int_{-T/2}^{T/2} \left[a_0 + \sum_{n=1}^{\infty} A_n \cos(n\omega_0 t + \phi_n) \right]^2 dt$$

在展开上式化简过程中，利用余弦函数 $\cos(\omega_0 t + \phi_n)$ 在一个周期上的积分为零的性质，以及根据正交函数的性质，形如 $A_n \cos(n\omega_0 t + \phi_n) \cdot A_m \cos(m\omega_0 t + \phi_m)$ 的项，当 $m \neq n$ 时，上述积分为零，而当 $m = n$ 时，其积分则等于 $TA_n^2 / 2$，因此上式展开后的结果为

$$P = \frac{1}{T} \int_{-T/2}^{T/2} x^2(t) dt = (a_0)^2 + \sum_{n=1}^{\infty} \frac{1}{2} A_n^2 \tag{2-17}$$

式(2-17)等号右端的第一项表示信号 $x(t)$ 的直流功率，第二项则为信号的各次谐波的功率之和。根据实函数周期信号的性质可知，$|C_n|$ 是 n（或 $n\omega_0$）的偶函数。又因 $|C_n| = A_n/2$，故式(2-17)又可写为

$$P = \frac{1}{T} \int_{-T/2}^{T/2} x^2(t) dt = |C_0|^2 + 2\sum_{n=1}^{\infty} |C_n|^2 = \sum_{n=-\infty}^{\infty} |C_n|^2 \tag{2-18}$$

式(2-17)和式(2-18)称为帕塞瓦尔（Parseval）定理。它表明，周期信号在时域中的信号功率等于信号在频域中的功率。

周期信号 $x(t)$ 的功率谱定义为

$$P_n = |C_n|^2 \qquad n = 0, \pm 1, \pm 2 \cdots \tag{2-19}$$

式中，P_n 表示信号的第 n 个功率谱点。

2.4　非周期信号的频谱——傅里叶变换

2.3 节讨论了周期信号的傅里叶级数展开问题，但实际工程中遇到的信号大多数是非周期的。从对周期信号的研究中可知，要了解一个周期信号，仅需要考查该周期信号在一个周期上的变化。而要了解一个非周期信号，则必须考察它在整个时间轴上的变化情况。

非周期信号包括准周期信号和瞬态非周期信号。其中准周期信号是两个以上频率比为无理数的周期信号的合成，例如 $x(t) = \sin\omega_0 t + \sin\sqrt{2}\omega_0 t$，因此准周期信号的频谱也是离散的，与周期信号没有本质不同。本节主要讨论瞬态非周期信号的频谱分析。

2.4.1　傅里叶变换与连续频谱

周期信号 $x(t)$ 的频谱是离散的，其频率间隔为 $\Delta\omega = \omega_0 = 2\pi / T$。当 $x(t)$ 的周期 T 趋于无穷大时，原来的周期信号便成为非周期信号，此时信号相临谱线频率间隔 $\Delta\omega$ 趋于无穷小，谱线无限靠近，变量 ω 连续取值，离散谱线的顶点演变成一条连续曲线。可见，非周期信号的频谱是连续的。

设 $x(t)$ 为区间 $(-T/2, T/2)$ 上的一个周期函数，将其表达成傅里叶级数形式为

$$x(t) = \sum_{n=-\infty}^{\infty} C_n e^{jn\omega_0 t}$$

式中，$C_n = \dfrac{1}{T} \int_{-T/2}^{T/2} x(t) e^{-jn\omega_0 t} dt$。

将 C_n 的表达式代入上式，得

$$x(t) = \sum_{n=-\infty}^{\infty} \left(\frac{1}{T} \int_{-T/2}^{T/2} x(t) \mathrm{e}^{-\mathrm{j}n\omega_0 t} \mathrm{d}t \right) \mathrm{e}^{\mathrm{j}n\omega_0 t}$$

当 $T \to \infty$ 时，区间 $(-T/2, T/2)$ 变成 $(-\infty, \infty)$，另外，频率间隔 $\Delta\omega = \omega_0 = 2\pi/T$ 变为无穷小量 $\mathrm{d}\omega$，离散频率 $n\omega_0$ 变成连续频率 ω，求和演变为积分。于是上式变为

$$x(t) = \int_{-\infty}^{\infty} \frac{\mathrm{d}\omega}{2\pi} \left(\int_{-\infty}^{\infty} x(t) \mathrm{e}^{-\mathrm{j}\omega t} \mathrm{d}t \right) \mathrm{e}^{\mathrm{j}\omega t} = \frac{1}{2\pi} \int_{-\infty}^{\infty} \left(\int_{-\infty}^{\infty} x(t) \mathrm{e}^{-\mathrm{j}\omega t} \mathrm{d}t \right) \mathrm{e}^{\mathrm{j}\omega t} \mathrm{d}\omega \tag{2-20}$$

将式(2-20)中括号中的积分记为

$$X(\omega) = \int_{-\infty}^{\infty} x(t) \mathrm{e}^{-\mathrm{j}\omega t} \mathrm{d}t \tag{2-21}$$

它是变量 ω 的函数。于是，(2-20)式可写为

$$x(t) = \frac{1}{2\pi} \int_{-\infty}^{\infty} X(\omega) \mathrm{e}^{\mathrm{j}\omega t} \mathrm{d}\omega \tag{2-22}$$

将 $X(\omega)$ 称为 $x(t)$ 的傅里叶变换，而将 $x(t)$ 称为 $X(\omega)$ 的傅里叶逆变换，两者之间存在着一一对应的关系。式(2-21)和式(2-22)称为傅里叶变换对，记为 $x(t) \leftrightarrow X(\omega)$

非周期函数 $x(t)$ 存在傅里叶变换的充分条件是 $x(t)$ 在区间 $(-\infty, +\infty)$ 上绝对可积，即

$$\int_{-\infty}^{\infty} |x(t)| \mathrm{d}t < \infty$$

但上述条件并非必要条件。因为当引入广义函数概念之后，许多原本不满足绝对可积条件的函数也能进行傅里叶变换。

若将上述变换公式中的角频率 ω 用频率 f 来替代，由于 $\omega = 2\pi f$，式(2-21)和式(2-22)分别变为

$$X(f) = \int_{-\infty}^{\infty} x(t) \mathrm{e}^{-\mathrm{j}2\pi ft} \mathrm{d}t \tag{2-23}$$

$$x(t) = \int_{-\infty}^{\infty} X(f) \mathrm{e}^{\mathrm{j}2\pi ft} \mathrm{d}f \tag{2-24}$$

相应地，傅里叶变换对可写成 $x(t) \leftrightarrow X(f)$。

由式(2-24)可知，一个非周期函数可由分解成频率 f 连续变化的谐波叠加而成。式中的 $X(f)\mathrm{d}f$ 是谐波 $\mathrm{e}^{\mathrm{j}2\pi ft}$ 的系数，决定着信号的振幅和相位。由于对于不同的频率 f，$X(f)\mathrm{d}f$ 项中的 $\mathrm{d}f$ 是相同的，故只有 $X(f)$ 才反映不同谐波分量的振幅与相位的变化情况，因此称 $X(f)$ 或 $X(\omega)$ 为 $x(t)$ 的连续频谱。由于 $X(f)$ 一般为实变量 f 的复函数，故可将其写为

$$X(f) = |X(f)| \mathrm{e}^{\mathrm{j}\phi(f)} \tag{2-25}$$

式(2-25)中的 $|X(f)|$（或 $|X(\omega)|$）称为非周期信号 $x(t)$ 的幅值谱，$\phi(f)$（或 $\phi(\omega)$）称为 $x(t)$ 的相位谱。

尽管非周期信号的幅值谱 $|X(f)|$ 与周期信号的幅值谱 C_n 在名称上相同，但 $|X(f)|$ 是连续的，而 C_n 为离散的。此外，两者在量纲上也不一样，C_n 与信号幅值量纲一致，而 $X(f)$ 的量纲与信号量纲不一致，$X(f)$ 是单位频宽上的幅值。因此严格地说，$X(f)$ 是频谱密度函数。

┌─【工程实例 2-3】　　**矩形窗函数的傅里叶变换求解**

　　图2-10所示的是一个矩形脉冲（又称为窗函数）用符号 $g(t)$ 表示：

$$g(t) = \begin{cases} 1 & |t| < \dfrac{T}{2} \\ 0 & \text{其他} \end{cases}$$

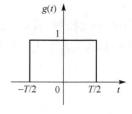

求该函数的频谱。

　　解：根据傅里叶变换公式(2-21)，可得

$$G(\omega) = \int_{-\infty}^{\infty} g(t)\mathrm{e}^{-\mathrm{j}\omega t}\mathrm{d}t = \int_{-T/2}^{T/2} \mathrm{e}^{-\mathrm{j}\omega t}\mathrm{d}t = -\frac{1}{\mathrm{j}\omega}\left[\mathrm{e}^{-\mathrm{j}\omega T/2} - \mathrm{e}^{\mathrm{j}\omega T/2}\right]$$

图 2-10　矩形窗函数

　　根据欧拉公式，有

$$\sin(\omega T/2) = -\frac{1}{2\mathrm{j}}(\mathrm{e}^{-\mathrm{j}\omega T/2} - \mathrm{e}^{\mathrm{j}\omega T/2})$$

代入上式，得

$$G(\omega) = T\frac{\sin(\omega T/2)}{\omega T/2} = T\,\mathrm{sinc}(\omega T/2)$$

　　在[工程实例 2-3]中定义 $\mathrm{sinc}\,\theta = \sin\theta/\theta$，该函数称为采样函数，在信号分析中有广泛的应用。$\mathrm{sinc}\,\theta$ 是偶函数，它以 2π 为周期并随着 θ 的增加而做衰减振荡，在 $n\pi$（$n = \pm1, \pm2\cdots$）处其值为零，如图2-11(a)所示。

　　窗函数频谱 $G(\omega)$ 只有实部，没有虚部，其幅频谱图和相频谱图如图2-11所示。

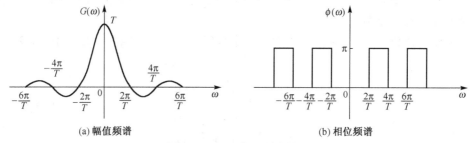

(a) 幅值频谱　　　　　　　　　　　(b) 相位频谱

图 2-11　矩形窗函数的频谱

2.4.2　能量谱

　　在周期信号的研究中，已经从它的功率推导出功率谱的概念。在研究非周期信号的傅里叶变换时也曾指出，只有那些满足狄利克雷条件的函数才具有傅里叶变换，即

　　（1）$x(t)$ 必须是绝对可积的，即 $\int_{-\infty}^{\infty}|x(t)|\mathrm{d}t < \infty$；

　　（2）$x(t)$ 在任何有限的区间上具有有限个最大值和最小值以及有限个第一类间断点。

　　这些条件也包括所有有用的能量信号，即满足条件 $\int_{-\infty}^{\infty} x^2(t)\mathrm{d}t < \infty$ 的信号，如窗函数、三角形脉冲函数、单边或双边指数衰减信号等。

　　一个非周期函数 $x(t)$ 的能量定义为

$$E = \int_{-\infty}^{\infty} x^2(t)\mathrm{d}t$$

将式(2-22)代入上式，可得

$$E = \int_{-\infty}^{\infty} x^2(t)\mathrm{d}t = \int_{-\infty}^{\infty} x(t) \cdot \left(\frac{1}{2\pi} \int_{-\infty}^{\infty} X(\omega)\mathrm{e}^{\mathrm{j}\omega t}\mathrm{d}\omega \right)\mathrm{d}t = \frac{1}{2\pi} \int_{-\infty}^{\infty} X(\omega) \cdot \left(\int_{-\infty}^{\infty} x(t)\mathrm{e}^{\mathrm{j}\omega t}\mathrm{d}t \right)\mathrm{d}\omega$$

$$= \frac{1}{2\pi} \int_{-\infty}^{\infty} X(\omega) \cdot X(-\omega)\mathrm{d}\omega$$

对于真实信号 $x(t)$，有 $X(-\omega) = X^*(\omega)$，$X^*(\omega)$ 为 $X(\omega)$ 的复共扼函数。因此，上式变为

$$E = \frac{1}{2\pi} \int_{-\infty}^{\infty} X(\omega) \cdot X(-\omega)\mathrm{d}\omega = \frac{1}{2\pi} \int_{-\infty}^{\infty} X(\omega) \cdot X^*(\omega)\mathrm{d}\omega = \frac{1}{2\pi} \int_{-\infty}^{\infty} |X(\omega)|^2 \mathrm{d}\omega$$

由此得到信号在频域的能量公式为

$$E = \int_{-\infty}^{\infty} x^2(t)\mathrm{d}t = \frac{1}{2\pi} \int_{-\infty}^{\infty} |X(\omega)|^2 \mathrm{d}\omega \tag{2-26}$$

该式也称为帕塞瓦尔方程或能量等式。它表示一个非周期信号 $x(t)$ 在时域中的能量等于其在频域中连续频谱的能量。

由于 $|X(\omega)|^2$ 为 ω 的偶函数，故式(2-26)也可写成

$$E = \frac{1}{2\pi} \int_{-\infty}^{\infty} |X(\omega)|^2 \mathrm{d}\omega = \frac{1}{\pi} \int_{0}^{\infty} |X(\omega)|^2 \mathrm{d}\omega = \int_{0}^{\infty} S(\omega)\mathrm{d}\omega$$

其中，$S(\omega) = |X(\omega)|^2 / \pi$，称 $S(\omega)$ 为 $x(t)$ 的能量谱密度函数，简称能量谱函数。信号的能量谱 $S(\omega)$ 是 ω 的偶函数，它仅取决于频谱函数的模，而与相位无关。周期信号中每个谐波分量与一定量的功率可以相互联系起来；同样，能量信号中的能量同连续的频带也可以联系起来。根据[工程实例2-3]中矩形窗函数的例子，可相应地求出它的能量谱（如图2-12所示），从中可求出 $\omega(t)$ 的区间能量，如 $\omega(t)$ 在频带 (ω_1, ω_2) 中的能量可用能量谱曲线下对应的阴影面积来表示。

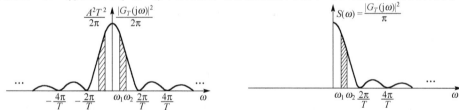

图 2-12　矩形窗函数的能量谱曲线及能量

2.4.3　傅里叶变换的性质

至此，对任何一个信号我们获得了两种描述方式：时域描述和频域描述。两种描述方式之间用傅里叶变换来建立一一对应的关系。傅里叶变换具有一些基本性质，了解这些基本性质将有助于对复杂信号进行时频域转换的分析和理解。

表 2-2 中列出了傅里叶变换的主要性质，下面就几种常用的性质进行证明和解释。

1. 线性叠加性

如果有 $x_1(t) \leftrightarrow X_1(\omega)$，$x_2(t) \leftrightarrow X_2(\omega)$，则

$$ax_1(t) + bx_2(t) \leftrightarrow aX_1(\omega) + bX_2(\omega) \tag{2-27}$$

其中，a、b 为常数。该性质表明两个或两个以上信号线性组合的频谱等于各个信号频谱之和。

表2-2 傅里叶变换的主要性质

性 质	时 域	频 域	性 质	时 域	频 域
奇偶虚实性质	实偶函数	实偶函数	频移性质	$x(t)\mathrm{e}^{\mp\mathrm{j}\omega t_0}$	$X(\omega\pm\omega_0)$
	实奇函数	虚奇函数	翻转性质	$x(-t)$	$X(-\omega)$
	虚偶函数	虚偶函数	共轭性质	$x^*(t)$	$X^*(-\omega)$
	虚奇函数	实奇函数	时域卷积性质	$x_1(t)*x_2(t)$	$X_1(\omega)X_2(\omega)$
线性叠加性质	$ax(t)+bx(t)$	$aX(\omega)+bX(\omega)$	频域卷积性质	$x_1(t)x_2(t)$	$\dfrac{1}{2\pi}X_1(\omega)*X_2(\omega)$
对称性质	$X(t)$	$2\pi x(-\omega)$	时域微分性质	$\dfrac{\mathrm{d}^n x(t)}{\mathrm{d}t^n}$	$(\mathrm{j}\omega)^n X(\omega)$
尺度变换性质	$x(at)$	$\dfrac{1}{|a|}X\left(\dfrac{\omega}{a}\right)$	频域微分性质	$(-\mathrm{j}t)^n x(t)$	$\dfrac{\mathrm{d}^n x(\omega)}{\mathrm{d}\omega^n}$
时移性质	$x(t\pm t_0)$	$X(\omega)\mathrm{e}^{\pm\mathrm{j}\omega t_0}$	时域积分性质	$\displaystyle\int_{-\infty}^{t}x(t)\mathrm{d}t$	$\dfrac{1}{\mathrm{j}\omega}X(\omega)$

2．尺度变换性

如果有 $x(t)\leftrightarrow X(\omega)$ ，则

$$x(at)\leftrightarrow\frac{1}{|a|}X\left(\frac{\omega}{a}\right) \tag{2-28}$$

证明：设 $a>0$ ，则 $x(at)$ 的傅里叶变换为

$$\mathrm{F}[x(at)]=\int_{-\infty}^{\infty}x(at)\mathrm{e}^{-\mathrm{j}\omega t}\mathrm{d}t=\frac{1}{a}\int_{-\infty}^{\infty}x(at)\mathrm{e}^{-\mathrm{j}\frac{\omega}{k}(kt)}\mathrm{d}(kt)=\frac{1}{a}X\left(\frac{\omega}{k}\right)$$

若 $a<0$ ，则

$$\mathrm{F}[x(at)]=\frac{-1}{a}X\left(\frac{\omega}{a}\right)$$

综合上述结果，有

$$x(at)\leftrightarrow\frac{1}{|a|}X\left(\frac{\omega}{a}\right)$$

式(2-28)表明，若信号 $x(t)$ 在时间轴上被压缩至原信号的 $1/a$ ，则其频谱在频率轴上将展宽 a 倍，而其幅值相应地减至原信号幅值的 $1/|a|$ 。即信号在时域上所占据时间的压缩对应于其频谱在频域中占有频带的扩展；反之，信号在时域上的扩展对应于其频谱在频域中的压缩。

在图 2-13 中给出了窗函数 $x(t)$ 在尺度因子 $a=1,2,4$ 时的时频域波形和频谱的变化情形。

尺度变换特性表明，信号的持续时间与信号占有的频带宽成反比。在测试技术中，有时需要缩短信号的持续时间，以加快信号的传输速度。相应地，在频域中必须要展宽频带。

3．时移性

如果有 $x(t)\leftrightarrow X(\omega)$ ，则

$$x(t\pm t_0)\leftrightarrow X(\omega)\mathrm{e}^{\pm\mathrm{j}\omega t_0} \tag{2-29}$$

证明：根据傅里叶变换的定义可得

$$\mathrm{F}[x(t\pm t_0)]=\int_{-\infty}^{\infty}x(t\pm t_0)\mathrm{e}^{-\mathrm{j}\omega t}\mathrm{d}t$$

令 $u=t\pm t_0$ ，代入上式得

$$F[x(t \pm t_0)] = \int_{-\infty}^{\infty} x(u) e^{-j\omega(u \mp t_0)} du = e^{\pm j\omega t_0} X(\omega)$$

这一性质表明，信号在时间轴上的延迟，对应到频域中信号频谱产生相应的相移，而幅值不变。

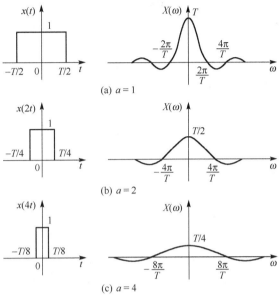

图 2-13　窗函数的尺度变换特性

4．频移性（也称为调制性）

如果有 $x(t) \leftrightarrow X(\omega)$ ，则

$$x(t) e^{\pm j\omega t_0} \leftrightarrow X(\omega \mp \omega_0) \tag{2-30}$$

式中，ω_0 为常数。

证明：根据傅里叶变换的定义，$x(t) e^{j\omega t_0}$ 的傅里叶变换为

$$F[x(t) e^{\pm j\omega t_0}] = \int_{-\infty}^{\infty} x(t) e^{\pm j\omega t_0} e^{-j\omega t} dt$$

$$= \int_{-\infty}^{\infty} x(t) e^{-j(\omega \mp \omega_0)t} dt = X(\omega \mp \omega_0)$$

式(2-32)是信号调制的数学基础。

【工程实例 2-4】 　**调制信号的频谱求解**

设信号为 $x(t)$，载波信号为 $\cos\omega_0 t$，求调制后的信号（即两者乘积）$x(t)\cos\omega_0 t$ 的频谱。

解：根据信号的线性和频移性可求得 $x(t)\cos\omega_0 t$ 的频谱为

$$F[x(t)\cos\omega_0 t] = F\left[x(t)\frac{e^{j\omega_0 t} + e^{-j\omega_0 t}}{2}\right] = \frac{1}{2} F\left[x(t) e^{j\omega_0 t}\right] + \frac{1}{2} F\left[x(t) e^{-j\omega_0 t}\right]$$

$$= \frac{1}{2}[X(\omega + \omega_0) + X(\omega - \omega_0)]$$

从以上的结果可看出，时间信号经调制后的频谱等于将调制前原信号的频谱进行频移，调制使得原信号频谱的一半的中心位于 ω_0 处，另一半位于 $-\omega_0$ 处，如图 2-14 所示。

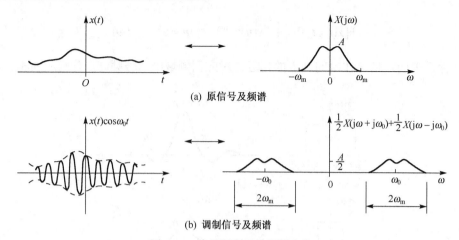

(a) 原信号及频谱

(b) 调制信号及频谱

图 2-14　信号调制及其频谱变化

信号的频移性被广泛应用在各类电子系统中，如调幅、同步解调等技术都是以频移特性为基础的。

5．卷积性

卷积是一种表征时不变线性系统输入–输出关系的有效手段，但直接进行卷积积分有时不太容易。将时域的卷积积分转换为频域中的一种相对应的运算则可避免原有的卷积运算，因此卷积特性在信号处理中占有重要的地位。就卷积特性而言，存在两种卷积定理：时域卷积定理和频域卷积定理。

（1）时域卷积定理

如果有 $x(t) \leftrightarrow X(\omega)$，$h(t) \leftrightarrow H(\omega)$，则

$$x(t) * h(t) \leftrightarrow X(\omega) \cdot H(\omega) \tag{2-31}$$

式中，$x(t) * h(t)$ 表示 $x(t)$ 与 $h(t)$ 的卷积。

证明：根据卷积积分的定义，有

$$x(t) * h(t) = \int_{-\infty}^{\infty} x(\tau) \cdot h(t - \tau) \mathrm{d}\tau$$

其傅里叶变换为

$$\begin{aligned}
\mathrm{F}[x(t) * h(t)] &= \int_{-\infty}^{\infty} \left[\int_{-\infty}^{\infty} x(\tau) \cdot h(t - \tau) \mathrm{d}\tau \right] \mathrm{e}^{-\mathrm{j}\omega t} \mathrm{d}t \\
&= \int_{-\infty}^{\infty} x(\tau) H(\omega) \mathrm{e}^{-\mathrm{j}\omega\tau} \mathrm{d}\tau \\
&= H(\omega) \cdot X(\omega)
\end{aligned}$$

（2）频域卷积定理

如果有 $x(t) \leftrightarrow X(\omega)$，$h(t) \leftrightarrow H(\omega)$，则

$$x(t) \cdot h(t) \leftrightarrow \frac{1}{2\pi} X(\omega) * H(\omega) \tag{2-32}$$

可以看出，时域的卷积等于频域的乘积，时域的乘积等于频域的卷积。

6．微分和积分性

如果有 $x(t) \leftrightarrow X(\omega)$，则有微分性质为

$$\frac{\mathrm{d}x(t)}{\mathrm{d}t} \leftrightarrow \mathrm{j}\omega X(\omega) \tag{2-33}$$

以及积分性质为

$$\int_{-\infty}^{t} x(t)\mathrm{d}t \leftrightarrow \frac{1}{\mathrm{j}\omega}X(\omega) \tag{2-34}$$

同样，可以证明，在频域中也有类似的微分和积分性质，即

$$-\mathrm{j}tx(t) \leftrightarrow \frac{\mathrm{d}X(\omega)}{\mathrm{d}\omega} \tag{2-35}$$

$$\frac{X(t)}{-\mathrm{j}t} \leftrightarrow \int_{-\infty}^{\infty} X(\omega)\mathrm{d}\omega \tag{2-36}$$

上述性质推广到 n 阶导数的情况也同样成立。

微分与积分性质常用于处理复杂信号或具有微积分关系的参量。例如，在振动测试中，如果测得系统的位移、速度或加速度中任意一个参数的频谱，利用微分与积分特性就可以获得其他参数的频谱。

2.4.4　典型信号的频谱

在研究傅里叶变换存在的条件时，曾指出并非所有的函数均具有傅里叶变换，只有那些满足狄利克雷条件的信号才具有傅里叶变换。然而，有些十分有用的信号如正弦函数、单位阶跃函数等却不满足狄利克雷绝对可积条件。尽管如此，仍可以利用单位脉冲函数（δ 函数）和某些高阶的奇异函数的傅里叶变换来实现这些函数的傅里叶变换。下面着重介绍几种典型信号的傅里叶变换。

1．单位脉冲函数及其频谱

（1）δ 函数的定义

设在时间 Δ 内激发有一个矩形脉冲 $P_\Delta(t)$，如图 2-15 所示，$P_\Delta(t)$ 的幅值为 $1/\Delta$，则该矩形脉冲的面积为 1。当 $\Delta \to 0$ 时，该矩形脉冲 $P_\Delta(t)$ 的极限称为单位脉冲函数或 δ 函数。

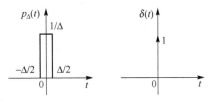

图 2-15　矩形脉冲函数与 δ 函数

单位脉冲函数或 δ 函数是一个幅值无限、持续时间为零的脉冲。工程中可抽象为一个点电荷或点质量。单位脉冲函数应被作为一个广义函数来处理，这是因为不可能像对待其他普通函数那样逐点规定其数值。根据图2-15可得到 $\delta(t)$ 的特点如下。

从函数值极限角度看，有

$$\delta(t) = \begin{cases} \infty, & t = 0 \\ 0, & t \neq 0 \end{cases} \tag{2-37}$$

从函数面积（通常称为 δ 函数的强度）角度看，有

$$\int_{-\infty}^{\infty} \delta(t)\mathrm{d}t = 1 \tag{2-38}$$

（2）δ 函数的性质

① 采样性质　如果 δ 函数与某一个连续函数 $x(t)$ 相乘，很显然其乘积仅在 $t = 0$ 处得到

$x(0)\delta(t)$，其余各点（$t \neq 0$）处处为零。对 δ 函数与某一个连续函数 $x(t)$ 的相乘在 $(-\infty, \infty)$ 区间进行积分，可得

$$\int_{-\infty}^{\infty} x(t)\delta(t)\mathrm{d}t = \int_{-\infty}^{\infty} x(0)\delta(t)\mathrm{d}t = x(0)\int_{-\infty}^{\infty} \delta(t)\mathrm{d}t = x(0) \tag{2-39}$$

同理，对于延迟时间为 t_0 的 δ 函数 $\delta(t-t_0)$，它与某一个连续函数 $x(t)$ 相乘，在 $(-\infty, \infty)$ 区间的积分为

$$\int_{-\infty}^{\infty} x(t)\delta(t-t_0)\mathrm{d}t = \int_{-\infty}^{\infty} x(t)\delta(t)\mathrm{d}t = x(t_0)\int_{-\infty}^{\infty} \delta(t)\mathrm{d}t = x(t_0) \tag{2-40}$$

式(2-42)和式(2-43)称为 δ 函数的采样性质。该性质是连续信号离散采样的理论依据。

② 卷积性质　任意函数 $x(t)$ 与 δ 函数 $\delta(t)$ 的卷积为

$$x(t) * \delta(t) = \int_{-\infty}^{\infty} x(\tau)\delta(t-\tau)\mathrm{d}\tau = \int_{-\infty}^{\infty} x(\tau)\delta(\tau-t)\mathrm{d}\tau = x(t) \tag{2-41}$$

类似地，可以得到函数 $x(t)$ 与具有时间延迟的函数 $\delta(t \pm t_0)$ 的卷积为

$$x(t) * \delta(t \pm t_0) = \int_{-\infty}^{\infty} x(\tau)\delta(t \pm t_0 - \tau)\mathrm{d}\tau = x(t \pm t_0) \tag{2-42}$$

可见，任意函数 $x(t)$ 与 δ 函数卷积的结果等于将函数 $x(t)$ 的图像平移到 δ 函数发生的坐标位置上。

③ δ 函数的频谱　函数 $\delta(t)$ 的傅里叶变换为

$$\Delta(\omega) = \int_{-\infty}^{\infty} \delta(t)\mathrm{e}^{-\mathrm{j}\omega t}\mathrm{d}t = \mathrm{e}^{0} = 1 \tag{2-43}$$

其傅里叶逆变换为

$$\delta(t) = \frac{1}{2\pi}\int_{-\infty}^{\infty} 1 \cdot \mathrm{e}^{\mathrm{j}\omega t}\mathrm{d}\omega \tag{2-44}$$

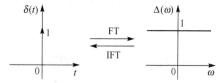

图 2-16　δ 函数及其频谱

δ 函数的频谱如图 2-16 所示。由于具有无限宽的频谱，且所有频段的强度都相等，故这种频谱常称为"均匀谱"。这种频谱的信号类似于具有各种波长（或频率）的白色光，故也称这种信号为理想的"白噪声"。

根据傅里叶变换的性质，可得表 2-3 所示的傅里叶变换对。

表 2-3　δ 函数时域频域傅里叶变换对

时　域	频　域	时　域	频　域
$\delta(t)$	1	$\delta(t-t_0)$	$\mathrm{e}^{-\mathrm{j}\omega t_0}$
1	$2\pi\delta(\omega)$	$\mathrm{e}^{\mathrm{j}\omega_0 t}$	$2\pi\delta(\omega-\omega_0)$

2．正、余弦周期函数的频谱

正、余弦函数不满足绝对可积条件，因此无法直接用式(2-21)进行傅里叶变换，必须借助 δ 函数，运用傅里叶变换的性质求其频谱。

根据欧拉公式、傅里叶变换的频移特性以及 δ 函数性质，可得正、余弦函数的傅里叶变换为

$$\sin\omega_0 t \leftrightarrow \mathrm{j}\pi[\delta(\omega+\omega_0) - \delta(\omega-\omega_0)]$$

$$\cos\omega_0 t \leftrightarrow \pi[\delta(\omega-\omega_0) + \delta(\omega+\omega_0)]$$

图2-17分别示出了上面两个函数的频谱。

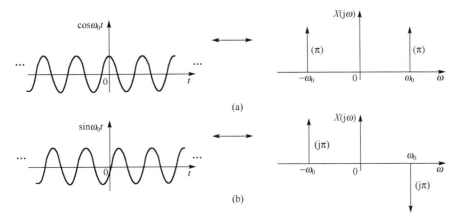

图 2-17　正、余弦函数及其频谱

3. 周期单位脉冲序列的频谱

周期单位脉冲序列的数学表达式为

$$x(t) = \sum_{n=-\infty}^{\infty} \delta(t - nT) \qquad (2\text{-}45)$$

式中，T 为周期；n 为整数，$n = \pm 1, \pm 2, \pm 3 \cdots$。

由周期函数的傅里叶级数复指数展开公式(2-11)，有

$$x(t) = \sum_{k=-\infty}^{\infty} C_k \mathrm{e}^{\mathrm{j}k\omega_0 t}$$

其中，傅里叶级数展开系数 C_k 为

$$C_k = \frac{1}{T} \int_{-T/2}^{T/2} x(t)\mathrm{e}^{-\mathrm{j}k\omega_0 t}\mathrm{d}t = \frac{1}{T} \int_{-T/2}^{T/2} \delta(t)\mathrm{e}^{-\mathrm{j}k\omega_0 t}\mathrm{d}t$$

$$= \frac{1}{T}\mathrm{e}^0 \int_{-T/2}^{T/2} \delta(t)\mathrm{d}t = \frac{1}{T}$$

将 C_k 代入上面脉冲序列级数展开式，得

$$x(t) = \frac{1}{T} \sum_{k=-\infty}^{\infty} \mathrm{e}^{\mathrm{j}k\omega_0 t}$$

对上式两边分别进行傅里叶变换，并根据式(2-44)得

$$X(\omega) = \int_{-\infty}^{\infty} \left[\frac{1}{T} \sum_{k=-\infty}^{\infty} \mathrm{e}^{\mathrm{j}k\omega_0 t} \right] \mathrm{e}^{-\mathrm{j}\omega t}\mathrm{d}t = \frac{1}{T} \sum_{k=-\infty}^{\infty} \int_{-\infty}^{\infty} \mathrm{e}^{-\mathrm{j}(\omega-k\omega_0)t}\mathrm{d}t = \frac{2\pi}{T} \sum_{k=-\infty}^{\infty} \delta(\omega - k\omega_0)$$

图2-18所示的是周期脉冲序列及其频谱。从图2-18可见，一个周期为 T 的脉冲序列的傅里叶变换仍为一个周期脉冲序列，其周期为 $\omega_0 = 2\pi/T$，脉冲的强度为 $2\pi/T$。周期脉冲序列函数是一个十分有用的函数，常用在对时域波形的采样中。

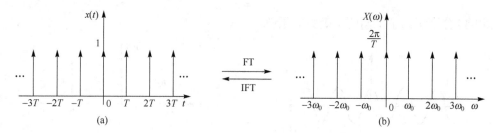

图 2-18　周期脉冲序列函数及其频谱

2.5　随机信号分析

2.5.1　概述

　　随机信号具有不能准确预测未来的瞬时值，且不能用确定的数学关系式来描述，只能通过信号的统计特征和频谱特性加以表征。研究随机信号的目的在于经常需要来排除随机干扰的影响或来辨识和测量出淹没在强噪声环境中的、以微弱信号的形式所表现出的各种现象。一般来说，信号总是受环境噪声所污染的。前面所研究过的确定性信号仅仅是在一定条件下所出现的特殊情况，或是在忽略某些次要的随机因素后抽象出的模型。因此，研究随机信号具有更普遍和现实的意义。

　　对随机信号的描述必须采用概率统计的方法。将随机信号按时间历程所做的一次长时间的观察记录称为一个样本函数，记作 $x_i(t)$（如图 2-19 所示）。在有限时间区间上的样本函数称为样本记录。将同一试验条件下全部样本函数的集合（总体）称为随机过程 $\{x(t)\}$，即

$$\{x(t)\} = \{x_1(t), x_2(t), \cdots, x_i(t), \cdots\} \tag{2-46}$$

　　如果一个随机过程 $\{x(t)\}$ 对于任意的 $t_i \in T$，$\{x(t_i)\}$ 都是连续随机变量，则称此随机过程为连续随机过程，其中 T 为 t 的变化范围。与之相反，如果随机过程 $\{x(t)\}$ 对于任意的 $t_i \in T$，$\{x(t_i)\}$ 都是离散随机变量，则称此随机过程为离散随机过程。

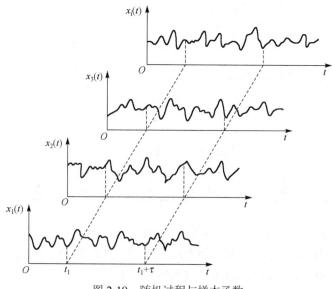

图 2-19　随机过程与样本函数

随机过程并非无规律可循。只要能获得足够多和足够长的样本函数，便可求得其概率意义上的统计规律。常用的统计特征参数有均值、均方值、方差、概率密度函数等。这些特征参数均是按照集合平均来计算的，即并不是沿某个样本函数的时间轴来进行，而是在集中的某个时刻 t_i 对所有的样本函数的观测值取平均。为了与集合平均相区分，将按单个样本的时间历程所进行的平均称为时间平均。

随机过程又分为平稳随机过程和非平稳随机过程。平稳随机过程是指过程的统计特性不随时间的平移而变化，或者说不随时间原点的选取而变化的过程，否则称为非平稳随机过程。对于平稳随机过程，若它的任意单个样本函数的时间平均统计特征等于该过程的集合平均统计特征，则该过程称为各态历经随机过程。随机过程的这种性质称为各态历经性，也称为遍历性。工程中遇到的许多平稳随机过程都具有各态历经性。有些虽不是严格的各态历经过程，但仍可被当做各态历经过程来处理。一般随机过程的描述，常需要足够多的样本。而要取得这么多的样本函数则需要进行大量的观测，实际上往往难以做到这一点。因此，在测试工作中常把随机过程按各态历经过程来处理，从而可采用有限长度的样本记录的观测来推断、估计被测对象的整个随机过程，以其时间平均来估算其集合平均。本书以后的讨论中，所谓的随机信号若无特殊说明均指各态历经的随机信号。

2.5.2 随机信号的统计分析

1. 均值、均方值和方差

对于一个各态历经随机信号 $x(t)$，其均值 μ_x 定义为

$$\mu_x = E[x] = \lim_{T \to \infty} \frac{1}{T} \int_0^T x(t)\mathrm{d}t \tag{2-47}$$

式中，$E[x]$ 表示变量 x 的数学期望值；$x(t)$ 表示样本函数；T 表示观测的时间。均值 μ_x 表示信号的常值分量。

随机信号的均方值 ψ_x^2 定义为

$$\psi_x^2 = E[x^2] = \lim_{T \to \infty} \frac{1}{T} \int_0^T x^2(t)\mathrm{d}t \tag{2-48}$$

均方值 ψ_x^2 描述信号的能量或强度，它是 $x(t)$ 平方的均值。均方值 ψ_x^2 的平方根称为均方根值 x_{rms}。

随机信号的方差 σ_x^2 定义为

$$\sigma_x^2 = \lim_{T \to \infty} \frac{1}{T} \int_0^T \left[x(t) - \mu_x \right]^2 \mathrm{d}t \tag{2-49}$$

方差 σ_x^2 表示随机信号的波动分量，是信号 $x(t)$ 偏离其均值 μ_x 的平方的均值。方差的平方根 σ_x 称为标准偏差。

上述三个参数 μ_x、σ_x^2 和 ψ_x^2 之间的关系为

$$\sigma_x^2 = \psi_x^2 - \mu_x^2 \tag{2-50}$$

当均值 $\mu_x = 0$ 时，有 $\sigma_x^2 = \psi_x^2$，$\sigma_x = x_{\mathrm{rms}}$。

实际工程应用中，常常以有限长的样本记录来替代无限长的样本记录。用有限长度的样本函数计算出来的特征参数均为理论参数的估计值，因此随机过程的均值、方差和均方值的估计公式为

$$\hat{\mu}_x = \frac{1}{T}\int_0^T x(t)\mathrm{d}t \tag{2-51}$$

$$\hat{\psi}_x^2 = \frac{1}{T}\int_0^T x^2(t)\mathrm{d}t \tag{2-52}$$

$$\hat{\sigma}_x^2 = \frac{1}{T}\int_0^T \left[x(t)-\mu_x\right]^2\mathrm{d}t \tag{2-53}$$

2. 概率密度函数和概率分布函数

概率密度函数是指一个随机信号的瞬时值落在指定区间$(x,x+\Delta x)$内的概率对Δx比值的极限值。如图2-20所示，在观察时间为 T 的范围内，随机信号 $x(t)$ 的瞬时值落在$(x,x+\Delta x)$区间内的总时间和为

$$T_x = \Delta t_1 + \Delta t_2 + \cdots + \Delta t_n = \sum_{i=1}^n \Delta t_i$$

当样本函数的观察时间 $T\to\infty$ 时，T_x/T 的极限称为随机信号 $x(t)$ 在$(x,x+\Delta x)$区间内的概率，即

$$F\left[x<x(t)\le x+\Delta x\right] = \lim_{T\to\infty}\frac{T_x}{T}$$

概率密度函数 $p(x)$ 则定义为

$$p(x) = \lim_{\Delta x\to 0}\frac{F\left[x<x(t)\le x+\Delta x\right]}{\Delta x} \tag{2-54}$$

若随机过程变量 x 的概率密度函数具有如下的经典高斯函数形式：

$$p(x) = \frac{1}{\sigma_x\sqrt{2\pi}}\exp\left[-\frac{(x-\mu_x)^2}{2\sigma_x^2}\right] \qquad -\infty<x<\infty \tag{2-55}$$

则称该过程为高斯过程或正态过程。许多工程问题均十分接近于正态过程。

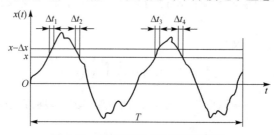

图 2-20　概率密度函数的物理解释

概率分布函数 $F(x)$ 表示随机信号的瞬时值低于某一个给定值 x 的概率，即

$$F(x) = F\left[x(t)\le x\right] = \lim_{T\to\infty}\frac{T_x}{T}$$

式中，T 为 $x(t)$ 值小于或等于 x 的总时间。

概率密度函数与概率分布函数间的关系为

$$p(x) = \lim_{\Delta x\to 0}\frac{F(x+\Delta x)-F(x)}{\Delta x} = \frac{\mathrm{d}F(x)}{\mathrm{d}x} \tag{2-56}$$

$$F(x') = \int_{-\infty}^{x'}p(x)\mathrm{d}x \tag{2-57}$$

利用概率密度函数可识别不同的随机过程。这是因为不同的随机信号，其概率密度函数也是不同的。

2.5.3　相关分析及其应用

由概率统计理论可知，相关是用来描述一个随机过程自身在不同时刻的状态间，或者两个随机过程在某个时刻状态间线性依从关系的数字特征。相关分析在信号处理中有着广泛的应用，如振动测试分析、雷达测距、声发射探伤等。

1．相关与相关系数

对于确定性信号来说，两个变量之间的关系可用确定的函数来描述，但两个随机变量之间却不具有这种确定的关系。然而，它们之间却可能存在某种内涵的、统计上可确定的物理关系。图2-21所示的是两个随机变量 x 和 y 的若干数据点的分布情况，其中图2-21(a)所示的是 x 和 y 精确线性相关的情形；图2-21(b)所示的是是中等程度相关，其偏差常由于测量误差而引起；图2-21(c)所示的是不相关情形，数据点分布很散，说明变量 x 和 y 之间不存在确定性的关系。

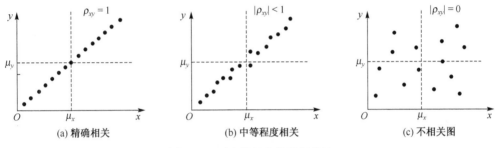

图 2-21　两个随机变量的相关性

评价变量 x 和 y 之间线性相关程度的经典方法，是计算两个变量的协方差 σ_{xy} 和相关系数 ρ_{xy}，其中协方差定义为

$$\sigma_{xy} = E\left[(x-\mu_x)(y-\mu_y)\right] = \lim_{N\to\infty}\frac{1}{N}\sum_{i=1}^{N}(x-\mu_x)(y-\mu_y) \tag{2-58}$$

式中，E 为数学期望值；$\mu_x=E[x]$ 为随机变量 x 的均值；$\mu_y=E[y]$ 为随机变量 y 的均值。

随机变量 x 和 y 的相关系数 ρ_{xy} 定义为

$$\rho_{xy} = \frac{\sigma_{xy}}{\sigma_x\sigma_y} \qquad -1\le \rho_{xy}\le 1 \tag{2-59}$$

式中，σ_x、σ_y 分别为 x、y 的标准偏差。

利用柯西—施瓦茨不等式，有

$$E\left[(x-\mu_x)(y-\mu_y)\right]^2 \le E\left[(x-\mu_x)^2(y-\mu_y)^2\right] \tag{2-60}$$

可见，$\left|\rho_{xy}\right|\le 1$。当 $\rho_{xy}=1$ 时，所有数据点均落在 $y-\mu_y=m(x-\mu_x)$ 的直线上，因此变量 x 和 y 是理想的线性相关，如图2-21(a)所示；当 $\rho_{xy}=-1$ 时也是理想的线性相关，但直线斜率为负。而当 $\rho_{xy}=0$ 时，x 与 y 之间完全不相关，如图2-21(c)所示。

2. 互相关函数与自相关函数

对于各态历经过程，可定义时间变量 $x(t)$ 和 $y(t)$ 的互协方差函数为

$$
\begin{aligned}
C_{xy}(\tau) &= E\Big[\big\{x(t)-\mu_x\big\}\big\{y(t+\tau)-\mu_x\big\}\Big] \\
&= \lim_{T\to\infty}\frac{1}{T}\int_0^T \big\{x(t)-\mu_x\big\}\big\{y(t+\tau)-\mu_y\big\} \\
&= R_{xy}(\tau)-\mu_x\mu_y
\end{aligned}
\tag{2-61}
$$

其中

$$
R_{xy}(\tau) = \lim_{T\to\infty}\frac{1}{T}\int_0^T x(t)y(t+\tau)\mathrm{d}t
\tag{2-62}
$$

称为 $x(t)$ 与 $y(t)$ 的互相关函数，自变量 τ 称为时移。

当 $y(t)\equiv x(t)$ 时，得自协方差函数为

$$
\begin{aligned}
C_x(\tau) &= \lim_{T\to\infty}\frac{1}{T}\int_0^T \big\{x(t)-\mu_x\big\}\big\{x(t+\tau)-\mu_x\big\}\mathrm{d}t \\
&= R_x(\tau)-\mu_x^2
\end{aligned}
\tag{2-63}
$$

其中

$$
R_x(\tau) = \lim_{T\to\infty}\frac{1}{T}\int_0^T x(t)x(t+\tau)\mathrm{d}t
\tag{2-64}
$$

称为 $x(t)$ 的自相关函数。

自相关函数 $R_x(\tau)$ 和互相关函数 $R_{xy}(\tau)$ 具有下列性质。

（1）根据定义，自相关函数总是 τ 的偶函数，即

$$
R_x(-\tau)=R_x(\tau)
\tag{2-65}
$$

而互相关函数通常不是自变量 τ 的偶函数，也不是 τ 的奇函数，且 $R_{xy}(\tau)\neq R_{yx}(\tau)$，但

$$
R_{xy}(-\tau)=R_{yx}(\tau)
\tag{2-66}
$$

（2）自相关函数总是在 $\tau=0$ 处有极大值，且等于信号的均方值，即

$$
R_x(0)=\max[R_x(\tau)]=\psi_x^2=\sigma_x^2+\mu_x^2
\tag{2-67}
$$

而互相关函数的极大值一般不在 $\tau=0$ 处。

（3）在整个时移域（$-\infty<\tau<\infty$）内，$R_x(\tau)$ 的取值范围为

$$
\mu_x^2-\sigma_x^2\leq R_x(\tau)\leq \sigma_x^2+\mu_x^2
\tag{2-68}
$$

$R_{xy}(\tau)$ 的取值范围则为

$$
\mu_x\mu_y-\sigma_x\sigma_y\leq R_x(\tau)\leq \mu_x\mu_y+\sigma_x\sigma_y
\tag{2-69}
$$

（4）当 $\tau\to\infty$ 时，随机变量 $x(t)$ 和 $x(t+\tau)$ 之间不存在内在联系，彼此无关，故

$$
\rho_x(\tau\to\infty)\to 0 \qquad R_x(\tau\to\infty)\to\mu_x^2
$$

（5）周期函数的自相关函数仍为周期函数，且两者的频率相同，但丢掉了相角信息。如果两个信号 $x(t)$ 与 $y(t)$ 具有同频的周期成分，则它们的互相关函数中即使 $\tau\to\infty$ 也会出现该频率的周期成分不收敛。如果两个信号的周期成分的频率不等，则它们不相关。即同频相关，不同频不相关。

在图2-22中示出了典型的自相关函数和互相关函数曲线及其有关性质。

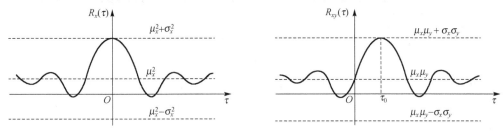

图 2-22 典型的自相关函数和互相关函数曲线

【工程实例2-5】 周期函数的自相关函数求解

求正弦函数 $x(t)=A\sin(\omega t+\varphi)$ 的自相关函数。

解： 正弦函数 $x(t)$ 是一个均值为零的各态历经随机过程，其各种平均值可用一个周期内的平均值来表示。该正弦函数的自相关函数为

$$R_x(\tau) = \lim_{T \to \infty} \frac{1}{T} \int_0^T x(t)x(t+\tau)\mathrm{d}t$$

$$= \frac{1}{T_0} \int_0^{T_0} A^2 \sin(\omega t + \phi)\sin[\omega(t+\tau)+\phi]\mathrm{d}t$$

式中，T_0 为 $x(t)$ 的周期，$T_0 = 2\pi / \omega$。

令 $\omega t + \varphi = \theta$，则 $\mathrm{d}t = \mathrm{d}\theta / \omega$，由此，得

$$R_x(\tau) = \frac{A^2}{2\pi} \int_0^{2\pi} \sin\theta\sin(\theta + \omega\tau)\mathrm{d}\theta = \frac{A^2}{2}\cos\omega\tau$$

由以上计算结果可知，正弦函数的自相关函数是一个与原函数具有相同频率的余弦函数，它保留了原信号的幅值和频率信息，但失去了原信号的相位信息。

【工程应用点评2-4】 利用自相关函数消除随机噪声

自相关函数可用来检测淹没在随机信号中的周期分量。这是因为随机信号的自相关函数当 $\tau \to \infty$ 时趋于零或某一个常值，而周期成分由【工程实例2-5】可知，其自相关函数可保持原有的幅值与频率等周期性质。在图2-23中示出了一个混有随机噪声的简谐信号的原始波形及其自相关函数，从图2-23(b)中可清楚地看出原信号的频率与振幅。

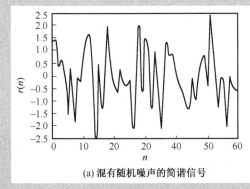

(a) 混有随机噪声的简谐信号

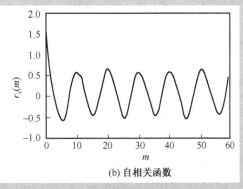

(b) 自相关函数

图 2-23 混有随机噪声的简谐信号 $x(t)$ 的自相关函数

【工程实例2-6】　**周期函数的互相关函数求解**

设同频率周期信号 $x(t)$ 和 $y(t)$ 分别为

$$x(t) = A\sin(\omega t + \theta)$$

$$y(t) = B\sin(\omega t + \theta - \phi)$$

式中，θ 为 $x(t)$ 的初始相位角；φ 为 $x(t)$ 与 $y(t)$ 的相位差。试求其互相关函数 $R_{xy}(\tau)$。

解：由于 $x(t)$、$y(t)$ 为周期函数，故可用一个周期的均值代替整个时间历程的均值，其互相关函数为

$$R_{xy}(\tau) = \lim_{T \to \infty} \frac{1}{T} \int_0^T x(t)y(t+\tau)\mathrm{d}t$$

$$= \frac{1}{T_0} \int_0^T A\sin(\omega t + \theta) \cdot B\sin[\omega(t+\tau) + \theta - \phi]\mathrm{d}t$$

$$= \frac{1}{2} AB\cos(\omega\tau - \phi)$$

由上述结果可知，两个具有相同频率的周期信号，其互相关函数中保留了这两个信号的频率 ω、对应的幅值 A 和 B，以及相位差 ϕ 的信息。

根据相关函数的定义，它应在无限长的时间内进行运算，但在实际应用中，任何观察时间均是有限的。通常以有限时间的观察值，即有限长的样本来估计相关函数的真值。因此，自相关和互相关函数的估计 $\hat{R}_x(\tau)$ 和 $\hat{R}_{xy}(\tau)$ 分别定义为

$$\hat{R}_x(\tau) = \frac{1}{T} \int_0^T x(t)x(t+\tau)\mathrm{d}t \tag{2-70}$$

$$\hat{R}_{xy}(\tau) = \frac{1}{T} \int_0^T x(t)y(t+\tau)\mathrm{d}t \tag{2-71}$$

此外，在实际运算中，要将一个模拟信号不失真地沿时间轴进行时移是很困难的，因此模拟信号的相关处理只适用于某些特定的信号，如正余弦信号等。而在数字信号处理技术中，上述工作则很容易完成，因为只需要将信号时序进行增减便进行了时移。由于上述原因，相关处理一般均采用数字技术来完成。因此，具有有限个数据点 N 的相关函数估计的数字处理表达式为

$$\hat{R}_x(r) = \frac{1}{N} \sum_{n=0}^{N-1} x(n)x(n+r) \tag{2-72}$$

$$\hat{R}_{xy}(r) = \frac{1}{N} \sum_{n=0}^{N-1} x(n)y(n+r) \tag{2-73}$$

式中，r 为时移序数，$r = 0, 1, 2\cdots, r < N$。

3. 相关函数的工程意义及应用

相关函数在工程中有着广泛的用途。[工程实例2-5]介绍了用自相关来检测淹没在随机信号中的周期信号，本节介绍自相关和互相关函数的其他一些典型应用。

（1）不同类别信号的辨识

工程中常会遇到各种不同类别的信号。这些信号的类型从其时域波形上看往往难以辨别，

但利用自相关函数则可以十分简单地加以识别。在图 2-24 中示出了几种不同信号的时域波形和自相关函数波形。

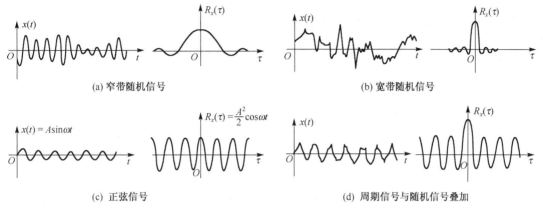

(a) 窄带随机信号　　　　　　　　　　　　　　　(b) 宽带随机信号

(c) 正弦信号　　　　　　　　　　　　　　　(d) 周期信号与随机信号叠加

图 2-24　典型信号的自相关函数

其中，图2-24(a)所示的是窄带随机信号，它的自相关函数具有较慢的衰减特性；图2-24(b)所示的是一个宽带随机信号，其自相关函数与窄带随机信号相比很快衰减到零；图 2-24(c)所示的是一个正弦信号，其自相关函数也是一个周期函数，且永远不衰减；图 2-24(d)所示的是周期信号与随机信号叠加的情形，其自相关函数也由两部分组成：一部分为不衰减的周期信号部分；另一部分为由随机信号所确定的衰减部分，而衰减的速度取决于该随机信号本身的性质。

【工程应用点评 2-5】　利用自相关函数辨识信号周期成分

　　利用信号的自相关函数特征来区分其类别，这一点在工程应用中有着重要的意义。例如，利用某一个零件被切削加工表面的粗糙度波形的自相关函数可以识别在导致这种粗糙度的原因中是否有某种周期性的因素，从中可查出产生这种周期因素的振动源所在，达到改善加工质量的目的。又如，在分析汽车中车座位置上的振动信号时，利用自相关分析检测该信号中是否含有某种周期性成分（比如，由发动机工作所产生的周期振动信号），从而通过进一步改进座位的结构设计来消除这种周期性影响，达到改善舒适度的目的。

（2）相关测速和测距

利用互相关函数还可以测量物体运动或信号传播的速度和距离。

【工程实例 2-7】　相关法测量声音传播距离

　　在图2-25中，示出了用相关函数来测量声音传播的距离及材料音响特性的原理。

　　该图中扬声器为声源，记录的声信号为 $x(t)$，麦克风为声接收器，所记录的信号为 $y(t)$。信号 $y(t)$ 包括三个部分：第一部分来源于从扬声器经直线距离 A 直接传过来的声波信号；第二部分则是经被试验材料反射后传播的声波，这部分声波经过的路程为 B；第三部分为经室壁反射后传至麦克风的信号，经过的路程为 C。对 $x(t)$ 和 $y(t)$ 所作的互相关运算所得结果 $R_{xy}(\tau)$ 的曲线可出现三个峰，第一个峰值出现在 $T_A = A/v$ 处，v 为声速；第二个峰值出现在 $T_B = B/v$ 处；第三个峰值在 $T_C = C/v$ 处。因此，由 T_B 及其峰值幅度便可测出被试验材料的位置及其音响特性。反过来，在已知声传播距离的条件下，也可测定声音传播的速度。这种方法常用来识别振动源或振动传播的途径，也被用于测定运动物体的速度。

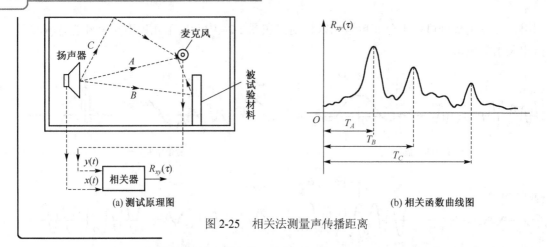

(a) 测试原理图　　　　　　　　　　(b) 相关函数曲线图

图 2-25　相关法测量声传播距离

【工程实例 2-8】　**相关法测定带钢运行速度**

　　在图 2-26 中示出了一种测量轧钢过程中带钢运行速度的系统。带钢表面的反射光被两个光电检测元件 E_1 和 E_2 所接收，所接收到的光强随着带钢表面存在的不规则的微小不平度呈随机变化。所形成的两个随机信号因来自带钢上的同一轨迹而形成两个有一定时差 τ_0 的基本相同的光电信号 $x(t)$ 和 $y(t)$。将 $x(t)$ 经写入磁头录入磁带记录仪的磁带上，然后经读出磁头重放。由于写入磁头与读出磁头间有一个距离，因而重放的信号与录入信号间有一个时延 τ，信号变为 $x(t+\tau)$。信号 $x(t+\tau)$ 与 $y(t)$ 被输入一个相关器中进行相关运算，所得曲线如图 2-26 右上角所示。控制装置 C 根据相关器输出 $R_{xy}(\tau)$ 位于图中曲线峰值的左右位置来控制电动机 M 的转向，从而改变两个磁头间的距离 L_1，即改变信号的延时 τ，直至 τ_0 值稳定为止。τ_0 便代表了带钢上各点从传感器 E_1 运动至 E_2 所经过的时间，若已知两个光点间直线距离为 L，则带钢的运动速度便为 $v = L/\tau_0$。

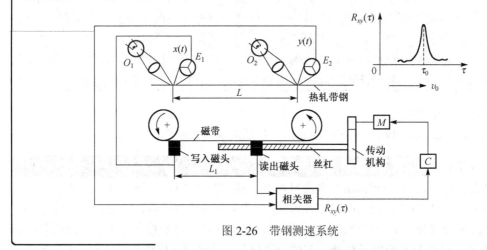

图 2-26　带钢测速系统

【工程实例 2-9】　**相关法测定管路流速和流量**

　　利用相关法还可用来测量流速和流量。在图 2-27 中，示出了用相关法测流量的原理图。在流体流动的方向上相继放置两个传感器，理想状况下它们会产生两个相同的信号。由于两个传感器相隔一定的距离，因而两个信号间存在一个时间差 T。

　　相关法测量的基本做法是将第一个传感器接收到的信号人为地延迟一个时间 τ。相关计数器的任务是调整延迟时间 τ，使 $\tau = T$，目的在于使延迟信号 $\mu_1(t-\tau)$ 等于第二个传感器收到的信号 $\mu_2 = \mu_1(t-T)$。一般来说，相关计数器应使两个信号均方差的差值为最小，即

$$E(\Delta \mu^2) = E\left\{\left[\mu_1(t) - \mu_2(t)\right]^2\right\} = E\left\{\left[\mu_1(t-\tau) - \mu_1(t-T)\right]^2\right\} = \min$$

对一个稳态信号来说，在理想情况下，有

$$E\left[\mu_1^2(t-\tau)\right] = E\left[\mu_1^2(t-T)\right] = 常数$$

$$E\left[\mu_1(t-\tau) \cdot \mu_1(t-T)\right] = R_{\mu_1 \mu_2}(\tau - T)$$

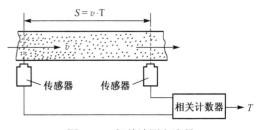

图 2-27　相关法测定流量

当 $\tau = T$ 时，两个信号的相关函数为最大。相关计数器用扫描方式逐步求出互相关为最大的运行时间 $\tau_{\max}$，从而有 $T = \tau_{\max}$，通过确定传感器间的距离 S，便可由公式 $v = S/T$ 求出流速。由流速进而又可确定流量。

相关法测流量的出发点是假设流体中存在随机干扰，由涡流或其他混合物造成的干扰会引起流动介质的压力、温度、导电性、静电荷、速度或透明度的局部、无规则的波动，这便是这种随机干扰的表现形式，因此用来测量的传感器也可以有多种不同的形式。上述测量的原理实际上与带钢测速的原理是一样的。

2.5.4　功率谱分析及应用

前面讨论了用相关函数描述时域中的随机信号，如果对相关函数应用傅里叶变换，则可得到一种在相应的频域中描述随机信号的方法，这种用傅里叶变换获得的信号频率表示称为功率谱密度函数。

1. 自功率谱密度函数

设 $x(t)$ 为一个零均值的随机过程，且 $x(t)$ 中无周期性分量，其自相关函数 $R_x(\tau)$ 在当 $\tau \to \infty$ 时有 $R_x(\tau \to \infty) = 0$，该自相关函数 $R_x(\tau)$ 满足傅里叶变换的条件。对 $R_x(\tau)$ 进行傅里叶变换，可得

$$S_x(f) = \int_{-\infty}^{\infty} R_x(\tau) e^{-j2\pi f \tau} d\tau \tag{2-74}$$

其逆变换为

$$R_x(\tau) = \int_{-\infty}^{\infty} S_x(f) e^{j2\pi f \tau} df \tag{2-75}$$

$S_x(f)$ 称为 $x(t)$ 的自功率谱密度函数，简称自谱或功率谱。

由于 $R_x(\tau)$ 为实偶函数，因此 $S_x(f)$ 也为实偶函数，故实际应用中常用 $f = (0 \sim \infty)$ 范围内的 $G_x(f) = 2S_x(f)$ 来表示信号功率谱，并称 $S_x(f)$ 为双边谱，$G_x(f)$ 为单边谱，其关系如图 2-28 中所示。

当 $\tau = 0$ 时，根据自相关函数 $R_x(\tau)$ 和自功率谱密度函数 $S_x(f)$ 的定义，可得

$$R_x(0) = \lim_{T \to \infty} \frac{1}{T} \int_{-T/2}^{T/2} x^2(t) dt = \int_{-\infty}^{\infty} S_x(f) df \tag{2-76}$$

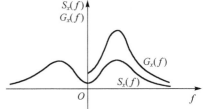

图 2-28　单边功率谱和双边功率谱

可见，$S_x(f)$ 曲线下面和频率轴所包围的面积即为信号的平均功率，$S_x(f)$ 就是信号的功率谱密度沿频率轴的分布，这也是称 $S_x(f)$ 为功率谱的原因。

自功率谱用于描述随机信号的频率结构，根据信号功率（或能量）在频域中的分布情况，将随机过程区分为窄带随机、宽带随机和白噪声等。窄带过程的功率谱（或能量）集中于某一中心频率附近，宽带过程的能量则分布在较宽的频率上，而白噪声过程的能量在所分析的频域内呈均匀分布状态。

2. 互功率谱密度函数

与自功率谱密度函数的定义类似，若互相关函数 $R_{xy}(\tau)$ 满足傅里叶变换的条件 $\int_{-\infty}^{\infty}\left|R_{xy}(\tau)\right|\mathrm{d}\tau < \infty$，则定义 $R_{xy}(\tau)$ 的傅里叶变换

$$S_{xy}(f) = \int_{-\infty}^{\infty} R_{xy}(\tau)\mathrm{e}^{-\mathrm{j}2\pi f\tau}\mathrm{d}\tau \tag{2-77}$$

为信号 $x(t)$ 和 $y(t)$ 的互功率谱密度函数，简称互谱密度函数或互谱。

$S_{xy}(f)$ 的傅里叶逆变换为

$$R_{xy}(\tau) = \int_{-\infty}^{\infty} S_{xy}(f)\mathrm{e}^{\mathrm{j}2\pi f\tau}\mathrm{d}f \tag{2-78}$$

S_{xy} 也是含正、负频率的双边互谱，实用中也常取只含非负频率的单边互谱 $G_{xy}(f)$，由此规定

$$G_{xy}(f) = 2S_{xy}(f) \qquad f \geq 0 \tag{2-79}$$

因为 $R_{xy}(\tau)$ 为非偶函数，所以互谱密度函数 S_{xy} 通常为复数。与自功率谱相比，互谱最大特点是保留了原信号幅值、频率与相位信息。在工程测试中，互谱常用于识别系统动态特性和消除噪声。

3. 自谱和互谱的估计

以上介绍了自谱和互谱的理论计算公式，但在实际的工程应用中，不可能也没有必要在无限长的时间上计算整个随机过程的自谱和互谱。只能采用有限长度的样本进行计算，即用自谱和互谱的估计值来代替理论值。

定义功率谱即自谱的估计值为

$$\hat{S}_x(f) = \frac{1}{T}\left|X(f)\right|^2 \tag{2-80}$$

互谱的估计值为

$$\hat{S}_{xy}(f) = \frac{1}{T}X^*(f)\cdot Y(f) \tag{2-81}$$

$$\hat{S}_{yx}(f) = \frac{1}{T}Y^*(f)\cdot X(f) \tag{2-82}$$

对于数字信号，通常采用计算机进行快速傅里叶变换（FFT）计算其频谱，相应的计算公式为

$$\hat{S}_x(k) = \frac{1}{N}\left|X(k)\right|^2 \tag{2-83}$$

$$\hat{S}_{xy}(k) = \frac{1}{N}X^*(k)\cdot Y(k) \tag{2-84}$$

$$\hat{S}_{yx}(k) = \frac{1}{N}Y^*(k)\cdot X(k) \tag{2-85}$$

谱估计法分经典法和现代法（时序模型法）两类，其中周期图法是经典谱估计法中最简单的一种。该方法是建立在快速傅里叶变换（FFT）的基础上的。通过进行 FFT 运算，再取其模的平方，便可得到信号的功率谱初步估计。这是一种计算效率高、简单、常用的功率谱估计方法。

4．工程应用

（1）求系统频响函数

线性系统的传递函数 $H(s)$ 或频响函数 $H(f)$ 是一个十分重要的概念，在机器故障诊断等多个领域常要用到它。比如，机器由于其轴承的缺陷在机器运行中会造成冲击脉冲信号，此时若用安装在机壳外部的加速度传感器来接收，则必须考虑机壳的传递函数。又如当信号经过一个复杂系统被传输时，就必须考虑系统各环节的传递函数。

一个线性系统的输出 $y(t)$ 等于其输入 $x(t)$ 和系统的脉冲响应函数 $h(t)$ 的卷积，即

$$y(t) = x(t) * h(t) \tag{2-86}$$

根据卷积定理，式(2-86)在频域中可化为

$$Y(f) = X(f)H(f) \tag{2-87}$$

其中，$H(f)$ 为系统的频响函数，它反映了系统的传递特性。

通过自谱和互谱也可以求取 $H(f)$。在式(2-87)两端乘以 $Y(f)$ 的复共轭并取绝对值，有

$$S_y(f) = |H(f)|^2 S_x(f) \tag{2-88}$$

式(2-88)反映了输入与输出的功率谱密度和频响函数间的关系。由于式(2-88)中没有频响函数的相位信息，因此不可能得到系统的相频特性。如果在式(2-87)两端乘以 $X(f)$ 的复共轭并取绝对值，则有

$$Y(f)X^*(f) = H(f)X(f)X^*(f)$$

进而有

$$S_{xy}(f) = H(f)S_x(f) \tag{2-89}$$

由于 $S_x(f)$ 为实偶函数，因此频响函数的相位变化完全取决于互谱密度函数的相位变化。与式(2-88)相比，式(2-89)完全保留了输入、输出的相位关系，且输入的形式并不一定限制为确定性信号，也可以是随机信号。通常一个测试系统往往受到内部和外部噪声的干扰，从而输出也会带入干扰。但输入信号与噪声是独立无关的，因此它们的互相关为零。这一点说明，在用互谱和自谱求取系统频响函数时不会受到系统干扰的影响。

【工程应用点评 2-6】　利用自谱和互谱求取系统传递函数

图2-29所示的是求取系统传递函数的配置框图，其中激励信号 $x(t)$ 通常采用白噪声，因为白噪声的自谱为一个常数 K，因此由式(2-89)可得

$$S_{xy}(f) = K \cdot H(f) \tag{2-90}$$

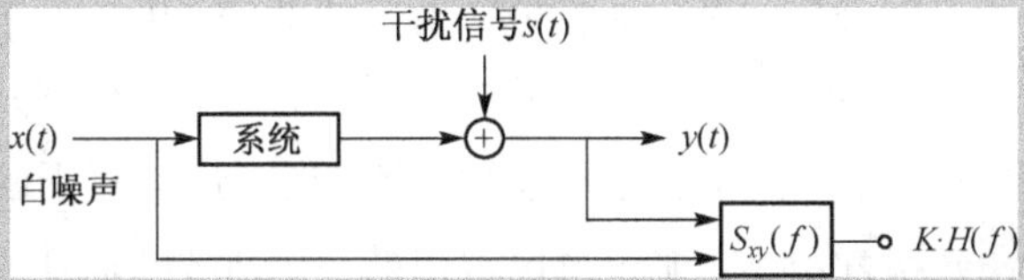

图 2-29　求取系统传递函数的配置框图

（2）相干分析

相干函数又称为凝聚函数，常用于描述输入、输出信号之间的因果性，其定义为

$$\gamma_{xy}^2(f) = \frac{\left|S_{xy}(f)\right|^2}{S_x(f)S_y(f)} \tag{2-91}$$

$\gamma_{xy}^2(f)$ 是一个无量纲系数，其取值范围为 $0 \leq \gamma_{xy}^2(f) \leq 1$。若 $\gamma_{xy}^2(f) = 0$，则称信号 $x(t)$ 和 $y(t)$ 在频率 f 上不相干；若 $\gamma_{xy}^2(f) = 1$，则称 $x(t)$ 和 $y(t)$ 在频率 f 上完全相干；而当 $\gamma_{xy}^2(f) = 0 \sim 1$ 时，则说明信号受到噪声干扰，或说明系统具有非线性。

【工程实例 2-10】 油压脉动与油管振动功率谱分析与相干分析

在图 2-30 中，用柴油机润滑油泵的油压与油压管道振动的两个信号求出自谱和相干函数。润滑油泵转速为 $n = 781$ r/min，油泵齿轮的齿数为 $z = 14$，所以油压脉动的基频是 $f_0 = nz/60 = 182.24$ Hz。

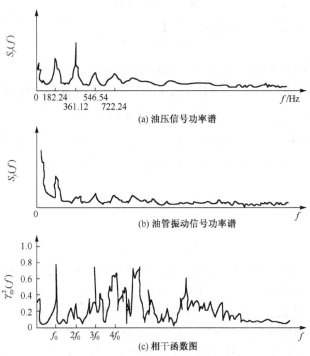

图 2-30　油压脉动与油管振动的相干分析

所测得油压脉动信号 $x(t)$ 的功率谱 $S_x(f)$ 如图 2-30(a)所示。它除了包含基频谱线外，还由于油压脉动并不完全是准确的正弦变化，而是以基频为基础的非正弦周期信号，因此还存在二、三、四次甚至更高的谐波谱线。此时，在油压管道上测得的振动信号 $y(t)$ 的功率谱图 $S_y(f)$ 如图 2-30(b)所示。

将这两个信号进行相干分析，得到图 2-30(c)所示的曲线。由该相干函数图可见，当 $f = f_0$ 时，$\gamma_{xy}^2(f) \approx 0.9$；当 $f = 2f_0$ 时，$\gamma_{xy}^2(f) \approx 0.37$；当 $f = 3f_0$ 时，$\gamma_{xy}^2(f) \approx 0.8$；当 $f = 4f_0$ 时，$\gamma_{xy}^2(f) \approx 0.75$……可以看到由于油压脉动引起各阶谐波所对应的相干函数值都比较大，而在非谐波的频率上相干函数值都很小。所以可以得出结论，油管的振动主要是由于油压脉动所引起的。

2.6　数字信号处理

2.6.1　概述

数字信号处理是指利用计算机或专用的数字信号处理芯片（DSP），以数值计算的方式进行采集、变换、综合、估值与识别的过程。与模拟信号处理技术相比，数字信号处理技术具有精度高、灵活性强、速度快、抗干扰能力强等优点，因而在工程测试领域获得了越来越广泛的应用，已成为一个专门的研究领域。然而，在工程测试中经传感器和调理电路所获得的信号通常为模拟信号，在送入数字信号处理系统之前，必须经过数字化处理。数字信号处理的基本步骤如图 2-31 所示。

（1）预处理　预处理是指用模拟的方法对传感器信号进行处理，把信号变成便于数字处理的形式，主要包括：对信号幅值进行调理，使信号幅值与 A/D

图 2-31　数字信号处理系统简图

转换器的工作范围相适应；对信号中的高频噪声进行抗混滤波，减小频混的影响；隔离信号中的直流分量，消除趋势项及直流分量的干扰等。

（2）A/D 转换　A/D 转换是对预处理后的模拟信号进行采样、保持、幅值的量化与编码，实现将模拟信号转变为数字信号，其核心是 A/D 转换器。数字信号处理系统的性能指标与其密切相关。

（3）数字信号处理　运用数字信号分析仪或计算机对采集的信号进行分析和处理，如进行时域统计分析、相关分析及频域频谱分析等。随着计算机运算速度及专用数字信号处理芯片的快速发展，使在线实时的数字信号处理成为现实，从而极大地推动了数字信号处理技术的发展与应用。

（4）结果显示与输出　将运算结果以数据和图形的方式显示或打印，也可以用 D/A 转换器再将数字量转换成模拟量输出到被控对象。

2.6.2　信号数字化出现的问题

信号数字化过程包含着时域采样、截断、频域采样等步骤，每一步骤都可能引起信号和其蕴涵信息的失真。本节主要对信号数字化出现的问题进行分析，从而提出解决这些问题的方法。

1．时域采样、混叠和采样定理

把以一定的时间间隔从连续时间信号中抽取样本值构成离散时间序列的过程称为时域采样。为了避免采样过程出现失真，显然需要研究采样应满足什么条件才能不丢掉信息。

在理想取样情况下，采样脉冲序列可以表示成一个冲激函数序列。用 $p(t)$ 表示为

$$p(t) = \delta_T(t) = \sum_{n=-\infty}^{\infty} \delta(t - nT_s) \qquad (2\text{-}92)$$

理想取样可以看成是连续信号 $x_a(t)$ 对冲激函数载波的调幅过程。采样信号 $x_s(t)$ 为

$$x_s(t) = x_a(t)p(t) \qquad (2\text{-}93)$$

将式(2-92)代入式(2-93)，得

$$x_s(t) = x_a(t) \sum_{n=-\infty}^{\infty} \delta(t - nT_s) = \sum_{n=-\infty}^{\infty} x_a(t)\delta(t - nT_s) \tag{2-94}$$

根据 δ 函数的性质，$\delta(t-nT_s)$ 只在 $t = nT_s$ 时非零，所以采样信号表示为

$$x_s(t) = \sum_{n=-\infty}^{\infty} x_a(nT_s)\delta(t - nT_s) \tag{2-95}$$

假设 $F[x_a(t)] = X_a(\omega)$，$F[p(t)] = P(\omega)$，那么采样信号 $x_s(t)$ 的频谱为

$$X_s(\omega) = F\left[x_a(t)p(t)\right] = \frac{1}{2\pi} X_a(\omega) * P(\omega) \tag{2-96}$$

由于冲激函数序列的傅里叶变换为

$$P(\omega) = \frac{2\pi}{T_s} \sum_{n=-\infty}^{\infty} \delta(\omega - n\omega_s) \tag{2-97}$$

所以

$$X_s(\omega) = \frac{1}{T_s} \sum_{n=-\infty}^{\infty} X_a(\omega - n\omega_s) \tag{2-98}$$

从式(2-98)可见，一个连续时间信号经过理想取样后，其频谱将以采样频率 ω_s 或 $2\pi/T_s$ 为间隔重复着，即频谱产生了周期延拓。而频谱的幅值则受 $1/T_s$ 加权，如图2-32所示。

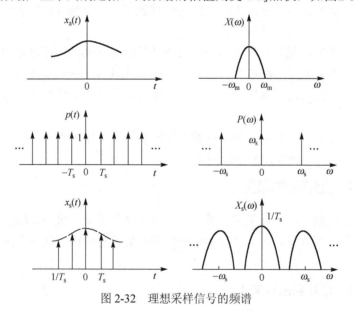

图 2-32　理想采样信号的频谱

如果信号 $x_a(t)$ 的频带是有限的，即信号 $x_a(t)$ 的频谱只在区间$(-\omega_m，\omega_m)$为有限值，而在此区域之外为零，这样的信号称为有限频带信号或简称带限信号。这时若采样频率 $\omega_s \geqslant 2\omega_m$，那么频谱周期延拓不会相互重叠，如图2-33(a)所示。

若 $\omega_s < 2\omega_m$，那么采样信号的频谱周期延拓将产生相互重叠，如图2-33(b)所示。这种频谱重叠的现象称为"混叠"现象。

当然，如果信号 $x_a(t)$ 不是带限信号，那么"混叠"现象必然存在。所以，为了使取样后的频谱不产生"混叠"，即不产生失真，采样频率应足够高。在信号 $x_a(t)$ 的频带受限的情况下，

采样频率应等于或大于信号最高频率的两倍，即 $\omega_s \geq 2\omega_m$（或 $f_s \geq 2f_m$），或者说采样间隔 $T_s \leq 1/2f_m$，这就是采样定理。通常把最低允许采样频率 $f_{smin} = 2f_m$ 称为奈奎斯特（Nyquist）频率；把最大允许采样间隔 $T_{smin} = 1/2f_m$ 称为奈奎斯特间隔。

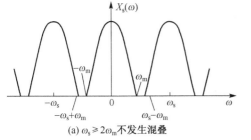
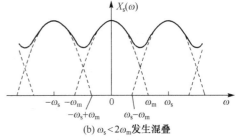

| (a) $\omega_s \geq 2\omega_m$ 不发生混叠 | (b) $\omega_s < 2\omega_m$ 发生混叠 |

图 2-33　时域采样混叠现象

【工程应用点评 2-7】　抗混叠滤波

对于不是带限的信号 $x_a(t)$，为了防止频谱"混叠"，在抽样之前，一般采用模拟低通滤波器滤去高频成分，使其成为带限信号，这种处理称为抗混叠滤波处理。考虑到实际滤波器不可能有理想的截止特性，在其截止频率 f_c 之后总有一定的过渡带，故采样频率常选为$(3\sim4)f_m$。其实，任何低通滤波器都不可能把高频噪声完全衰减干净，因此不可能彻底消除混叠。

2．量化和量化误差

量化是用有限个允许值近似地代替精确值。通常，量化有截尾和舍入两种方法。所谓截尾，是将二进制数的多余位舍掉。所谓舍入，是将二进制数的多余位舍去或舍去后在最低有效位上加 1，这与十进制中的四舍五入法相似。

若取信号 $x(t)$ 可能出现的最大值为 A，量化单位为 Δ。当信号 $x(t)$ 落在某一小间隔内，经过舍入方法而变为有限值时，将会产生量化误差 $\varepsilon(n)$。量化误差的最大值为 $\pm\Delta/2$，可以认为量化误差在 $(-\Delta/2, \Delta/2)$ 区间各点出现的概率是相等的，其概率密度为 $1/\Delta$，均值为零。可以求得其标准差 δ_s 为 0.29Δ。显然，量化单位 Δ 越大，量化误差就越大。对信号采集时，量化增量的大小与 A/D 转换器位数有关。例如，8 位的 A/D 转换器 Δ 最大为 A/D 转换器允许的工作电压幅值的 $1/2^8 = 1/256$。

3．截断、泄漏和窗函数

信号数字化处理时，不可能对无限长的信号进行运算，而是取其在有限时间内的一段来处理，这就需要截断原始信号。从数学角度讲，截断就是将无限长的原始信号乘以时域有限宽的窗函数。这里"窗"的含义是指透过窗口能够观测到原始信号的一部分，原始信号在时窗以外的其他部分被视为零。如图 2-34 所示，余弦信号 $x(t)$ 在时域的分布为无限长$(-\infty, +\infty)$，当用矩形窗函数 $w(t)$ 去截断 $x(t)$ 时，得到截断后的信号 $x_T(t) = x(t)w(t)$。根据傅里叶变换关系，其频谱 $X_T(\omega)$ 为

$$X_T(\omega) = \frac{1}{2\pi} X(\omega) * W(\omega)$$

其中，$X(\omega)$ 是余弦信号 $x(t)$ 的频谱，理论上是位于 $\pm\omega_0$ 处的 δ 函数。$W(\omega)$ 是矩形窗函数 $w(t)$ 的谱，它是一个 $\mathrm{sinc}(\omega)$ 函数。故频谱 $X_T(\omega)$ 相当于将 $\mathrm{sinc}(\omega)$ 函数"搬移"至 $\pm\omega_0$ 处。如图 2-34 所示，将 $X_T(\omega)$ 与原始的谱 $X(\omega)$ 相比较可知，它已不是原来的两条谱线，而是一个两段连续谱。这

表明原来信号和由窗函数截取的信号两者的频谱不同。原来集中在 ω_0 处的能量被分散到两个较宽的频带中去了。这种现象称为泄漏。

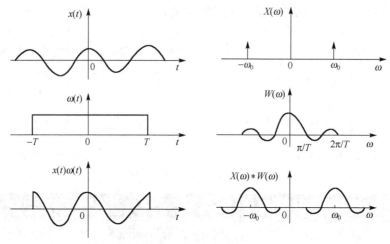

图 2-34 余弦信号的截断

信号截断以后产生的能量泄漏现象是必然的，因为窗函数 $w(t)$ 是一个频带无限的函数，所以即使原信号 $x(t)$ 是带限信号，而在截断以后也必然成为无限带宽的函数，即信号在频域的能量与分布被扩散了。又从采样定理可知，无论采样频率多高，只要信号一经截断，就不可避免地引起混叠，因此信号截断必然导致一些误差，这是信号分析中不容忽视的问题。

如果增大截断长度 T，即矩形窗口加宽，则窗谱 $W(\omega)$ 主瓣将变窄（π/T 减小）。虽然理论上讲，其频谱范围仍为无限宽，但实际上主瓣以外的频率分量衰减较快，因而泄漏误差将减小。当窗口宽度 T 趋于无穷大时，谱窗 $W(\omega)$ 将变为 $\delta(\omega)$ 函数，而 $\delta(\omega)$ 与 $X(\omega)$ 的卷积仍为 $X(\omega)$。这说明，如果窗口无限宽即不截断，就不存在泄漏误差。

泄漏与窗函数频谱的两侧旁瓣有关，如果使侧瓣的高度趋于零，而使能量相对集中在主瓣，则可以较接近于未截断的频谱，为此，可采用不同的时域窗函数来截断信号。

实际应用的窗函数主要有矩形窗、高斯窗及由正弦或余弦函数等组合而成的复合函数如汉宁窗、海明窗等。表2-4列出了五种典型窗函数的性能特点。

表 2-4 典型窗函数的性能特点

窗函数类型	−3 dB 带宽	等效噪声带宽	旁瓣幅度/dB	旁瓣衰减速度/[dB/(10OCT)]
矩形	0.89B	B	−13	−20
三角形	1.28B	1.33B	−27	−60
汉宁	1.20B	1.23B	−32	−60
海明	1.30B	1.36B	−42	−20
高斯	1.55B	1.64B	−55	−20

【工程应用点评 2-8】 窗函数的选择

窗函数的选择，应考虑被分析信号的性质与处理要求。如果仅要求精确读出主瓣频率，而不考虑幅值精度，则可选用主瓣宽度比较窄而便于分辨的矩形窗，例如测量物体的自振频率等；如果分析窄带信号，且有较强的干扰噪声，则应选用旁瓣幅度小的窗函数，如汉宁窗、三角窗；对于随时间按指数衰减的函数，可采用指数窗来提高信噪比。

4. 频域采样、时域周期延拓和栅栏效应

经过时域采样和截断后，信号的频谱在频域内还是连续的。如果要使之数字化，则必须使频率离散化，实行频域采样。频域采样与时域采样相似，在频域中用脉冲序列 $D(f)$ 乘以信号的频谱函数。在时域中，其结果则是将信号平移至各脉冲坐标位置重新构图，从而相当于在时域中将窗内的信号波形在窗外进行周期延拓。

对一个函数实行采样，即是"摘取"采样点上对应的函数值，其效果有如透过栅栏的缝隙观看外景一样，只有落在缝隙前的少数景象被看到，其余景象都被栅栏挡住，视为零。这种现象被称为栅栏效应。不管是时域采样还是频域采样，都有相应的栅栏效应。只不过时域采样如满足采样定理要求，栅栏效应不会有什么影响。而频域采样的栅栏效应则影响较大，"挡住"或丢失的频率成分有可能是重要的或具有特征的成分，以至于整个处理失去意义。

5. 频率分辨力与整周期截断

频率采样间隙 Δf 也是频率分辨力的指标。此间隔越小，频率分辨力越高，被"挡住"的频率成分越少。在利用 DFT（离散傅里叶变换）将有限时间序列变换成相应的频谱序列的情况下，Δf 和分析的时间信号长度 T 的关系是

$$\Delta f = f_s / N = 1 / T \tag{2-99}$$

这种关系是 DFT 算法固有的特征，往往会加剧频率分辨力和计算工作量的矛盾。

根据采样定理，若所感兴趣的最高频率为 f_h，最低采样频率 f_s 应大于 $2f_h$。在 f_s 选定后，要提高频率分辨力就必须增加数据点数 N，从而急剧地增加了计算工作量。解决此项矛盾有两条途径。其一是在 DFT 的基础上，采用"频率细化技术（ZOOM）"，其基本思路是在处理过程中只提高感兴趣的局部频段中的频率分辨力，以此来减小计算工作量。另一条途径则是改用其他把时域序列变换成频谱序列的方法。

在分析简谐信号的场合下，通常需要了解某特定频率 f_0 的幅值大小，因此希望 DFT 谱线落在 f_0 上。单纯地减小 Δf，并不一定会使谱线落在频率 f_0 上。从 DFT 的原理来看，谱线落在 f_0 处的条件是 $f_0/\Delta f =$ 整数。考虑到 Δf 是分析时长 T 的倒数，简谐信号的周期 T_0 是其频率 f_0 的倒数，因此只有截取的信号长度 T 正好等于信号周期的整数倍时，才可能使分析谱线落在简谐信号的频率上，才能获得准确的频谱。显然这个结论适用于所有周期信号。因此，对周期信号实行整周期截断是获取准确频谱的先决条件。从概念来说，DFT 把时窗内信号向外周期延拓。若事先按整周期截断信号，则延拓后的信号将和原信号完全吻合，接合处无任何畸变。反之，延拓后将在 $t=kT$ 交接处出现间断点，波形和频谱都会发生畸变。

2.6.3　离散傅里叶变换 DFT

1. 概述

傅里叶变换建立了时间函数与频谱函数之间的一一对应关系，这种关系给信号分析带来了许多方便。然而前面介绍的变换不是离散的，无法在计算机使用。人们一直期望一种能适应计算机处理的傅里叶变换算法：它的时间函数和频谱函数都是离散的。这就导致了离散傅里叶变换（DFT）的产生。

在信号处理中，离散傅里叶变换是最常用的方法之一，占有极重要的地位。它一方面建立起了离散时域与离散频域之间的联系，另一方面由于离散傅里叶变换是周期性的，因此与离散

傅里叶级数有着密切联系，兼有连续时域中傅里叶级数的作用。此外，由于有了快速算法（快速傅里叶变换），离散傅里叶变换应用更加普遍，在数字信号处理系统中扮演着核心的角色。

对于测试过程中获取的模拟信号，一般先通过 A/D 转换变成离散的数字信号，然后再进行离散傅里叶变换。

2．离散傅里叶级数

一个周期为 N 的周期序列 $x(n)$ 可以表示为

$$x(n) = x(n+KN) \qquad K \text{ 为任意整数}$$

若要用正弦和余弦序列或指数序列来描述它，则各频率成分的频率等于周期序列基频 $2\pi/N$ 的整数倍，即基波成分为 $e^{j\frac{2\pi}{N}}$，k 次谐波序列为 $e^{j\frac{2\pi}{N}k}$。

虽然表现形式上和连续周期函数是相同的，但是在离散傅里叶级数的 k 个谐波分量中只有 N 个是独立的。这是离散傅里叶级数与连续傅里叶级数的不同之处。其原因是复指数序列是 k 的周期函数的缘故，即

$$e^{j\frac{2\pi}{N}(k+mN)} = e^{j\frac{2\pi}{N}k} = e_k(n) \qquad m \text{ 为任意整数}$$

例如，当 $m=1$，$N=4$ 时 $e_{k+4}(n) = e_k(n)$，即 $e_4(n) = e_0(n)$，$e_5(n) = e_1(n)$，$e_6(n) = e_2(n)$，$e_7(n) = e_3(n)$。因此，对于离散傅里叶级数只取 0 到 $N-1$ 的 N 个独立谐波分量就足以表示原始信号。所以，$x(n)$ 可展成为如下离散傅里叶级数，即

$$x(n) = \frac{1}{N} \sum_{k=0}^{N-1} X(k) e^{j\frac{2\pi}{N}kn} \tag{2-100}$$

式中，乘以系数 $1/N$ 是为了下面计算的方便。$X(k)$ 是 k 次谐波的系数，可以求得

$$X(k) = \sum_{n=0}^{N-1} x(n) e^{-j\frac{2\pi}{N}kn} \tag{2-101}$$

设 $W_N = e^{-j\frac{2\pi}{N}}$，可得周期序列的离散傅里叶级数变换对为

$$X(k) = \sum_{n=0}^{N-1} x(n) W_N^{kn} \qquad -\infty < k < \infty \tag{2-102}$$

$$x(n) = \frac{1}{N} \sum_{k=0}^{N-1} X(k) W_N^{-kn} \qquad -\infty < n < \infty \tag{2-103}$$

在式(2-102)和式(2-103)中，n 和 k 都为离散变量。如果将 n 作为时间变量，k 作为频率变量，则式(2-102)表示的是时域向频域的变换，称为正变换；式(2-103)是由频域向时域的变换，称为反变换。显然，时域中的 $x(n)$ 和频域中的 $X(k)$ 都是离散和周期性的，且周期都为 N。

3．离散傅里叶变换

由于周期序列实际上仅有一个周期序列的值有意义，所以在实际处理中，只取周期序列的一个周期的值来计算就足够了，不必（也是不可能）处理无限长周期序列。对于有限长时间序列，其傅里叶变换被称为离散傅里叶变换，简称 DFT，即

$$X(k) = \sum_{n=0}^{N-1} x(n) W_N^{kn} \qquad 0 \le k \le N-1 \tag{2-104}$$

$$x(n) = \frac{1}{N} \sum_{k=0}^{N-1} X(k) W_N^{-kn} \qquad 0 \le k \le N-1 \qquad (2\text{-}105)$$

4. 快速傅里叶变换

虽然 DFT 为离散信号的分析提供了强有力的工具，但因计算量太大，通常很难实现。快速傅里叶变换是一种缩短 DFT 计算时间的有效算法。例如，对采样点 $N = 1000$ 的离散序列，DFT 算法运算量约为 200 万次，而 FFT 仅约为 1.5 万次，可见 FFT 方法大大提高了运算效率。因此，FFT 方法于 1965 年由美国库利（J. W. Cooley）和图基（J. W. Tukey）提出后，被认为是信号分析技术划时代的进步。现在此算法已经可以用计算机软、硬件的方法实现。由于其原理和方法已有许多专著介绍，因此这里不再赘述。

2.7　现代信号处理

前几节对经典的信号处理方法进行了介绍，这些方法主要针对线性、高斯性、平稳性信号的处理，而现代信号处理则以非线性、非高斯性、非平稳性本信号作为研究对象，其理论之丰富，提出的新方法之多，发展之迅速都是信号处理发展史上前所未有的。本节主要对一些现代信号分析和处理方法进行简要介绍，详细内容请参考有关书籍。

1. 现代功率谱估计方法

（1）非参数方法

① 多窗口法（MTM）　MTM 方法是使用多个正交窗口以获取相互独立的谱估计，然后把它们合称为最终的谱估计。这种估计方法比经典非参数谱估计法具有更大的自由度和较高的精度。

② 子空间方法　子空间方法又称为高分辨率方法。这种方法在相关矩阵特征分析或特征分解的基础上，产生信号的频率分量估计。如多重信号分类法（MUSIC）或特征向量法（EV）。此法检测埋葬在噪声中的正弦信号（特别是信噪比低时）是有效的。

（2）参数方法

参数方法是选择一个接近实际样本的随机过程模型，在此模型的基础上，从观测数据中估计模型的参数，进而得到一个较好的谱估计值。此方法与经典功率谱估计方法相比，特别是对短信号，可以获得更高的频率分辨率，参数方法主要包括 AR 模型、MA 模型、AR-MA 模型和最小方差功率谱估计等。通过模型分析的方法来进行谱估计，预先要解决的是模型的参数估计问题。

2. 时频分析

时频分析可以使我们了解信号随时间变化的特征，频域分析体现的是信号随频率变化的特征，二者都不能同时描述信号的时间和频率特征，这时就要用到时频分析。

对于工程中存在的非平稳信号，在不同的时刻，信号具有不同的谱特征，时频分析是非常有效的分析方法。时频分析的目的是建立一个时间-频率（或尺度）的二维函数，要求这个函数不仅能够同时用时间和频率（或尺度）描述信号的能量分布密度，而且能够体现信号的其他一些特征量。

（1）短时傅里叶变换（STFT）

短时傅里叶变换的基本思想是：把非平稳的长信号划分成若干段小的时间间隔，信号在每一个小的时间间隔内可以近似为平稳信号，用傅里叶变换分析这些信号，就可以得到在那个时间间隔的相对精确的频率描述。

短时傅里叶变换的时间间隔划分并不是越细越好，这是因为划分就相当于加窗，会降低频率分辨率并引起谱泄漏。由于短时傅里叶变换的基础仍是傅里叶变换，因此虽然能分析非平稳信号，但更能适合分析准平稳信号。

（2）小波变换

小波变换是 20 世纪 80 年代中后期发展起来的一门新兴的应用数学分支，近年来已被引入到工程应用领域并得到了广泛应用。小波变换具有多分辨特性，通过引入尺度因子和平移因子，可得到一个伸缩的时频窗口，只要适当地选择基本小波，就可使小波变换在时域和频域都具有表征信号局部特征的能力，在低频部分具有较高的频率和较低的时间分辨率，在高频部分具有较高的时间分辨率和较低的频率分辨率，很适合于探测正常信号中夹带的瞬态反常现象并展示其成分。

（3）Wigner-Ville 分布

短时傅里叶变换和小波变换本质上都是信号的线性时频表示，它不能描述信号的瞬时功率谱密度。虽然 Wigner-Ville 分布也是被直接定义为时间与频率的二维函数，但它是一种双线性变换。Wigner-Ville 分布是最基本的时频分布，由它可以得到许多其他形式的时频分布。

（4）希尔伯特–黄变换

希尔伯特–黄变换（Hilbert Huang Transform，HHT）是 20 世纪末 Huang 等人首次提出的一种新的非平稳信号处理技术。该方法由经验模态分解（EMD）与 Hilbert 谱分析两部分组成，它通过 EMD 分解将信号分解成有限数目的本征模态函数（IMF），并对每个 IMF 进行 Hilbert 变换就可以获得有意义的瞬时频率，从而给出频率变化的精确表达。HHT 从本质上解决了频率分辨率和时间分辨率的矛盾，通过对非平稳信号进行平稳化处理，将信号中真实存在的不同尺度波动或趋势逐级分解出来，最终用瞬时频率和能量来表征原信号的频率含量。

3. 统计信号处理

在大多数情况下，信号往往混有随机噪声。由于信号和噪声的随机特性，需要采用统计的方法来分析处理，这就使得数学上的概率统计理论方法在信号处理中得以应用，并演化出统计信号处理这一领域。统计信号处理涉及如何利用概率模型来描述观测信号和噪声的问题，这种信号和噪声的概率模型往往是信息的函数，而信息则由一组参数构成，这组参数是通过某个优化准则从观测数据中得来的。显然，用这种方法从数据中得到的所需信息的精确程度，取决于所采用的概率模型和优化原理。在统计信号处理中，常用的信号处理模型包括高斯随机过程模型、马尔可夫随机过程模型和 α 稳定分布随机信号模型等。而常用优化准则包括最小二乘（LS）准则，最小均方（LMS）准则，最大似然（ML）准则和最大后验概率（MAP）准则等。在上述概率模型和优化准则的基础上，出现了许多统计信号处理算法，包括维纳滤波器、卡尔曼滤波器、最大熵谱估计算法和最小均方自适应滤波器等。

2.8 思考题与习题

2-1 列举五种以上大家熟悉的典型工程信号，根据信号特点进行分类，说明对不同信号如何在不同的域中进行描述和分析。

2-2 论述周期信号与非周期信号频谱的各自特点。

2-3 解释信号离散化过程中的混叠、泄漏和栅栏效应，并说明如何防止这些现象的产生。

2-4 简要说明窗函数对截断信号频谱的影响。

2-5 何为采样定理？何为奈奎斯特频率？如何避免采样信号发生频域混叠失真现象？

2-6 根据一个信号的自相关函数图形，如何确定该信号中的常值分量和周期成分？

2-7 如图2-35所示求周期三角波的傅里叶级数三角函数与复指数函数展开形式，并绘制频谱图。

2-8 求符号函数（如图 2-36(a)所示）和单位阶跃函数（如图2-36(b)所示）的频谱。

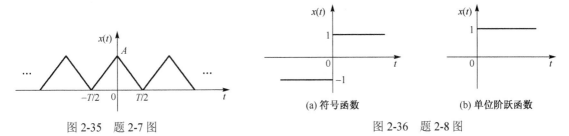

图 2-35 题 2-7 图   图 2-36 题 2-8 图

2-9 求图2-4所示指数衰减信号 $x(t) = x_0 e^{-at} \sin(\omega_0 t + \phi_0)$ 的频谱。

2-10 求被截断的余弦函数 $\cos\omega_0 t$（如图2-37所示）的傅里叶变换，运用傅里叶变换性质分析截断对信号频谱的影响。

$$x(t) = \begin{cases} \cos\omega_0 t & |t| < t \\ 0 & |t| \geq t \end{cases}$$

2-11 求正弦信号 $x(t) = A\sin(\omega t + \phi)$ 的均值 μ_x、均方值 ψ_x^2 和概率密度函数 $p(x)$。

2-12 假定一个信号 $x(t)$，由两个频率和相角均不同的余弦函数叠加而成，其数学表达式为 $x(t) = A_1 \cos(\omega_1 t + \phi_1) + A_2 \cos(\omega_2 t + \phi_2)$，求该信号的自相关函数和功率谱，并绘制其图形。

2-13 求同周期的方波与正弦波（如图2-38所示）的互相关函数。

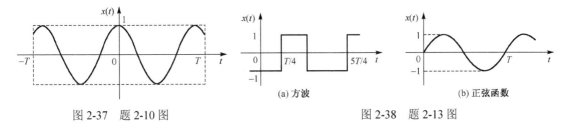

图 2-37 题 2-10 图   图 2-38 题 2-13 图

2-14 对 500 Hz 的正弦信号 $x_1(t) = \sin 1000\pi t$ 进行采样，采样频率 $f_s = 4096$ Hz，总采样点数 $N = 2048$，求奈奎斯特频率与采样信号频率分辨率。如果信号中含有几个基频为 500 Hz 的谐波成分，问哪些谐波可以被准确检测出来？哪些谐波会发生采样失真？

2-15 对一个最高频率为 2 kHz 的带限信号进行采样，要求频率分辨率为 1 Hz，问应采用多高的采样频率和采样点数？

2-16 分别对三个正弦信号 $x_1(t) = \sin 2\pi t$、$x_2(t) = \sin 6\pi t$、$x_3(t) = \sin 10\pi t$ 进行采样，采样频率 $f_s = 4$ Hz，求三个采样输出序列，画出 $x_1(t)$、$x_2(t)$、$x_3(t)$ 的时域波形与采样点位置，对三个信号的采样结果进行分析，并解释频率混叠现象。

2-17 已知 $x(n)$ 是长度为 N 的有限长序列，$\text{DFT}[x(n)] = X(k)$，将数据补零，长度扩大一倍，得到长度为 $2N$ 的有限长序列 $y(n)$，试分析 $\text{DFT}[y(n)]$ 与 $X(k)$ 的关系，讨论补零对信号频谱的作用规律。

测试系统特性分析

工程背景

信号的测试与测试系统密切相关，测试系统在输入信号即激励的作用下对它进行"加工"，并将"加工"后的信号进行输出。由于受测试系统的特性以及信号传输过程中干扰的影响，输出信号和输入信号之间总会存在一定的差别。为了正确地描述或反映被测物理量，使输出信号和输入信号之间误差最小，研究测试系统特性及其分析描述方法，对测试装置的设计与实现不失真测量具有重要意义。本章的主要目的是通过测试装置基本特性的讨论，为测试系统的分析与设计奠定基础。

内容提要

本章主要讲述测试系统基本特性及其分析描述方法。重点介绍测试系统动态特性的概念与系统传递函数、频响函数分析描述方法；一、二阶系统的动态特性与参数测定方法；实现无失真测试的条件，负载和干扰对测试的影响及其解决措施。

3.1　概述

在对物理量进行测试时，要用到各种各样的装置和仪器，这些对被测的物理量进行传感、转换与处理、传送、显示、记录以及存储的装置和仪器就组成了所谓的测试系统。测试系统与输入、输出之间的关系可用图3-1表示，其中 $x(t)$ 和 $y(t)$ 分别表示输入量与输出量，$h(t)$ 表示系统的传递特性。三者之间一般具有如下几种关系：

图 3-1　测试系统框图

（1）已知输入量和系统传递特性，可求出系统的输出量；

（2）已知系统的输入和输出量，可知道系统的传递特性；

（3）已知系统的传递特性和输出量，可推知系统的输入量。

对于一般的测试任务来说，常常希望输入与输出之间具有一一对应的确定关系。就静态测量而言，系统的这种特性用代数方程就可以描述。但对于动态测试而言，测试系统的输入量和输出量都是随时间的变化而变化的。动态测试是以输出信号去估计输入信号，也就是通过测试系统所获得的信号（显示或记录的波形），来反映被测物理量随时间变化的历程。如果测试系统合适，使用得当，其输出信号就成为输入信号的正确估计。动态测试系统特性，即反映输入与输出信号之间关系的数学模型，不可能再用简单的代数方程式表达，需要用输入、输出信号对时间的微分方程式表达。

当然，动态测试系统与静态测量系统在某些情况下可以通用，但必须注意的是二者在理论概念上和系统特性要求上存在着本质的差别。

无论是动态测试还是静态测量，都是以系统的输出量去估计输入量的。测试的目的是为了准确了解被测物理量，但人们通过测试是永远测不到被测物理量的真值的，只能观测到经过测试系统的各个变换环节对被测物理量传递后的输出量。研究系统的特性就是为了使系统尽可能在准确、真实地反映被测物理量方面做得更好，同时也为了对现有测试系统的优劣提供客观评价。

3.2　测试系统的静态特性

测试系统的激励信号可能是常量，也可能是变化的量，系统对上述两类信号的反应也是各不相同的。在测试过程中，系统或仪器按照自身固有的运动规律进行能量变换。例如，膜盒或波纹管的变形，表头指针的偏转，水银的膨胀与收缩，电路中电容器的充放电，继电器的开闭，测振仪的固有频率，乃至模数转换器的转换及 CPU 的数据处理时间等，这些元器件固有的运动特性都会使被测信号在幅值和相位方面发生变化。根据仪器固有运动的速度和被测信号的变化速度之间相对大小，测试过程可分为静态测量与动态测试。

测试系统的静态特性用测试系统的激励与响应的稳态值之间的相互关系来表示，其数学模型为代数方程，不含有时间变量 t。常用的测试系统静态特性参数有灵敏度、量程、测量范围、线性度、准确度、分辨率与重复性，还有漂移、死区和迟滞等。

3.2.1　静态标定

为了使测试结果具有普遍的科学意义，测试系统必须是经过检验的。使用已知的标准校正测试系统的过程称为标定。根据标定时输入到测试系统中的已知量是静态量还是动态量，标定分静态标定和动态标定，本节讨论静态标定。具体来讲，静态标定就是将原始基准器或比被标定系统准确度高的各级标准器或已知输入源，作用于测试系统，得出测试系统激励-响应关系的实验操作。

对测试系统进行标定时，一般应在全量程范围内均匀地选取 5 个或 5 个以上的标定点（包括零点）。从零点开始，由低至高逐次输入预定的标定值称为标定的正行程，然后再由高至低依次输入预定的标定值直至返回零点称为反行程，并按要求将以上操作重复若干次，记录下相应的响应-激励关系。

标定的主要作用是：① 确定测试系统的输入-输出关系，赋予测试系统分度值；② 确定测试系统的静态特性指标；③ 消除系统误差，改善测试系统的正确度。标定是一个不容忽视的重要步骤，通过标定，可得到测试系统的响应值 y_i 和激励值 x_i 之间的一一对应关系，即测试系统的静态特性。测试系统的静态特性可以用一个多项式方程表示为

$$y = a_0 + a_1 x + a_2 x^2 + \cdots \tag{3-1}$$

式(3-1)称为测试系统的静态数学模型。静态特性也可用一条曲线来表示，该曲线称为测试系统的静态特性曲线，有时也称为静态校准曲线或静态标定曲线。从标定过程可知，测试系统的静态特性曲线可相应地分为正行程特性曲线、反行程特性曲线和平均特性曲线（正行程、反行程特性曲线之平均），一般都以平均特性曲线作为测试系统的静态特性曲线。

【工程应用点评 3-1】　测试系统标定

　　理想的测试系统是响应和激励之间具有线性关系，这时数据处理最简单，并且可与动态测试原理相衔接。因为线性系统遵守叠加原理和频率不变性原理，在动态测试中不会改变响应信号的频率结构，造成波形失真。然而，由于原理、材料、制作上的种种客观原因，测试系统的静态特性不可能是严格线性的。如果在测试系统的特性方程中非线性项的影响不大，实际静态特性接近直线关系，则常用一条参考直线来代替实际的静态特性曲线，近似地表示响应与激励关系，有时也将此参考直线称为测试系统的工作直线。如果测试系统的实际特性和直线关系相去甚远，则常采取限制测量的量程，以确保系统工作在线性范围内，或者在仪器的结构或电路上采取线性化补偿措施，如设计非线性放大器或采取软件非线性修正等补偿措施。

3.2.2　静态特性指标

1. 灵敏度

灵敏度 S 是仪器在静态条件下响应量的变化 Δy 和与之相对应的输入量变化 Δx 的比值。

理想的静态量测试系统应具有单调、线性的输入输出特性，其斜率为常数。在这种情况下，仪器的灵敏度量就等于特性曲线的斜率，如图3-2(a)所示，即

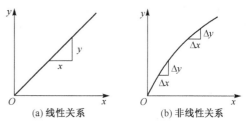

图 3-2　静态灵敏度的确定

$$S = \frac{\Delta y}{\Delta x} = \frac{y}{x} \tag{3-2}$$

当特性曲线无线性关系时，如图 3-2(b)所示，灵敏度的表达式为

$$S = \lim_{\Delta x \to 0} \frac{\Delta y}{\Delta x} = \frac{\mathrm{d}y}{\mathrm{d}x} \tag{3-3}$$

它表示被测量的单位变化引起的测试系统输出值的变化。

灵敏度是一个有单位的量，因此在讨论测试系统的灵敏度时，必须确切地说明它的单位。例如，位移传感器被测位移单位是 mm，输出量单位是 mV，故位移传感器灵敏度单位是 mV/mm。当测试仪器的激励与响应为同一形式的物理量时，常用"增益"这个名词来取代灵敏度的概念。上述定义与表示方法都是指绝对灵敏度。另一种实用的灵敏度表示方法是相对灵敏度，相对灵敏度 S_r 的定义为

$$S_r = \frac{\Delta y}{\Delta x / x} \tag{3-4}$$

式中，Δy 为输出量的变化；$\Delta x/x$ 为输入量的相对变化。

相对灵敏度表示测试系统的输出变化量相对于被测输入量相对变化量的变化率。在实际测量中，被测量的变化有大有小，在要求相同的测量精度条件下，被测量越小，所要求的绝对灵敏度就越高。但如果用相对灵敏度表示，则不管被测量的大小如何，只要相对灵敏度相同，测量精度也就相同。

测试系统除了对被测量敏感之外，还可能对各种干扰量有反应，从而影响测试精度。这种对干扰量敏感的灵敏度称为有害灵敏度。在设计测试系统时，应尽可能地将有害灵敏度降到最低限度。

许多测试单元的灵敏度是由其物理属性或结构所决定的。人们常常追求高灵敏度，但灵敏度和系统的量程及固有频率等是相互制约的，应引起注意。

2．量程及测量范围

测试系统能测量的最小输入量（下限）至最大输入量（上限）之间的范围称为量程。测量上限值与下限值的代数差称为测量范围。如量程为 -50℃～200℃ 的温度计的测量范围是 250℃。仪器的量程决定于仪器中各环节的性能，假如仪器中任意一个环节的工作出现饱和或过载，则整个仪器都不能正常工作。

有效量程或工作量程是指被测量的某个数值范围，在此范围内测量仪器所测得的数值，其误差均不会超过规定值。仪器量程的上限与下限构成了仪器可以进行测量的极限范围，但并不代表仪器的有效量程。例如，某厂家称其湿度传感器的量程是（20%～100%）RH，但仪器上还可能会特别注明在（30%～85%）RH 以外的范围湿度仪的标定会有较大误差。实际上只有在（30%～85%）RH 范围内仪器才保证规定的精度。所以，仪器的有效量程是（30%～85%）RH。

有时还用到"可调范围"这个名词，它通常用有效量程的高端和低端的相互关系来表示。例如有效范围为（20%～85%）RH，则可调范围为 4.25∶1。有些动态测试仪器还使用"动态量程"这个名词。动态量程的表示方法类似于可调范围，但采用"分贝"形式。

多量程仪器的工作范围可通过手动或自动进行切换。许多电子仪器都能够根据输入量的大小自动进行量程切换。

3．线性度

线性度是指测试系统的实际输入输出特性曲线对理想线性输入输出特性的接近或偏离程

度。它用实际输入输出特性曲线对理想线性输入输出特性曲线的最大偏差量与满量程的百分比来表示，如图3-3所示，即

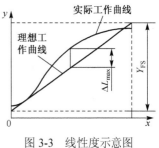

图 3-3　线性度示意图

$$\delta_{\text{L}} = \frac{\Delta L_{\max}}{Y_{\text{FS}}} \times 100\% \qquad (3\text{-}5)$$

式中，δ_{L} 表示线性度；Y_{FS} 为量程；$\Delta L_{\max}$ 为最大偏差。

由式(3-5)可知，δ_{L} 越小，系统的线性越好。实际工作中经常会遇到非线性较为严重的系统，此时，可以采取限制测量范围。采用非线性拟合或非线性放大器等措施来提高系统的线性度。

4．迟滞

迟滞也称滞后量、滞后或回程误差，表征测试系统在全量程测量范围内，当输入量由小到大（正行程）或由大到小（反行程）时，静态特性不一致的程度，如图3-4所示。迟滞误差用各校准级中的最大迟滞偏差 $\Delta H_{\max}$ 与满量程理想输出值 Y_{FS} 之比的百分率表示，即

$$\delta_{\text{H}} = \frac{\Delta H_{\max}}{Y_{\text{FS}}} \times 100\% \qquad (3\text{-}6)$$

式中，$\Delta H_{\max}$ 为同一校准级上正、反行程输出平均值之间的最大偏差。

5．重复性

重复性表示测试系统在同一工作条件下，在同一方向上进行全量程多次（三次以上）测量时，对于同一个激励量其测量结果的不一致程度，如图3-5所示。重复性误差是指标定值的分散性，是一种随机误差。重复性误差表示形式为

$$\delta_{\text{R}} = \frac{\Delta R}{Y_{\text{FS}}} \times 100\% \qquad (3\text{-}7)$$

式中，ΔR 为同一激励量对应多次循环的同向行程响应量的绝对误差，可以根据标准偏差来计算 ΔR。

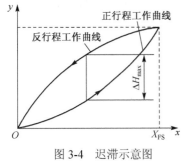

图 3-4　迟滞示意图

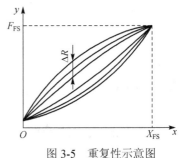

图 3-5　重复性示意图

6．准确度

准确度是指测量仪器的指示接近被测量真值的能力。准确度是重复误差和线性度等的综合。

准确度可以用输出单位来表示，例如温度表的准确度为 $\pm 10\,℃$，千分尺的准确度为 $0.001\ \text{mm}$ 等。但大多数测量仪器或传感器的准确度是用无量纲的百分比误差或满量程百分比误差来表示的，即

$$\text{百分比误差} = \frac{\text{指示值} - \text{真值}}{\text{真值}} \times 100\% \qquad (3\text{-}8)$$

而在工程应用中多以仪器的满量程百分比误差来表示，即

$$满量程百分比误差 = \frac{指示值 - 真值}{最大量程} \times 100\% \tag{3-9}$$

准确度表示测量的可信程度，准确度不高可能是由仪器本身或计量基准的不完善造成的。

7. 分辨率

分辨率是指测试系统能检测到输入量最小变化的能力，即能引起响应量发生变化的最小激励变化量，用 Δx 表示。由于测试系统或仪器在全量程范围内，各测量区间的 Δx 不完全相同，因此常用全量程范围内最大的 Δx 即 Δx_{max} 与测试系统满量程输出值 Y_{FS} 之比的百分率表示其分辨能力，即

$$k = \frac{\Delta x_{max}}{Y_{FS}} \times 100\% \tag{3-10}$$

为了保证测试系统的测量准确度，工程上规定测试系统的分辨率应小于允许误差的 1/3、1/5 或 1/10。可以通过提高仪器的敏感单元的增益的方法来提高分辨率。如使用放大镜可比裸眼更清晰地观察刻度盘相对指针的刻度值，用放大器放大测量信号等。不应该将分辨率与重复性和准确度混淆起来。测试仪器必须有足够高的分辨率，但这还不是构成良好仪器的充分条件。分辨率的大小应能保证在稳态测试时仪器的测量值波动很小。分辨率过高会使信号波动过大，从而会对数据显示或校正装置提出过高的要求。一个好的设计应使其分辨率与仪器的功用相匹配。提高分辨率相对而言是比较方便的，因为在仪器的设计中提高增益不成问题。

8. 漂移

漂移是指在测试系统的激励不变时，响应量随时间的变化趋势。产生漂移的原因有两方面：一是测试系统自身结构参数的变化，二是外界工作环境参数的变化对响应的影响。最常见的漂移是温度漂移，即由于外界工作温度的变化而引起的输出的变化。例如，溅射薄膜压力传感器的温漂为 0.01%（h/℃），即当温度变化 1℃时，传感器的输出每小时要变化 0.01%。随着温度的变化，测试系统的灵敏度和零点位置也会发生漂移，并相应地称之为灵敏度漂移和零点漂移。

3.3 测试系统的动态特性

3.3.1 动态参数测试的特殊性

在测量静态信号时，线性测试系统的输出输入特性是一条直线，二者之间有一一对应的关系，而且因为被测信号不随时间变化，测量和记录过程不受时间限制。而在实际测试工作过程中，大量的被测信号是动态信号，测试系统对动态信号的测试不仅需要精确地测试出信号幅值的大小，而且需要测试和记录动态信号变化过程的波形，这就要求测试系统能迅速准确地测量出信号幅值的大小和无失真地再现被测信号随时间变化的波形。

测试系统的动态特性是指系统对激励（输入）的响应（输出）特性。一个动态特性好的测试系统，其输出随时间变化的规律，将能同时再现输入随时间变化的规律，即具有相同的时间函数。这是动态测试中对测试系统提出的新要求。但实际上除了具有理想的比例特性的

环节外，输出信号将不会与输入信号具有完全相同的时间函数，这种输出与输入间的差异就是所谓的动态误差。

为了进一步说明动态参数测试中发生的特殊问题，下面讨论一个测试水温的实验过程。用一个恒温水槽，使其中水温保持在 T_1℃不变，而当地环境温度为 T_0℃，把一支热电偶放于此环境中一定时间，那么热电偶反映出来的温度应为 T_0℃（不考虑其他因素造成的误差）。设 $T_1 > T_0$，现在将热电偶迅速插到恒温水槽的热水中（插入时间忽略不计），这时热电偶测量的温度参数发生一个突变，即从 T_0 突然变化到 T_1，立即看一下热电偶输出的指示值，是否在这一瞬间从原来的 T_0 立刻上升到 T_1 呢？显然不会。它是从 T_0 逐渐上升到 T_1 的，没有这样一个过程就不会得到正确的测试结果。而从 t_0 到 t_1 的过程中，测试曲线始终与温度从 T_0 跳变到 T_1 的阶跃波形存在差值，这个差值就称为动态误差。从记录波形上看，测试具有一定的失真。热电偶测温过程如图3-6所示。

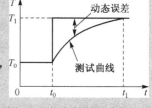

图 3-6　热电偶测温过程曲线

究竟是什么原因造成测试失真和产生动态误差呢？首先可以肯定，如果 $T_1 = T_0$ 不产生变化，不会产生上述现象。另一方面，就应该考察热电偶（传感器）对动态参数测试的适应性能，即它的动态特性怎样。热电偶测热水温度时，水温的热量需要通过热电偶的壳体传到热接触点上，热接触点又具有一定热容量，它与水温的热平衡需要一个过程，所以热电偶不能在被测温度变化时立即产生相应的反应。这种由热容量所决定的性能称为热惯性。热惯性是热电偶固有的，决定了热电偶测快速温度变化时会产生动态误差。

任何测试系统都有影响其动态特性的"固有因素"，只不过它们的表现形式和作用程度不同而已。研究测试系统的动态特性主要是从测试误差角度分析产生动态误差的原因及改善措施。

3.3.2　测试系统动态特性的分析方法及指标

研究动态特性可从时域和频域两个方面采用瞬态响应法和频率响应法来分析。由于输入信号的时间函数形式是多种多样的，在时域内研究测试系统的响应特性时，通常研究几种特定的输入时间函数如脉冲函数、阶跃函数和斜坡函数等的响应特性。在频域内研究动态特性一般是采用正弦输入得到频率响应特性。对于动态特性好的测试系统，暂态响应时间很短或者频率响应范围很宽。这两种分析方法内部存在必然的联系，在不同场合，根据实际需要解决的问题的不同而选择不同的方法。

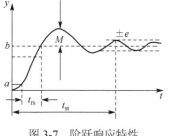

图 3-7　阶跃响应特性

在对测试系统进行动态特性的分析和动态标定时，为了便于比较和评价，常采用正弦变化和阶跃变化的输入信号。在采用阶跃输入研究测试系统时域动态特性时，为表征其动态特性，常用上升时间 t_{rs}、响应时间 t_{st}、超调量 M 等参数来综合描述，如图3-7所示。上升时间是指输出指示值从最初的5%或10%变到最终稳定值的95%或90%所需的时间。响应时间是指从输入量开始起作用到输出值进入稳定值所规定的范围内所需要的时间。最终稳定值的允许范围常取所允许的测量误差值。在给出响应时间时应同时注明误差值的范围，例如响应时间 $t_{st} = 5$ s（$1 \pm 2\%$）。超调量 M 是指输出第一次达到稳定值之后又超出稳定值而出现的最大偏差，常用相对于最终稳定值的百分比来表示。

在采用正弦输入研究测试系统动态特性时，常用幅频特性和相频特性来描述其动态特性，其重要指标是频带宽度，简称带宽。带宽是指增益变化不超过某一规定分贝值的频率范围。

3.3.3　测试系统的数学描述

测试系统实质上是一个信息（能量）转换和传递的通道，在静态测量情况下，其输出量（响应）与输入量（激励）的关系符合式(3-1)，即输出量为输入量的函数。在动态测试情况下，如果当输入量随时间变化时，输出量能立即随之无失真地变化，那么这样的系统可看成是理想的。但实际的测试系统，总是存在着诸如弹性、惯性和阻尼等元件。此时输出 y 不仅与输入 x 有关，而且还与输入量的变化速度 dx/dt、加速度 d^2x/dt^2 等有关。

要精确地建立测试系统的数学模型是很困难的。在工程上总是采取一些近似的方法，忽略一些影响不大的因素，给数学模型的确立和求解都带来很多方便。

一般可用线性时不变系统理论来描述测试系统的动态特性。从数学上可以用常系数微分方程表示系统的输出量 $y(t)$ 与输入量 $x(t)$ 的关系，这种方程的通式如下：

$$a_n \frac{d^n y(t)}{dt^n} + a_{n-1} \frac{dy^{n-1}(t)}{dt^{n-1}} + \cdots + a_1 \frac{dy(t)}{dt} + a_0 y(t)$$

$$= b_m \frac{d^m x(t)}{dt^m} + b_{m-1} \frac{dx^{m-1}(t)}{dt^{m-1}} + \cdots + b_1 \frac{dx(t)}{dt} + b_0 x(t) \tag{3-11}$$

式中，$x(t)$ 是系统的输入；$y(t)$ 是系统的输出；$a_0, a_1, \cdots, a_{n-1}, a_n$ 和 $b_0, b_1, \cdots, b_{m-1}, b_m$ 是系统的物理参数。

若系统的上述物理参数均为常数，则该方程便是常系数微分方程，所描述的系统便是线性定常系统或线性时不变系统。

线性时不变系统具有如下基本性质。

（1）叠加性

若有 $x_1(t) \rightarrow y_1(t)$ 和 $x_2(t) \rightarrow y_2(t)$，则有

$$x_1(t) + x_2(t) \rightarrow y_1(t) + y_2(t) \tag{3-12}$$

（2）比例性

若有 $x(t) \rightarrow y(t)$，则对于任意常数 a，均有

$$ax(t) \rightarrow ay(t) \tag{3-13}$$

（3）微分特性

若有 $x(t) \rightarrow y(t)$，则有

$$\frac{dx(t)}{dt} \rightarrow \frac{dy(t)}{dt} \tag{3-14}$$

（4）积分特性

若有 $x(t) \rightarrow y(t)$，则当系统初始状态为零时，有

$$\int_0^t x(t)\mathrm{d}t \rightarrow \int_0^t y(t)\mathrm{d}t \tag{3-15}$$

（5）频率保持性

若有 $x(t) \rightarrow y(t)$，当输入 $x(t)$ 为某个频率的正弦激励时，则输出 $y(t)$ 也应是与之同频的正弦信号：$y(t) = y_0 \mathrm{e}^{\mathrm{j}(\omega t + \phi)}$，其中 ϕ 为初相角。该性质可简单证明如下。

根据比例性质，对于某一个已知频率 ω，有

$$\omega^2 x(t) \rightarrow \omega^2 y(t)$$

根据微分特性，有

$$\frac{\mathrm{d}^2 x(t)}{\mathrm{d}t^2} \rightarrow \frac{\mathrm{d}^2 y(t)}{\mathrm{d}t^2}$$

由叠加性，将上述两式相加，有

$$\omega^2 x(t) + \frac{\mathrm{d}^2 x(t)}{\mathrm{d}t^2} \rightarrow \omega^2 y(t) + \frac{\mathrm{d}^2 y(t)}{\mathrm{d}t^2}$$

设 $x(t) = x_0 \mathrm{e}^{\mathrm{j}(\omega t + \phi)}$，则

$$\frac{\mathrm{d}^2 x(t)}{\mathrm{d}t^2} = (\mathrm{j}\omega)^2 x_0 \mathrm{e}^{\mathrm{j}\omega t} = -\omega^2 x_0 \mathrm{e}^{\mathrm{j}\omega t} = -\omega^2 x(t)$$

因此，可得

$$\omega^2 x(t) + \frac{\mathrm{d}^2 x(t)}{\mathrm{d}t^2} = 0$$

由此可知，输出 $y(t)$ 也应满足

$$\omega^2 y(t) + \frac{\mathrm{d}^2 y(t)}{\mathrm{d}t^2} = 0$$

解此方程可得唯一的解为

$$y(t) = y_0 \mathrm{e}^{\mathrm{j}(\omega t + \phi)}$$

本书中以后讲到的系统，如无特殊声明，均指线性时不变系统。为书写方便，有时也将线性时不变系统记为 LTI（Linear Time-Invariant）系统。线性系统的基本性质，尤其是频率保持性在动态测试中特别有用。对于一个线性系统来说，若已知其输入的激励频率，则测试信号必然具有与之相同的频率成分。反之，若已知输入、输出信号的频率，则可由两者频率的异同来推断系统的线性。

3.3.4　测试系统的传递函数

对 3.3.3 节中所描述的常系数微分方程，下面采用拉普拉斯变换来建立测试系统传递函数的概念。

若 $y(t)$ 为时间变量 t 的函数，且当 $t \leqslant 0$ 时，有 $y(t)$，则 $y(t)$ 的拉普拉斯变换 $Y(s)$ 定义为

$$Y(s) = \int_0^\infty y(t)\mathrm{e}^{-st}\mathrm{d}t \tag{3-16}$$

式中，s 为复变量，$s = a + \mathrm{j}b$，$a > 0$。

若系统的初始条件为零，即认为输入 $x(t)$ 和输出 $y(t)$ 以及它们各阶导数的初始值（即 $t = 0$ 时的值）均为零，对式(3-11)进行拉普拉斯变换，可得

$$Y(s)(a_ns^n + a_{n-1}s^{n-1} + \cdots + a_1s + a_0) = X(s)(b_ms^m + b_{m-1}s^{m-1} + \cdots + b_1s + b_0)$$

将输入和输出的拉普拉斯变换之比定义为系统的传递函数 $H(s)$，即

$$H(s) = \frac{Y(s)}{X(s)} = \frac{b_ms^m + b_{m-1}s^{m-1} + \cdots + b_1s + b_0}{a_ns^n + a_{n-1}s^{n-1} + \cdots + a_1s + a_0} \tag{3-17}$$

传递函数 $H(s)$ 表征了一个系统的动态特性。在其公式的分母中，s 的幂次 n 代表了系统微分方程的阶次，也称为传递函数的阶次。从式(3-17)不难得到如下几条传递函数的特性。

（1）传递函数与输入无关，即 $H(s)$ 不因输入 $x(t)$ 的改变而改变，它表示系统的固有特性；

（2）传递函数 $H(s)$ 所描述的系统对于任意一个给定的输入 $x(t)$ 可明确地给出相应的输出 $y(t)$；

（3）等式中的各个系数 $a_0, a_1, \cdots, a_{n-1}, a_n$ 和 $b_0, b_1, \cdots, b_{m-1}, b_m$ 是由测试系统本身结构特性所唯一确定的常数。

将系统传递函数的定义式(3-17)应用于线性子系统的串联和并联中，则可得到十分简单的运算规则。

如图3-8(a)所示，两个传递函数分别为 $H_1(s)$ 和 $H_2(s)$ 的子系统串联后所形成的系统的传递函数 $H(s)$ 为

$$H(s) = \frac{Y(s)}{X(s)} = \frac{Y_1(s)}{X(s)} \cdot \frac{Y(s)}{Y_1(s)} = H_1(s) \cdot H_2(s) \tag{3-18}$$

如图3-8(b)所示，两个传递函数分别为 $H_1(s)$ 和 $H_2(s)$ 的子系统并联后所形成的系统的传递函数 $H(s)$ 为

$$H(s) = \frac{Y(s)}{X(s)} = \frac{Y_1(s)}{X(s)} + \frac{Y_2(s)}{X(s)} = H_1(s) + H_2(s) \tag{3-19}$$

图3-8(c)所示的是两个子系统 $H_1(s)$ 和 $H_2(s)$ 连接成闭环回路的情形，此时有

$$Y(s) = X_1(s) \cdot H_1(s), \ X_2(s) = X_1(s) \cdot H_1(s) \cdot H_2(s), \ X_1(s) = X(s) + X_2(s)$$

于是，系统传递函数 $H(s)$ 为

$$H(s) = \frac{Y(s)}{X(s)} = \frac{H_1(s)}{1 - H_1(s)H_2(s)} \tag{3-20}$$

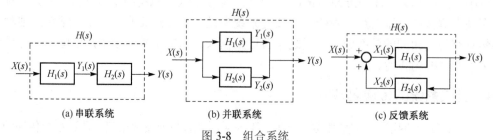

| (a) 串联系统 | (b) 并联系统 | (c) 反馈系统 |

图 3-8　组合系统

3.3.5　测试系统的频率响应函数

对于稳定的线性定常系统，设 $s = j\omega$，即原 $s = a + jb$ 中的 $a = 0$，$b = \omega$，此时式(3-16)变为

$$Y(j\omega) = \int_0^\infty y(t)e^{-j\omega t}dt \tag{3-21}$$

上式即为第 2 章中叙述过的单边傅里叶变换公式。相应地，有

$$H(j\omega) = \frac{Y(j\omega)}{X(j\omega)} = \frac{b_m(j\omega)^m + b_{m-1}(j\omega)^{m-1} + \cdots + b_1(j\omega) + b_0}{a_n(j\omega)^n + a_{n-1}(j\omega)^{n-1} + \cdots + a_1(j\omega) + a_0} \tag{3-22}$$

$H(j\omega)$ 称为测试系统的频率响应函数。显然，频率响应函数是传递函数的特例。频率响应函数也可由式(3-11)进行傅里叶变换推导得到，推导时应用傅里叶变换的微分定理即可。

用传递函数和频率响应函数均可表达系统的动态特性，但两者的含义不同。在推导传递函数时，系统的初始条件设为零。对于一个从 $t = 0$ 开始施加简谐激励的系统来说，采用拉普拉斯变换求得的系统输出由两部分组成：由激励引起的反映系统固有特性的瞬态输出和该激励对应的系统稳态输出。如图3-9(a)所示，系统在激励开始之后有一段过渡过程，经过一定长的时间系统瞬态输出趋于定值，即进入稳态输出。图3-9(b)示出的是频率响应函数描述下系统输入与输出之间的对应关系。

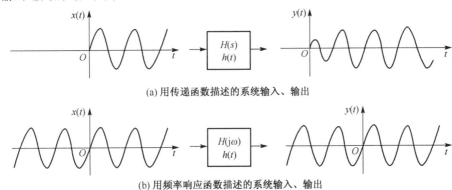

(a) 用传递函数描述的系统输入、输出

(b) 用频率响应函数描述的系统输入、输出

图 3-9　用传递函数和频率响应函数分别描述不同输入状态的系统输出

【工程应用点评 3-3】　传递函数和频响函数的区别

当输入为简谐信号时，频率响应函数 $H(j\omega)$ 表达的仅仅是系统对简谐输入信号的稳态输出。因此，用频率响应函数不能反映过渡过程，必须用传递函数才能反映全过程。但是，频率响应函数直观地反映了系统对不同频率输入信号的响应特性。在实际的工程技术问题中，为获得较好的测试效果，常常在系统处于稳态输出的阶段上进行测试，因此在测试工作中常常用频率响应函数来描述系统的动态特性。由于控制技术常常要研究典型扰动所引起的系统响应，研究一个过程从起始的瞬态变化过程到最终的稳态过程的全部特性，因此常常要用传递函数来描述。

传递函数与频率响应函数之间有着密切的内在关系。事实上，频率响应函数是推导时简单地将传递函数的 s 算子用 $j\omega$ 来替代得出的。因此，用传递函数推演出的系统串并联的特性也都适用于采用频率响应函数的场合。

式(3-22)表达了系统对给定频率下稳态时输入与输出之间的关系。一般来说，频率响应函数 $H(j\omega)$ 是一个复数量，将其写成幅值与相角表达的指数函数形式，则有

$$H(j\omega) = A(\omega)e^{j\phi(\omega)} \tag{3-23}$$

式中，$A(\omega)$ 为复数 $H(j\omega)$ 的模，且

$$A(\omega) = \frac{|Y(\omega)|}{|X(\omega)|} = |H(\omega)| \tag{3-24}$$

称之为系统的幅频特性。

$\varphi(\omega)$ 为 $H(\mathrm{j}\omega)$ 的幅角，且

$$\phi(\omega) = \arg H(\mathrm{j}\omega) = \phi_y(\omega) - \phi_x(\omega) \tag{3-25}$$

称之为系统的相频特性。

以 ω 为自变量分别画出 $A(\omega)$ 和 $\varphi(\omega)$ 的图形，所得的曲线分别称为幅频特性曲线和相频特性曲线。将自变量 ω 用对数坐标表达，幅值 $A(\omega)$ 用分贝（dB）数来表达，此时所得的对数幅频曲线与对数相频曲线称为伯德（Bode）图。图3-10所示的是一阶系统的伯德图。

另外一种表达系统幅频与相频特性的作图法称为奈奎斯特（Nyquist）图法。它是将系统 $H(\mathrm{j}\omega)$ 的实部 $P(\omega)$ 和虚部 $Q(\omega)$ 分别作为坐标系的横坐标和纵坐标，画出它们随 ω 变化的曲线，并在曲线上注明相应频率。图中自坐标原点到曲线上某一频率点所作的矢量长表示该频率点的幅值 $|H(\mathrm{j}\omega)|$，该矢量与横坐标轴的夹角代表频率响应的幅角。图3-11所示的是上述一阶系统 $H(\mathrm{j}\omega)=1/(1+\mathrm{j}\omega\tau)$ 的奈奎斯特图。

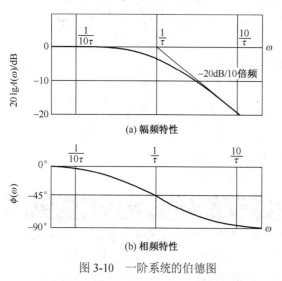

图 3-10　一阶系统的伯德图

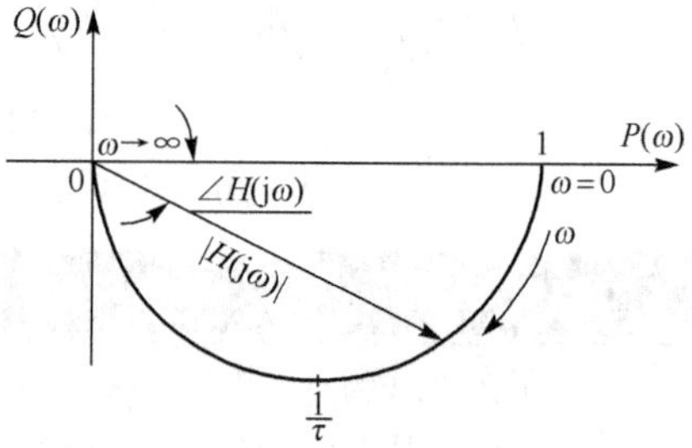

图 3-11　一阶系统的奈奎斯特图

3.3.6　一阶系统、二阶系统的动态特性

一般的测试装置总是稳定系统。在系统传递函数表达式(3-20)中，分母中 s 的幂次总高于分子中 s 的幂次，即 $n>m$，且 s 的极点应为负实数。将式(3-17)中分母分解为 s 的一次和二次实系数因子式（二次实系数式对应其复数极点），即

$$a_n s^n + a_{n-1} s^{n-1} + \cdots + a_1 s + a_0 = a_n \prod_{i=1}^{r} (s+p_i) \prod_{i=1}^{(n-r)/2} (s^2 + 2\xi_i \omega_{ni} s + \omega_{ni}^2)$$

式中，p_i、ξ_i 和 ω_{ni} 为常量。

因此，式(3-17)可改写为

$$H(s) = \sum_{i=1}^{r} \frac{q_i}{s+p_i} + \sum_{i=1}^{(n-r)/2} \frac{\alpha_i s + \beta_i}{s^2 + 2\xi_i \omega_{ni} s + \omega^2} \tag{3-26}$$

式中，α_i、β_i 和 q_i 为常量。

式(3-26)表明，任何一个系统均可视为多个一阶、二阶系统的并联，也可将其转换为若干一阶、二阶系统的串联。

同样，根据式(3-22)，一个 n 阶系统的频率响应函数 $H(j\omega)$ 仿照式(3-26)也可视为多个一阶和二阶环节的并联（或串联），即

$$H(j\omega) = \sum_{i=1}^{r} \frac{q_i}{(j\omega) + p_i} + \sum_{i=1}^{(n-r)/2} \frac{\alpha_i(j\omega) + \beta_i}{(j\omega)^2 + 2\xi_i\omega_{ni}(j\omega) + \omega^2} \tag{3-27}$$

因此，一阶和二阶系统的传递特性是研究高阶系统传递特性的基础。

1. 一阶系统特性

在式(3-11)中，若除 a_1、a_0 和 b_0 之外，令其他所有的 a 和 b 均为零，则得到一阶系统微分方程为

$$a_1 \frac{dy(t)}{dt} + a_0 y(t) = b_0 x(t) \tag{3-28}$$

任何测试系统若遵循式(3-38)的数学关系则被定义为一阶测试系统。

将式(3-28)两边除以 a_0 得

$$\frac{a_1}{a_0} \frac{dy(t)}{dt} + y(t) = \frac{b_0}{a_0} x(t) \tag{3-29}$$

令 $K = b_0/a_0$ 为系统静态灵敏度；$\tau = a_1/a_0$ 为系统时间常数；对式(3-29)进行拉普拉斯变换有

$$(\tau s + 1)Y(s) = KX(s) \tag{3-30}$$

故系统的传递函数为

$$H(s) = \frac{Y(s)}{X(s)} = \frac{K}{1 + \tau s} \tag{3-31}$$

式(3-31)即为一阶系统的传递函数。

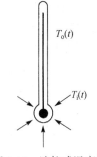

下面通过一个具体的例子来分析一阶系统的特性。图 3-12 示出一个液柱式温度计，以 $T_i(t)$ 表示温度计的输入信号就是被测温度，以 $T_o(t)$ 表示温度计的输出信号就是示值温度，则输入与输出间的关系为

$$\frac{T_o(t) - T_i(t)}{R} = C \frac{dT_o(t)}{dt} \tag{3-32}$$

式中，R 是传导介质的热阻，C 是温度计的热容量。

对式(3-32)两边进行拉普拉斯变换，并令 $\tau = RC$（τ 为温度计时间常数），则有

图 3-12 液柱式温度计

$$\tau s T_o(s) + T_o(s) = T_i(s)$$

整理得系统的传递函数为

$$H(s) = \frac{T_o(s)}{T_i(s)} = \frac{1}{1 + \tau s} \tag{3-33}$$

相应地，可得系统的频率响应函数为

$$H(j\omega) = \frac{1}{1 + j\omega\tau} \tag{3-34}$$

可以看出，液柱式温度计的传递特性是一个一阶系统特性。从式(3-34)求得系统动态特性的幅频与相频特性分别为

$$A(\omega) = \frac{1}{\sqrt{1+(\omega\tau)^2}} \tag{3-35}$$

$$\phi(\omega) = -\arctan(\omega\tau) \tag{3-36}$$

图3-13示出了该液柱式温度计的幅频与相频特性曲线，其伯德图和奈奎斯特图分别如图3-10和图3-11所示。由上述结果可以看出，一阶系统的特性具有如下特点。

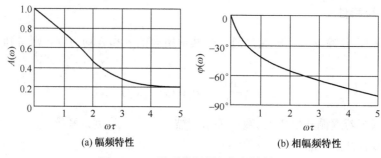

(a) 幅频特性　　　　　　　(b) 相幅频特性

图 3-13　一阶系统幅频与相频特性图

（1）一阶系统是一个低通环节，当 $\omega \ll 1/\tau$ 时，幅频特性 $A(\omega) \approx 1$，相幅频特性 $\phi(\omega)$ 趋近于 0；当 $\omega \gg 1/\tau$ 时，一阶系统演变为积分环节，幅频特性 $A(\omega) \approx 1/\omega\tau$，相幅频特性 $\phi(\omega) \approx -90$°，信号高频成分通过系统后幅值会大大衰减。因此，一阶测试装置只适用于缓变或低频信号的测试。

（2）时间常数 τ 是反映一阶系统特性的重要参数，它决定了测试装置适用的频率范围。时间常数 τ 越小，适用的频率范围越宽。当 $\omega = 1/\tau$ 时，$A(\omega) = 0.707(-3\text{ dB})$，$\phi(\omega) = -45$°。

（3）一阶系统的伯德图可以用 $20\lg A(\omega) = 0$ 的水平直线和斜率为–20 dB/10 倍频的两段直线来近似描述，$1/\tau$ 点称为转折频率，该点偏离实际曲线的误差最大（为–3 dB）。

图 3-14 给出了另外两个一阶系统的例子，其中(a)为忽略质量的单自由度振动系统，(b)为 RC 低通滤波电路。由系统的相似性理论可知，它们都具有与图3-12所示液柱式温度计相同的传递特性。读者可自行加以推导验证。

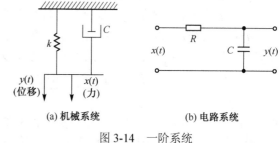

(a) 机械系统　　　　　(b) 电路系统

图 3-14　一阶系统

2. 二阶系统

若式(3-11)中除了 a_2、a_1、a_0 和 b_0 以外的其余所有的 a 和 b 均为零，则得到二阶系统微分方程为

$$a_2\frac{\mathrm{d}^2 y(t)}{\mathrm{d}t^2} + a_1\frac{\mathrm{d}y(t)}{\mathrm{d}t} + a_0 y(t) = b_0 x(t) \tag{3-37}$$

令 $K = b_0/a_0$ 为系统静态灵敏度；$\omega_n = \sqrt{a_0/a_2}$ 为系统无阻尼固有频率（rad/s）；$\xi = \dfrac{a_1}{2\sqrt{a_0 a_2}}$ 为系统阻尼比。对式(3-37)两边进行拉普拉斯变换，得

$$\left(\frac{s^2}{\omega_n^2}+\frac{2s\xi}{\omega_n}+1\right)Y(s)=KX(s) \tag{3-38}$$

于是，系统的传递函数为

$$H(s)=\frac{Y(s)}{X(s)}=\frac{K}{1+\dfrac{2\xi s}{\omega_n}+\dfrac{s^2}{\omega_n^2}} \tag{3-39}$$

系统的频率响应函数则为

$$H(\mathrm{j}\omega)=\frac{Y(\mathrm{j}\omega)}{X(\mathrm{j}\omega)}=\frac{K}{1+2\mathrm{j}\xi\dfrac{\omega}{\omega_n}-\dfrac{\omega^2}{\omega_n^2}} \tag{3-40}$$

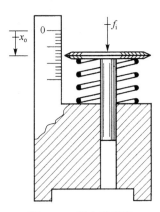

图 3-15 所示的是一个测力弹簧秤，它是一个二阶系统。设系统初始状态为零，即 $x_0(0)=0$，$f_i(0)=0$。由牛顿第二定律，可得它的微分方程为

$$f_i-B\frac{\mathrm{d}x_0(t)}{\mathrm{d}t}-kx_0=M\frac{\mathrm{d}^2x_0(t)}{\mathrm{d}t^2} \tag{3-41}$$

式中，f_i 是施加的力（N）；x_0 是指针移动距离（m）；B 是系统阻尼常数（N/m·s^{-1}）；k 是弹簧系数（N/m）；M 是托盘及移动件质量总和（kg）。

图 3-15　测力弹簧秤

对式(3-41)进行拉普拉斯变换，有

$$(Ms^2+Bs+k)X_0(s)=F_i(s) \tag{3-42}$$

令 $X(s)=X_0(s)$，$F(s)=F_i(s)$，$K=\dfrac{1}{k}$，$\omega_n=\sqrt{\dfrac{k}{M}}$（rad/s），$\xi=\dfrac{B}{2\sqrt{kM}}$，则式(3-42)变为

$$\left(\frac{s^2}{\omega_n^2}+\frac{2s\xi}{\omega_n}+1\right)X(s)=KF(s) \tag{3-43}$$

于是，弹簧秤系统的传递函数为

$$H(s)=\frac{X(s)}{F(s)}=\frac{K}{1+\dfrac{2\xi s}{\omega_n}+\dfrac{s^2}{\omega_n^2}}$$

此即式(3-39)。由此可得系统的幅频与相频特性分别为

$$A(\omega)=\frac{K}{\sqrt{\left[1-\left(\dfrac{\omega}{\omega_n}\right)^2\right]^2+4\xi^2\left(\dfrac{\omega}{\omega_n}\right)^2}} \tag{3-44}$$

$$\phi(\omega)=-\arctan\frac{2\xi\dfrac{\omega}{\omega_n}}{1-\left(\dfrac{\omega}{\omega_n}\right)^2} \tag{3-45}$$

图3-16示出了测力弹簧秤的幅频与相频特性曲线，其伯德图和奈奎斯特图分别如图3-17和图3-18所示。可以看出，二阶系统的动态特性取决于系统的固有频率 ω_n、阻尼比 ξ，而这两个又取决于系统的结构参数。一个系统一经组成，上述三个参数及系统特性也就随之确定。

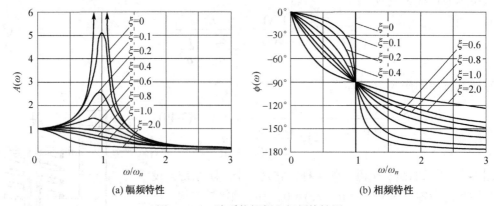

图 3-16　二阶系统幅频和相频特性图

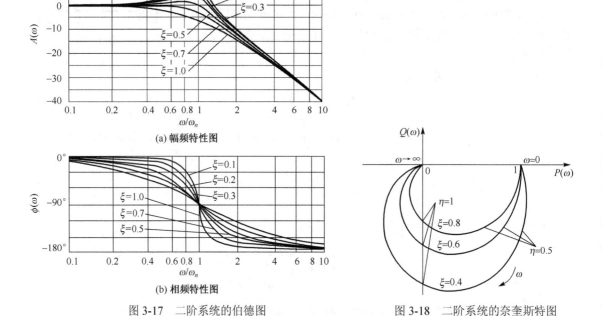

图 3-17　二阶系统的伯德图　　　　图 3-18　二阶系统的奈奎斯特图

通过上述分析表明，二阶系统的动态特性具有如下特点。

（1）当 $\omega \ll \omega_n$ 时，幅频特性 $A(\omega) \approx 1$，当 $\omega \gg \omega_n$ 时，幅频特性 $A(\omega) \rightarrow 0$。

（2）系统的固有频率 ω_n、阻尼比 ξ 对系统特性具有显著影响，而且在通常使用的频率范围内，又以固有频率 ω_n 的影响尤为显著，所以二阶系统固有频率因根据工作频率来进行选择。在 $\omega = \omega_n$ 附近，系统的幅频特性受阻尼比的影响很大，当 $\omega = \omega_n$ 时，系统将会发生共振，因此，实际的测试装置应尽量避开这一频段。但是，在测试二阶系统本身的参数时，该频段却很重要，这时，$A(\omega) = (2\xi)^{-1}$，$\phi(\omega) = -45°$。

（3）二阶系统的伯德图可用两段折线来近似。在 $\omega < 0.5\omega_n$ 频段，$A(\omega)$ 可用 0 dB 水平线

来近似，在 $\omega > 2\omega_n$ 频段，可用斜率为–40 dB/10 的直线来近似，而在 $\omega = (0.5\sim2)\omega_n$ 的区域，由于存在共振现象，近似折线与实际曲线存在较大偏差。

（4）当 $\omega \square \omega_n$ 时，二阶测试装置输出信号相位变化很小，与频率近似成正比；当 $\omega \square \omega_n$ 时，$\phi(\omega)$ 趋近于 180°，输出信号与输入几乎完全反相；而当 ω 在 ω_n 附近时，$\phi(\omega)$ 随频率发生剧烈变化，且 ξ 越小变化越剧烈。

图 3-19 给出了另外两个二阶系统的例子，其中(a)为带阻尼的弹簧–质量振动系统，(b)为二阶 RLC 滤波电路。它们都具有与图3-15所示测力弹簧秤相同的传递特性。读者可自行加以推导验证。

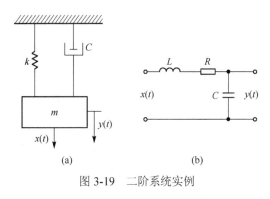

图 3-19　二阶系统实例

3.3.7　测试系统对典型激励的响应

传递函数和频率响应函数均可描述一个测试装置或系统对正弦激励信号的响应。频率响应函数描述了测试系统在稳态的输入–输出情况下的动态特性。在前面的讨论中曾指出，在施加正弦激励信号的一段时间内，系统的输出中包含它的自然响应部分，即它的瞬态输出。研究自然响应或瞬态过程的目的有两个方面。一方面，在某些问题中值得感兴趣的是自然响应本身；另一方面，在研究自然响应中获取的系统各模态参数可作为对系统进行进一步动力学分析的基础。瞬态输出随着时间逐渐衰减至零，系统的输出进入稳态输出的阶段。描述这两个阶段的全过程要采用传递函数，频率响应函数只是传递函数的一种特殊情况。

测试装置的动态响应还可通过对装置（或系统）施加其他激励的方式来获取，其中重要的激励信号有三种：单位脉冲函数、单位阶跃函数和斜坡函数。这三种信号由于其函数形式简单和工程上的易实现性而被广泛使用。下面将研究当它们分别作为激励信号时一、二阶测试系统的响应。

1．测试系统单位脉冲响应

在第 2 章中已经介绍过单位脉冲函数 $\delta(t)$，其傅里叶变换 $\Delta(j\omega) = 1$。同样，对 $\delta(t)$ 的拉普拉斯变换 $\Delta(s) = L[\delta(t)] = 1$。因此，测试装置在输入激励信号为 $\delta(t)$ 时的输出将是 $Y(s) = H(s)\Delta(s) = H(s)$，其中 $H(s)$ 为系统的传递函数。对 $Y(s)$ 进行拉普拉斯反变换即可得装置输出的时域表达，即

$$y(t) = L^{-1}[Y(s)] = h(t) \tag{3-46}$$

式中，$h(t)$ 称为装置的脉冲响应函数。

以 3.3.6 节中的一阶系统为例，其传递函数 $H(s) = \dfrac{1}{1+\tau s}$，则可求得它们的脉冲响应函数为

$$h(t) = \frac{1}{\tau}\mathrm{e}^{-\frac{t}{\tau}} \tag{3-47}$$

式中，τ 为系统的时间常数。

一阶系统脉冲响应波形为一条指数衰减曲线，如图3-20所示。

同样，对于一个二阶系统来说（如 3.3.6 节中图3-15所示的弹簧秤实例），设静态灵敏度 $K=1$，则可求得其脉冲响应函数为

$$h(t)=\frac{\omega_n}{\sqrt{1-\xi^2}}e^{-\xi\omega_n t}\sin\left(\sqrt{1-\xi^2}\,\omega_n t\right) \qquad （欠阻尼情况，\xi<1） \tag{3-48}$$

$$h(t)=\omega_n^2 te^{-\omega_n t} \qquad （临界阻尼情况，\xi=1） \tag{3-49}$$

$$h(t)=\frac{\omega_n}{\sqrt{1-\xi^2}}\left[e^{-\left(\xi-\sqrt{\xi^2-1}\right)\omega_n t}-e^{-\left(\xi+\sqrt{\xi^2-1}\right)\omega_n t}\right] \qquad （过阻尼情况，\xi>1） \tag{3-50}$$

二阶系统脉冲响应函数 $h(t)$ 的图形如图3-21所示。

上述公式推导中所应用的单位脉冲函数在实际中是不存在的，工程中常采取时间较短的脉冲信号来加以近似。比如，给系统以短暂的冲击输入，其冲击持续的时间若小于 $\tau/10$，则可近似认为是一个单位脉冲输入。

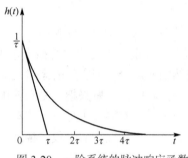

图 3-20　一阶系统的脉冲响应函数

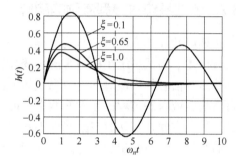

图 3-21　二阶系统的脉冲响应函数

2．测试系统单位阶跃响应

在第 2 章中讲到，阶跃函数和单位脉冲函数间的关系是

$$\delta(t)=\frac{\mathrm{d}\xi(t)}{\mathrm{d}t} \tag{3-51}$$

即

$$\xi(t)=\int_{-\infty}^{t}\delta(t')\mathrm{d}t' \tag{3-52}$$

因此，系统在单位阶跃信号激励下的响应便等于系统对单位脉冲响应的积分。

图 3-22 示出一阶系统 $H(s)=\dfrac{1}{1+\tau s}$ 对单位阶跃函数的响应，其响应函数为

$$y(t)=1-e^{-\frac{t}{\tau}} \tag{3-53}$$

相应地，拉普拉斯表达式为

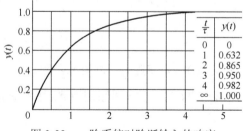

图 3-22　一阶系统对阶跃输入的响应

$$Y(s)=\frac{1}{s(1+\tau s)} \tag{3-54}$$

可以看出，当 $t=4\tau$ 时，$y(t)=0.982$，此时系统输出值与系统稳定时的响应值之间的

差值已不足 2%，所以可近似认为系统已到达稳态。一般来说，一阶装置的时间常数 τ 应越小越好。

阶跃输入的方式比较简单，对系统突然加载或去载均属于阶跃输入。又如将一根温度计突然插入一定温度的液体中，液体的温度即是一个阶跃输入。由于阶跃输入方式简单易行，因此也常在工程中采用这种方式来测试系统的动态特性。

对于一个二阶系统，设静态灵敏度 $K=1$，可求得它对阶跃输入的响应函数为

$$y(t)=1-\frac{\mathrm{e}^{-\xi\omega_n t}}{\sqrt{1-\xi^2}}\sin\left(\sqrt{1-\xi^2}\,\omega_n t+\phi\right)\qquad（欠阻尼，\ \xi<1）\qquad(3\text{-}55)$$

$$y(t)=1-(1+\omega_n t)\mathrm{e}^{-\omega_n t}\qquad（临界阻尼，\ \xi=1）\qquad(3\text{-}56)$$

$$y(t)=1-\frac{\xi+\sqrt{\xi^2-1}}{2\sqrt{\xi^2-1}}\mathrm{e}^{-\left(\xi-\sqrt{\xi^2-1}\right)\omega_n t}+\frac{\xi-\sqrt{\xi^2-1}}{2\sqrt{\xi^2-1}}\mathrm{e}^{-\left(\xi+\sqrt{\xi^2-1}\right)\omega_n t}\qquad（过阻尼，\ \xi>1）\qquad(3\text{-}57)$$

式中，$\phi=\arctan\dfrac{\sqrt{1-\xi^2}}{\xi}$。

二阶装置的单位阶跃响应如图3-23所示。

这些方程式为测试误差的分析提供了依据。本章这些方程式均是在灵敏度归一化之后求得的，因此输入量值便成为输出量的理论值。这样，输入与输出之差便是测试系统的动态误差。阶跃响应函数方程式中的误差项均包含有因子 e^{-At} 项，故当 $t\to\infty$ 时，动态误差为零，

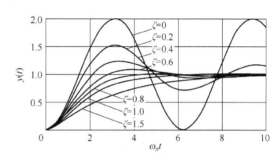

图 3-23　二阶系统对阶跃输入的响应

即它们没有稳态误差。但是系统的响应在很大程度上取决于阻尼比 ξ 和固有频率 ω_n，ω_n 越高，系统的响应越快，阻尼比 ξ 直接影响系统超调量和振荡次数。

如图3-23所示，当 $\xi=0$ 时，系统超调量为 100%，系统持续振荡，达不到稳态。当 $\xi>1$ 时，系统蜕化为两个一阶环节的串联，此时系统虽无超调（无振荡），但仍需要较长时间才能达到稳态。对于欠阻尼情况，即 $\xi<1$ 时，若选择 ξ 为 0.6～0.8，最大超调量约为 2.5%～10%，对于 5%～2% 的允许误差，认为达到稳态的所需调整时间最短，约为 $(3\sim4)/\xi\omega_n$，因此许多测试装置在设计参数时也常常将阻尼比选择在 0.6～0.8 之间。

3．单位斜坡输入下系统的响应函数

斜坡函数可视为阶跃函数的积分，因此系统对单位斜坡输入的响应同样可通过系统对阶跃输入的响应的积分求得。如图3-24所示，定义单位斜坡函数为

$$\gamma(t)=\begin{cases}0 & t<0\\ t & t\geq0\end{cases}\qquad(3\text{-}58)$$

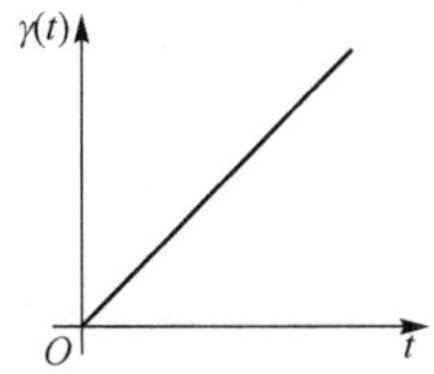

则一阶系统的单位斜坡响应为

$$y(t)=t-\tau\left(1-\mathrm{e}^{-\frac{t}{\tau}}\right)\qquad(3\text{-}59)$$

图 3-24　单位斜坡函数

一阶系统的斜坡响应如图 3-25 所示。可以看到，由于输入量渐次增大，系统的输出也随之增大，但总滞后于输入一个时间，因此系统始终存在着一个稳态误差。

二阶系统的斜坡输入响应为

$$y(t) = t - \frac{2\xi}{\omega_n} + \frac{e^{-\xi\omega_n t}}{\omega_n \sqrt{1-\xi^2}} \sin\left(\sqrt{1-\xi^2}\,\omega_n t + \phi\right) \qquad （欠阻尼情况，\xi < 1） \qquad (3-60)$$

$$y(t) = t - \frac{2}{\omega_n} + \frac{2}{\omega_n}\left(1 + \frac{\omega_n t}{2}\right)e^{-\omega_n t} \qquad （临界阻尼情况，\xi = 1） \qquad (3-61)$$

$$y(t) = t - \frac{2}{\omega_n} + \frac{1 + 2\xi\sqrt{\xi^2-1} - 2\xi^2}{2\omega_n\sqrt{\xi^2-1}} e^{-\left(\xi+\sqrt{\xi^2-1}\right)\omega_n t} -$$

$$\frac{1 - 2\xi\sqrt{\xi^2-1} - 2\xi^2}{2\omega_n\sqrt{\xi^2-1}} e^{-\left(\xi+\sqrt{\xi^2-1}\right)\omega_n t} \qquad （过阻尼情况，\xi > 1） \qquad (3-62)$$

式中，$\phi = \arctan\dfrac{2\xi\sqrt{1-\xi^2}}{2\xi^2-1}$。其响应函数的图形如图 3-26 所示。由图 3-26 看出，与一阶系统类似，二阶系统的响应输出总是滞后于输入量一段时间，都有稳态误差。

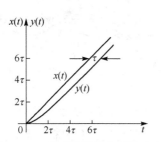

图 3-25　一阶系统的单位斜坡响应

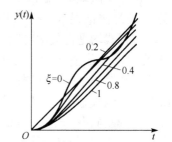

图 3-26　二阶系统的单位斜坡响应

从一阶和二阶系统对斜坡输入的响应式中可看到，函数式均包括三项，其中第一项等于输入，因此第二项和第三项即为系统动态误差。第二项仅与装置的特性参数 τ 或 ω_n 和 ξ 有关，而与时间 t 无关，此项误差即为稳态误差。第三项规定的误差与时间 t 有关，也均含有 e^{-At} 因子。故当 $t \to \infty$ 时，此项趋于零。第二项的稳态误差随时间常数 τ 的增大或固有频率的减小和阻尼比 ξ 的增大而增大。

4．测试系统对任意输入的响应

以上分析了测试系统对一些典型激励信号的响应，现在来看一下系统对任意输入的响应情况。图 3-27 所示的是一个输入信号 $x(t)$，将其用一系列等间距 $\Delta\tau$ 划分的矩形条来逼近。在 $k\Delta\tau$ 时刻的矩形条的面积为 $x(k\Delta\tau)\Delta\tau$。若 $\Delta\tau$ 充分小，则可近似地将该矩形条看成幅度为 $x(k\Delta\tau)\Delta\tau$ 的脉冲对系统的输入，则系统在该时刻的响应为 $[x(k\Delta\tau)\Delta\tau]h(t-k\Delta\tau)$。这样，在上述一系列窄矩形脉冲的作用下，系统的零状态响应根据线性时不变系统的线性特性应该为

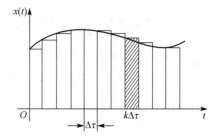

图 3-27　任意输入 $x(t)$ 的脉冲函数分解

$$y(t) \approx \sum_{k=0}^{\infty} x(k\Delta\tau)h(t-k\Delta\tau)\Delta\tau \tag{3-63}$$

当 $\Delta\tau \rightarrow 0$（即 $k \rightarrow \infty$）时，对式(3-63)取极限，得

$$y(t) = \lim_{\Delta\tau \rightarrow 0} \sum_{k=0}^{\infty} x(k\Delta\tau)h(t-k\Delta\tau)\Delta\tau = \int_0^{\infty} x(\tau)h(t-\tau)\mathrm{d}\tau \tag{3-64}$$

可见，$y(t)$ 函数为 $x(t)$ 与 $h(t)$ 的卷积积分，上述推导为卷积公式的另一种推导过程。

式(3-64)表明，系统对任意激励信号的响应是该输入激励信号与系统的脉冲响应函数的卷积。根据卷积定理，式(3-64)的频域表达式为

$$Y(s) = X(s)H(s) \tag{3-65}$$

对于一个稳定的系统，在传递函数中用 $\mathrm{j}\omega$ 来替代式(3-65)中的 s 便可得到系统的频率响应函数 $H(\mathrm{j}\omega)$。若输入 $x(t)$ 也符合傅里叶变换条件，即存在 $X(\mathrm{j}\omega)$，则有

$$Y(\mathrm{j}\omega) = X(\mathrm{j}\omega)H(\mathrm{j}\omega) \tag{3-66}$$

式(3-66)中蕴涵着线性时不变系统具有频率保持性，即系统输出中的频率成分与输入频率成分一致。

时域中求系统的响应要进行卷积积分的运算，常常采用计算机进行离散数字卷积计算，一般计算量较大。利用卷积定理将它转化为频域的乘积处理就相对比较简单。由以上的推导过程可知，要求一个系统对任意输入的响应，重要的是要知道或求出系统对单位脉冲输入的响应，然后利用输入函数与系统单位脉冲响应的卷积便可求出系统的总响应。而时域中的这种输入输出关系在频域中则是通过拉普拉斯变换或傅里叶变换来实现的。

3.3.8 系统时域和频域响应的求解

信号通过系统时，在时域内所得的响应是输入信号与系统的脉冲响应函数的卷积，在频域内响应信号的频谱函数是输入信号的频谱函数与系统的频响函数的乘积，即

$$Y(\mathrm{j}\omega) = X(\mathrm{j}\omega)H(\mathrm{j}\omega)$$

由于 $H(\mathrm{j}\omega)$、$X(\mathrm{j}\omega)$ 一般均为复数，用复指数形式可表为

$$X(\omega) = |X(\omega)|\mathrm{e}^{\mathrm{j}\phi_x(\omega)}$$

$$H(\omega) = |H(\omega)|\mathrm{e}^{\mathrm{j}\phi_h(\omega)}$$

因此 $\quad Y(\mathrm{j}\omega) = |Y(\mathrm{j}\omega)|\mathrm{e}^{\mathrm{j}\phi_y(\omega)} = |X(\mathrm{j}\omega)|\mathrm{e}^{\mathrm{j}\phi_x(\omega)} \cdot |H(\mathrm{j}\omega)|\mathrm{e}^{\mathrm{j}\phi_h(\omega)}$

上式分别用幅值运算和相位运算，可表示为

$$|Y(\mathrm{j}\omega)| = |X(\mathrm{j}\omega)| \cdot |H(\mathrm{j}\omega)| \tag{3-67}$$

$$\mathrm{e}^{\mathrm{j}\phi_y(\omega)} = \mathrm{e}^{\mathrm{j}\phi_x(\omega)} \cdot \mathrm{e}^{\mathrm{j}\phi_h(\omega)} = \phi_x(\omega) + \phi_h(\omega) \tag{3-68}$$

上述公式表明，信号通过系统后所得响应的幅值频谱是输入信号的幅值频谱与系统的幅频特性的乘积，而输出的相位频谱是输入的相位频谱与系统的相频特性之和。所以从频域的角度观察信号的传输过程，测试装置的频响函数 $H(\mathrm{j}\omega)$ 将同时在幅值和相位上对输入信号的频谱施加影响，从而得到一个新的频谱，这就是输出信号的频谱，这时信号的幅值和相位都发生了变化。

脉冲响应函数和频率响应函数在信号传递过程中对整个测试系统及其各个环节均有极为重要的意义。为了更清楚地理解这一概念，现举一例，以图解方法来解释三者特别是频响函数的作用。在图3-28中，表达了所举实例的全过程。

【工程实例 3-1】　时域响应和频域响应求解实例

现有一个测试系统为二阶线性系统，其频响函数为

$$H(j\omega) = \frac{1}{\left[1 - \left(\dfrac{\omega}{\omega_n}\right)^2\right] + 0.5j\left(\dfrac{\omega}{\omega_n}\right)}$$

则其相应的幅频特性和相频特性为

$$|H(j\omega)| = \frac{1}{\sqrt{\left[1 - \left(\dfrac{\omega}{\omega_n}\right)^2\right]^2 + 0.25\left(\dfrac{\omega}{\omega_n}\right)^2}} \tag{3-69}$$

$$\phi(\omega) = -\arctan\frac{0.5\left(\dfrac{\omega}{\omega_n}\right)}{1 - \left(\dfrac{\omega}{\omega_n}\right)^2} \tag{3-70}$$

其幅频和相频特性曲线分别绘制在图3-28右侧中部位置上。这一频响函数所对应的脉冲响应函数 $h(t)$ 如图 3-28 左侧中部所示。假设现有一个多分量信号 $x(t)$ 的输入此系统，则

$$x(t) = \cos\left(\omega_0 t + \frac{\pi}{2}\right) + 0.5\cos(2\omega_0 t + \pi) + 0.2\cos\left(4\omega_0 t + \frac{\pi}{6}\right)$$

该信号 $x(t)$ 是由三个不同频率、幅值和初相位的余弦合成的复杂周期信号，如图3-28左上角位置的图形所示。这一信号的幅值频谱 $|X(j\omega)|$ 和相位频谱 $\phi_x(\omega)$ 在图中的右上角位置。

现在来求取此信号 $x(t)$ 输入上述系统后的输出信号 $y(t)$。在时域内将 $x(t)$ 与 $h(t)$ 进行卷积运算即可得到 $y(t)$，但这一问题通过频域运算更容易得到解决。

首先，$y(t)$ 的幅值频谱 $|Y(j\omega)|$ 可通过 $|X(j\omega)|$ 与 $|H(j\omega)|$ 的乘积得到。$|X(j\omega)|$ 有三根离散谱线，分别处于 ω_0、$2\omega_0$ 及 $4\omega_0$ 处，幅值分别为1、0.5 和 0.2。为讨论方便，假设 $\omega_0 = 0.5\omega_n$，则系统幅频特性 $|H(j\omega)|$ 在三个频率成分所对应的值根据式(3-69)可计算得

$$|H(j\omega_0)| = |H(0.5j\omega_n)| = 1.28$$

$$|H(j2\omega_0)| = |H(j\omega_n)| = 2.0$$

$$|H(j4\omega_0)| = |H(2j\omega_n)| = 0.32$$

因此，$X(j\omega)$ 的三个频率成分通过系统后，其幅值分别改变为

$$|Y(j\omega_0)| = |X(j\omega_0)||H(j\omega_0)| = 1 \times 1.28 = 1.28$$

$$|Y(j2\omega_0)| = |X(j2\omega_0)||H(j2\omega_0)| = 0.5 \times 2 = 1$$

$$|Y(j4\omega_0)| = |X(j4\omega_0)||H(j4\omega_0)| = 0.2 \times 0.32 = 0.064$$

其次，$y(t)$ 的相位频谱可根据式(3-70)求取，即输出信号的相位频谱值等于输入的相位频谱值与系统的相频特性值之和。系统相频特性在三个频率点的相位值分别为

$$\phi_h(\omega_0) = \phi_h(0.5\omega_n) \approx -0.1\pi$$

$$\phi_h(2\omega_0) = \phi_h(\omega_n) \approx -0.5\pi$$

$$\phi_h(4\omega_0) = \phi_h(2\omega_n) \approx -0.9\pi$$

于是，得到输出信号的相位频谱值为

$$\phi_y(\omega_0) = \phi_x(\omega_0) + \phi_h(\omega_0) = 0.5\pi - 0.1\pi = 0.4\pi$$

$$\phi_y(2\omega_0) = \phi_x(2\omega_0) + \phi_h(2\omega_0) = \pi - 0.5\pi = 0.5\pi$$

$$\phi_y(4\omega_0) = \phi_x(4\omega_0) + \phi_h(4\omega_0) = \pi/6 - 0.9\pi = -0.73\pi$$

通过以上运算就得到了输出信号 $y(t)$ 的幅值频谱与相位频谱，如图3-28右下侧位置所示图形。根据 $y(t)$ 的频域表达，反过来就可以得到它的时域表达式为

$$y(t) = 1.28\cos(\omega_0 t + 0.4\pi) + \cos(2\omega_0 t + 0.5\pi) + 0.064\cos(4\omega_0 t - 0.7\pi)$$

三个频率成分的时域波形及其合成波形如图3-28的左下侧所示。

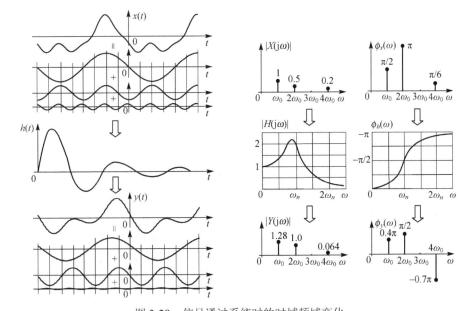

图 3-28　信号通过系统时的时域频域变化

在上述分析过程中，应着重注意的是，输入信号通过测试系统后所含的频率成分及各频率成分的幅值和相位这三个主要元素的变化规律性。当然，测试系统若是线性系统，由于它们具有频率保持性，输入输出信号的频率结构应当保持一致。

3.4　测试系统动态参数的测定

一个测试系统的各种特性参数表征了系统的整体工作特性。为了获取正确的测试结果，应该精确地知道所用测试系统的各特性参数。此外，也要通过定标和校准来维持系统的特性参数。

测试装置静态特性参数的测定相对简单，一般以标准量作为输入信号，测出其输入输出曲线，从该曲线求出定标曲线、直线性、灵敏度及迟滞等参数。

测试装置动态特性参数的测定比较复杂和特殊，一般应该测出其频率特性曲线。对一、二阶系统而言，只要测出其动态特性参数即可。以下给出一、二阶系统动态特性参数的测定方法。

3.4.1　一阶系统动态特性参数的测定

对一个一阶系统而言，其静态灵敏度 K 可通过静态标定来得到，因此系统的动态参数只剩下一个时间常数 τ。求取 τ 的方法有多种，常用的是对系统施加一个阶跃信号，然后将系统达到最终稳定值 63.2% 所需的时间作为系统的时间常数 τ。这一方法的缺点是不精确，因为它受到起始时间 $t=0$ 点不能够精确确定的影响，而且也不能够确切地确定被测系统一定是一个一阶系统，另外它没有涉及响应的全过程。采用下述方法可较为精确地确定一阶系统的时间常数 τ。

由式(3-53)可知一阶系统的阶跃响应函数为

$$y(t)=1-\mathrm{e}^{-\frac{t}{\tau}}\qquad（设静态灵敏度 K=1）\tag{3-71}$$

式(3-71)可改写为

$$1-y(t)=\mathrm{e}^{-\frac{t}{\tau}}\tag{3-72}$$

定义

$$Z=\ln\left[1-y(t)\right]\tag{3-73}$$

则有

$$Z=-\frac{t}{\tau}\tag{3-74}$$

式(3-74)表明，$Z=\ln[1-y(t)]$ 与时间 t 成线性关系。若画出 Z 与 t 的关系图，则可得到一根斜率为 $-1/\tau$ 的直线如图3-29所示。用上述方法可得到更为精确的 τ 值。另外，根据所测得的数据点是否落在一根直线上，可判断该系统是否是一个一阶系统。倘若数据点与直线偏离其远，那么也可断定，用 63.2% 法所测得的 τ 值是不精确的，因为此时系统不是一个一阶系统。

一阶系统的动态特性也可用频率响应试验来获取或证实。将正弦信号在一个很宽的频率范围内输入被试验系统，记录系统的输入与输出值，然后用对数坐标画出系统的幅值比和相位，如图3-30所示。若系统为一阶系统，则所得曲线在低频段为一条水平线（斜率为零），在高频段曲线斜率为–20 dB/10 倍频，相角渐近地接近–90°。于是，由曲线的转折点（转折频率）处可求得时间常数 $\tau=1/\omega_{\mathrm{break}}$。同样，也可从测得的曲线形状偏离理想曲线的程度来判断系统是否是一阶系统。

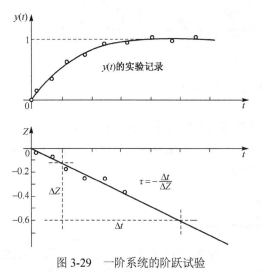

图 3-29　一阶系统的阶跃试验

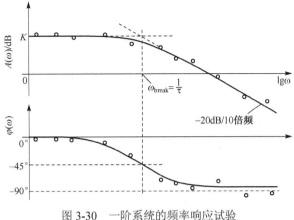

图 3-30　一阶系统的频率响应试验

3.4.2　二阶系统动态特性参数测定

二阶系统的静态灵敏度同样由静态标定来确定。系统的阻尼比 ξ 和固有频率 ω_n 可用诸多方法来测定。最常用的方法是阶跃响应和频率响应测定法。图 3-31(a)示出了一种阶跃响应法测定欠阻尼二阶系统的 ξ 和 ω_n 的方法。根据式(3-55)，二阶系统欠阻尼情况下的阶跃响应为

$$y(t) = 1 - \frac{e^{-\xi \omega_n t}}{\sqrt{1-\xi^2}} \sin\left(\sqrt{1-\xi^2}\,\omega_n t + \phi\right) \qquad （欠阻尼情况，\ \xi < 1）$$

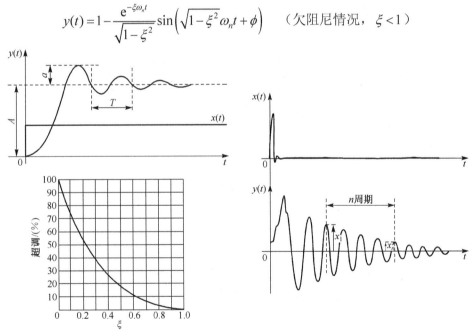

(a) 阶跃响应法测定欠阻尼二阶系统的 ξ 和 ω_n　　　　(b) 近似脉冲法测定欠阻尼二阶系统的 ξ 和 ω_n

图 3-31　二阶系统的阶跃和脉冲响应试验

其瞬态响应是以 $\sqrt{1-\xi^2}\,\omega_n$ 的圆频率进行衰减振荡。该圆频率称为系统的有阻尼固有频率，记作 ω_d。对上述响应函数求极值，可得曲线中各振荡峰值所对应的时间 $t_p = 0$，π/ω_d，$2\pi/\omega_d$，……将 $t = \pi/\omega_d$ 代入上式可求得此时系统的最大超调量 a 为

$$a = \exp\left[-\left(\frac{\xi \pi}{\sqrt{1-\xi^2}}\right)\right] \tag{3-75}$$

从而可得

$$\xi = \sqrt{\cfrac{1}{\left(\cfrac{\pi}{\ln a}\right)^2 + 1}} \tag{3-76}$$

因此，测得 a 之后便可按式(3-76)求得 ξ。

系统的固有频率 ω_n 可按下式求得：

$$\omega_n = \frac{2\pi}{T\sqrt{1-\xi^2}} \tag{3-77}$$

若系统阻尼较小，那么任何快速的瞬态输入所产生的响应将如图 3-31(b)所示。此时，系统的 ξ 可用下式近似求得：

$$\xi \approx \frac{\ln(x_1/x_n)}{2n\pi} \tag{3-78}$$

该近似公式的成立是假定系统阻尼比 ξ 较小，一般 $\xi < 0.1$，这样 $\sqrt{1-\xi^2} \approx 0.1$。此时，$\omega_n$ 的求法还是条用公式(3-77)。如果能记录到多个振荡周期，那么可用多个周期的平均值作为 T，这样求得的 ω_n 将更精确些。但如果系统是严格二阶线性的，那么数值 n 就无关紧要。在这种情况下，对任意数量的周期所得的 ξ 是相同的。因此，如果对不同的 n 值（如 $n = 1, 2, 4, \cdots$）求得的 ξ 值差别较大，则可说明系统并不是严格的二阶系统。

对于过阻尼情况（$\xi > 1.0$）来说，系统没有振荡，因此难于用上述方法确定 ξ 和 ω_n，此时可用两个时间常数 τ_1 和 τ_2 来表达原来的系统阶跃响应，由式(3-57)可得

$$y(t) = \frac{\tau_1}{\tau_2 - \tau_1}e^{-t/\tau_1} - \frac{\tau_2}{\tau_2 - \tau_1}e^{-t/\tau_2} + 1 \tag{3-79}$$

式中

$$\tau_1 = \frac{1}{\left(\xi - \sqrt{\xi^2 - 1}\right)\omega_n} \tag{3-80}$$

$$\tau_2 = \frac{1}{\left(\xi + \sqrt{\xi^2 - 1}\right)\omega_n} \tag{3-81}$$

为了能从一个阶跃响应曲线求得 τ_1 和 τ_2，需要采取如下步骤：

（1）定义一个以百分比表达的不完全响应函数，即

$$R_p = 100[1 - y(t)] \tag{3-82}$$

（2）用对数坐标画出 $R_p(t)$–t 函数曲线。若系统为一个二阶系统，则该曲线应接近一根直线。将该曲线向后直线延伸至与纵坐标相交，得到点 P_1。该直线渐近线上等于 $0.368P_1$ 值所对应的时间即为时间常数 τ_1。

（3）在同一张图上画出表示直线渐近线与及 $R_p(t)$ 之差的一根曲线。若该曲线不为直线，则说明系统不是二阶系统。若是一根直线，那么该直线上等于 $0.368(P_1-100)$ 的点所对应的时间即为 τ_2。

图3-32表示了上述过程。在求得 τ_1 和 τ_2 之后，便可根据式(3-80)和式(3-81)求取二阶系统的参数 ξ 和 ω_n。

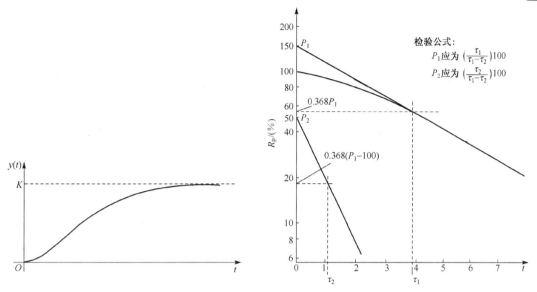

图 3-32 过阻尼二阶系统的阶跃试验

3.5 实现无失真测试的条件

测试的任务是应用测试装置或系统来精确地复现被测的特征量或参数，因此对于一个理想的测试系统来说，必须能够精确地复制被测信号的波形，且在时间上没有任何延时。从频域上分析，系统的输入与输出之间的关系即系统的频率响应函数 $H(j\omega)$，应该满足放大倍数为常数，相位为零。上述条件是理论上的或者说理想化的条件。实际中，许多测试系统通过选择合适的参数能够满足幅值比（放大倍数）为常数的要求，但在信号的整个频率范围上同时实现接近于零的相位滞后，除了少数系统（具有小 ξ 和大 ω_n 的压电式二阶系统）之外几乎是不可能的。这是因为任何测试都伴有时间上的滞后。因此，对于实际的测试系统来说，输入与输出之间的关系可修改为如下的形式：

$$y(t) = Kx(t - t_0) \tag{3-83}$$

式中，K 和 t_0 都是常数。

式(3-83)表明测试系统输出的波形和输入的波形精确地一致，只是幅值（或者说，每个瞬时值）放大了 K 倍和在时间上延迟了 t_0 而已。

对式(3-83)进行傅里叶变换，则

$$Y(j\omega) = KX(j\omega)e^{-j\omega t_0} \tag{3-84}$$

于是有

$$H(j\omega) = \frac{Y(j\omega)}{X(j\omega)} = Ke^{-j\omega t_0} \tag{3-85}$$

则其幅频和相频特性分别为

$$\begin{cases} A(j\omega) = K \\ \phi(\omega) = -\omega t_0 \end{cases} \tag{3-86}$$

如果一个测试系统满足上述的时域或频域特性，即它的幅频特性为一个常数，相频特性与频率成线性关系，那么就称该系统是一个精确的或不失真的测试系统，用该系统实现的测试将是精确和无失真的。根据式(3-86)，无失真测试系统的幅频特性应该是一条平行于频率轴的直线，相频特性应该是发自坐标系原点的一条具有一定斜率的直线，但实际测试系统均有一定的频率范围，因此只要输入信号所包含的频率成分在范围之内满足上述两个条件即可，如图3-33所示。

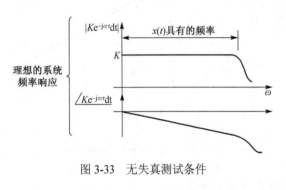

图 3-33 无失真测试条件

需要指出的是，满足上述无失真测试条件的系统其输出比输入仍滞后时间 t_0。对许多工程应用来说，测试的目的仅要求被测结果能无失真地复现输入信号，至于时间上的迟延并不起很关键的作用。此时，可认为上述条件已经满足了无失真测试的要求。但在某些应用场合，相角的滞后会带来问题。例如，将测试系统置入一个反馈系统中，那么系统的输出对输入的滞后可能会破坏整个控制系统的稳定性，此时便要严格要求测试结果无滞后，即 $\phi(\omega)=0$。

实际测试装置不可能在非常宽广的频率范围内都满足式(3-85)和式(3-86)的要求，所以通常测试装置既会产生幅值失真，也会产生相位失真。图3-34中所表示的四个不同频率的信号通过一个具有图中 $A(j\omega)$ 和 $\phi(\omega)$ 特性的装置后输出信号。四个输入信号都是正弦信号（包括直流信号），在某参考时刻 $t=0$，初始相角均为零。图中形象地显示各输出信号相对输入信号有不同的幅值增益和相角滞后。对于单一频率成分的信号，因为线性系统具有频率保持性，只要其幅值未进入非线性区，输出信号的频率也是单一的，也就无所谓失真问题。对于含有多种频率成分的，显然既引起幅值失真，又引起相位失真，特别是频率成分跨越 ω_n 前后的信号失真尤为严重。

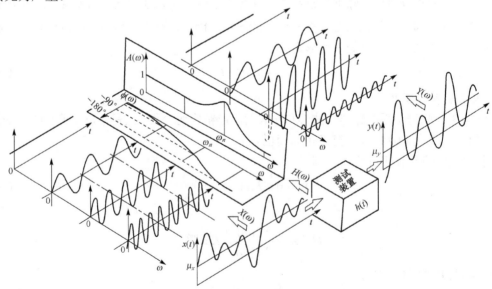

图 3-34 信号中不同频率成分通过测试系统后的输出

对于实际的测试装置，即使在某一频率范围内工作，通常也难以完全理想地实现无失真测试。人们只能努力地把波形失真限制在一定的误差范围内。为此，首先要选用合适的测试装置，在测试频率范围内，其幅、相频率特性接近于无失真测试条件。其次，对输入信号做必要的前置处理，及时滤去非信号频带内的噪声，尤其要防止某些频率位于测试装置共振区的噪声的进入。

在选择测试装置的特性时，还应分析并权衡幅值失真、相位失真对测试的影响。例如在振动测试中，有时只要求了解振动中的频率成分及其强度，并不关心其确切的波形变化，只要求了解其幅值谱而对相位谱无要求。这时首先要注意的是测试装置的幅频特性。又如某些测试要求测得特定波形的延迟时间，这时对测试装置的相频特性就应有严格的要求，以减小相位失真引起的测试误差。

从实现测试无失真条件和其他工作性能综合来看，对一阶装置而言，时间常数 τ 越小，装置的响应就越快，满足无失真测试条件的频带也越宽。所以一阶装置的时间常数 τ 原则上越小越好。

对于二阶装置，其特性曲线上有两个频段值得注意。在 $\omega < 0.3\omega_n$ 范围内，$\phi(\omega)$ 的数值较小，且 $\phi(\omega)$-ω 特性曲线接近直线。$A(\omega)$ 在该频率范围内的变化不超过 10%，若用于测试，则波形输出失真很小。在 $\omega > (2.5\sim3)\omega_n$ 范围内，$\phi(\omega)$ 接近 180°，且随 ω 变化甚小，此时若在实际测试电路中或数据处理中减去固定相位差或把测试信号反相 180°，则其相频特性基本上满足不失真测试条件。但是，此时幅频特性 $A(\omega)$ 衰减太大，输出幅值很小。

若二阶装置输入信号的频率 ω 在 $(0.3\omega_n, 2.5\omega_n)$ 区间内，装置的频率特性受 ξ 的影响很大，需要进行具体分析。一般来说，在 $\xi = 0.6\sim0.8$ 时，可以获得较合适的综合特性。计算表明，当二阶系统 $\xi = 0.70$ 时，在 $(0\sim0.58)\omega_n$ 的频率范围内，幅频特性 $A(\omega)$ 的变化不超过 5%，同时相频特性 $\phi(\omega)$ 也接近于直线，因而所产生的相位失真也很小。

测试系统中，任何一个环节产生的波形失真，都必然会引起整个系统最终输出波形的失真。虽然各环节失真对最后波形的失真影响程度不一样，但是原则上在信号频带内应使每个环节基本上满足无失真测试的要求。

3.6　测试系统的负载效应

负载效应本来是指在电路系统中后级与前级相连时由于后级阻抗的影响造成系统阻抗发生变化的一种效应。如图3-35所示，图3-35(a)表示的是一个线性双端网络，它具有两个端子 A 和 B。将该双端网络与一负载 Z_1 相连。相连之前，双端网络的开路输出电压设为 E_0，此时可确定端子 A 和 B 之间的阻抗 Z_{AB}。然后，网络中的任何功率源均可用它们的内阻来代替，假设这些内阻为零，则该网络可用电压源 E_0 和阻抗 Z_{AB} 的串联来表示（如图3-35(c)左边所示）。电工学中的戴维南定理为：若负载 Z_1 与双端网络连接成一个回路（图3-35(b)），则在该回路中将流经有一电流 i_1。该电流 i_1 与图3-35(c)中的等效电路中的电流值相同。如果这里的阻抗 Z_1 代表一块电压表的话，则电压表两端测得的电压值 E_m 应等于：

(a) 断开的双端网络　　　　　　　(b) 与负载连通的双端网络　　　　　　　(c) 等效电路

图 3-35　戴维南定理

$$E_m = i_1 Z_1 = E_0 \frac{Z_1}{Z_{AB} + Z_1} \tag{3-87}$$

由式(3-87)可见，$E_m \neq E_0$。这是由于测量中接入电压表后产生的影响，主要是由表的负载引起的。为能使测量值 E_m 接近于电源电压 E_0，由式(3-87)可知，应使 $Z_1 \gg Z_{AB}$，即负载的输入阻抗必须远大于前级系统的输出阻抗。将上述情况推广至一般的包括非电系统在内的所有系统，则有

$$y_m = x_u \frac{Z_{gi}}{Z_{gi} + Z_{go}} \tag{3-88}$$

式中，y_m 为广义变量的被测值；x_u 为广义变量的真值；Z_{gi} 为广义输入的阻抗；Z_{go} 为广义输出的阻抗。

根据式(3-88)下面再来讨论一般意义上的负载效应，或者说在测试中的负载效应。

测试中要用到测试装置获取被测对象的参数变化数据。因此，一个测试系统可以认为是

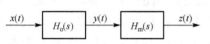

图 3-36　被测对象与测试系统的连接关系

被测对象与测试装置的连接。如图3-36所示，图中的 $H_o(s)$ 表示被测对象的特性，$H_m(s)$ 表示测试装置的特性。被测量 $x(t)$ 经过被测对象传递后的输出 $y(t) = L^{-1}[H_o(s)X(s)]$。经测试装置传递后其最终输出量 $z(t) = L^{-1}[H_m(s)Y(s)]$。在 $y(t)$ 与 $z(t)$ 之间，由于传感、显示等中间环节的影响，系统的前后环节之间发生了能量的交换。因此，测试装置的输出 $z(t)$ 将不再等于被测对象的输出值 $y(t)$。前面曾分析过系统串、并联情况下的传递函数（见式(3-18)和式(3-19)），在传递函数的推导中没有考虑环节之间的能量交换情况，因而环节互联之后仍能保持原有的传递函数。而对于实际的系统，上述理想的情况是不存在的。实际系统中，只有采取非接触式的检测手段如光电、声等传感器才属于理想的互联情况。因此，在两个系统互联而发生能量交换时，系统连接点的物理参量将发生变化。两个系统将不再简单地保留其原有的传递函数，而是共同形成一个整体系统的新传递函数。

图 3-37 示出了几个负载效应的例子。图 3-37(a)所示的是一个低通滤波器接上负载后的情况，图 3-37(b)所示的是地震式速度传感器外接负载的情况，图中将传感器等效为传感器的线圈内阻 r 和电感 L 的串联。上面两例中负载起着耗能器的作用。图3-37(c)所示的是一个简单的单自由度振动系统外接传感器的情况，图中 m_1 代表传感器的质量。该例中，尽管 m_1 不起耗能器的作用，但它参与了系统的振动，改变了系统的动能势能变换状况，所以，改变了系统的固有频率。因此在选用测试装置时应考虑上述类型的负载效应，必须分析在接入测试装置之后对原研究对象所产生的影响。

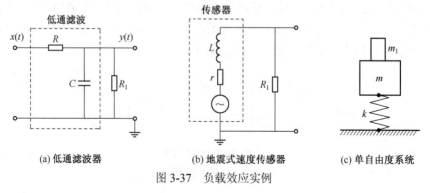

(a) 低通滤波器　　　　(b) 地震式速度传感器　　　　(c) 单自由度系统

图 3-37　负载效应实例

3.7　测试系统的抗干扰

在测试过程中，除了待测信号以外，各种不可见的、随机的信号随时可能出现在测试系统中。这些信号与有用信号叠加在一起，将严重影响测试结果。轻则使测试结果偏离正常值，重则完全淹没有用信号，无法获得准确的测试结果。测试系统中的无用信号就是干扰。显然，一个测试系统抗干扰能力的大小在很大程度上决定了该系统的可靠性，是测试系统重要特性之一。因此，认识干扰信号，重视抗干扰设计，是测试工作中不可忽视的问题。

3.7.1　测试装置的干扰源

测试装置的干扰来自多方面。机械振动或冲击会对测试装置（尤其传感器）产生严重的干扰；光线对测试装置中的半导体器件会产生干扰;温度的变化会导致电路参数的变动，产生干扰，等等。

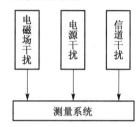

图 3-38　测试装置的主要干扰源

干扰窜入测试装置有三条主要途径如图 3-38 所示。

（1）电磁干扰　干扰以电磁波辐射的方式经空间窜入测试装置。

（2）信道干扰　信号在传输过程中，通道中各元器件产生的噪声或非线性畸变所造成的干扰。

（3）电源干扰　这是由于电源波动、市电电网干扰信号的窜入以及装置供电电源电路内阻引起各单元电路相互耦合造成的干扰。

一般说来，良好的屏蔽及正确的接地可除去大部分的电磁波干扰。而绝大部分测试装置都需要供电，所以外部电网对装置的干扰以及装置内部通过电源内阻相互耦合造成的干扰对装置的影响最大。因此，如何克服通过电源造成的干扰应重点注意。

3.7.2　供电系统干扰及其抗干扰

由于供电电网面对各种用户，电网上并联着各种各样的用电器。用电器（特别是感应性用电器，如大功率电动机）在开关机时都会给电网带来强度不一的电压跳变。这种跳变的持续时间很短，人们称之为尖峰电压。在有大功率耗电设备的电网中，经常可以检测到在供电的 50 Hz 正弦波上叠加着有害的 1000 V 以上的尖峰电压。它会影响测试装置的正常工作。

1．电网电源噪声

当供电电压跳变的持续时间 $\Delta t > 1s$ 时，称为过压和欠压噪声。供电电网内阻过大或网内用电器过多会造成欠压噪声。三相供电零线开路可能造成某相过压。当供电电压跳变的持续时间 $1\,s > \Delta t > 1\,ms$ 时，称为浪涌和下陷噪声。它主要产生于感应性用电器（如大功率电动机）在开关机时所产生的感应电动势。当供电电压跳变的持续时间 $\Delta t < 1\,ms$ 时，称为尖峰噪声。这类噪声产生的原因较复杂，用电器间断的通断产生的高频分量、汽车点火器所产生的高频干扰耦合传到电网都可能产生尖峰噪声。

2．供电系统的抗干扰

供电系统常采用下列几种抗干扰措施。

（1）交流稳压器　它可消除过压、欠压造成的影响，保证供电的稳定。

（2）隔离稳压器　由于浪涌和尖峰噪声主要成分是高频分量，它们不是通过变压器级圈之间的互感耦合，而是通过线圈间寄生电容耦合的。隔离稳压器初次级间用屏蔽层隔离，减小级间耦合电容，从而减少高频噪声的窜入。

（3）低通滤波器　它可滤去大于 50 Hz 市电基波的高频干扰。对于 50 Hz 市电基波，通过整流滤波后也应完全滤除。

（4）独立功能块单独供电　设计电路时，有意识地把各种不同功能的电路（如前置、放大、A/D 等电路）单独设置供电电源。这样做可以基本消除各单元电路因共用电源而引起相互耦合所造成的干扰。图3-39是合理的供电配置的示例。

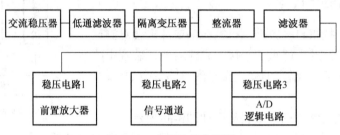

图 3-39　合理的供电配置

3.7.3　信道通道的干扰及其抗干扰

1. 信道干扰的种类

信道干扰有下列几种。

（1）信道通道元器件噪声干扰　它是由于测量通道中各种电子元器件所产生的热噪声（如电阻器的热噪声、半导体元器件的散粒噪声等）造成的。

（2）信号通道中信号的窜扰　元器件排放位置和线路板信号走向不合理会造成这种干扰。

（3）长线传输干扰　对于高频信号来说，当传输距离与信号波长可比时，应该考虑此种干扰的影响。

2. 信道通道的抗干扰措施

信道通道通常采用下列一些抗干扰措施。

（1）合理选用元器件和设计方案　如尽量采用低噪声材料，放大器采用低噪声设计，根据测试信号频谱合理选择滤波器等。

（2）印刷电路板设计时元器件排放要合理　小信号区与大信号区要明确分开，并尽可能地远离；输出线与输入线避免靠近或平行；有可能产生电磁辐射的元器件（如大电感元器件、变压器等）尽可能地远离输入端；合理的接地和屏蔽。

（3）在有一定传输长度的信号输出中，尤其是数字信号的传输，可采用光耦合隔离技术、双绞线传输。双绞线可以最大可能地降低电磁干扰的影响。对于远距离的数据传送，可采用平衡输出驱动器和平衡输入的接收器。

3.7.4　接地设计

测试装置中的地线是所有电路公共的零电平参考点。理论上，地线上所有位置的电平应该相同。然而，由于各个接地点之间必须用具有一定电阻的导线连接，一旦有地电流流过时，就有可能使各个接地点的电位产生差异。同时，地线是所有信号的公共点，所有信号电流都要经过地线，因此可能产生公共地电阻的耦合干扰。多点相连的地线会产生环路电流。环路电流会与其他电路产生耦合。所以，认真设计地线和接地点对于系统的稳定是十分重要的。常用的接地方式有下列几种，可供选择。

1. 单点接地

工作频率低（<1 MHz）的采用单点接地式，如图3-40所示。把整个电路系统的一个结构点看成接地参考点，所有对地连接都接到这一点上，并设置一个安全接地螺栓，以防两点接地产生共地阻抗的电路性耦合。其优点是不存在环形地回路，因而不存在环路地电流。各单元电路地点电位只与本电路的地电流及接地电阻有关，相互干扰较小。为防止工频和其他杂散电流在信号地线上产生干扰，信号地线应与功率地线和机壳地线相绝缘，而只与功率地、机壳地和接往大地的接地线的安全接地螺栓相连。

2. 串联接地

各单元电路的接地点顺序地连接在一条公共的地线上（如图3-41所示），称为串联接地。显然，电路1与电路2之间的地线流着电路1的地电流，电路2与电路3之间流着电路1与电路2的地电流之和，依此类推。因此，每个电路的地电位都受到其他电路的影响，干扰通过公共地线相互耦合。但因接法简便，虽然接法不合理，但还是常被采用。采用时，应注意小信号电路尽可能地靠近电源，即靠近真正的地点；所有地线尽可能地粗些，以降低地线电阻。

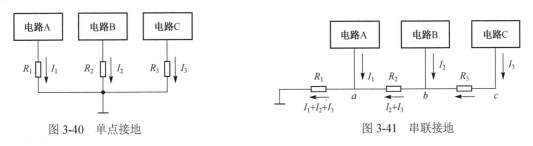

图 3-40　单点接地　　　　　　　　　　图 3-41　串联接地

3. 多点接地

对于高频电路（> 30 MHz），应采用如图3-42所示的多点接地方式。地线系统一般是与机壳相连接的扁粗金属导体或机壳本身，也常用导电条连成网（或是一块金属网板）作为地线。为了降低电路的地电位，每个电路的地线应尽可能缩短，以降低接地线阻抗。多点接地系统的优点是电路构成比单点接地简单，而且由于接地线短，接地线上可能出现的高频驻波现象显著减小。但由于多点接地后，设备内部会增加许多地线回路，他们对低电平信号的电路会引起干扰，带来不良影响。

4. 模拟地和数字地

现代测试系统都同时具有模拟电路和数字电路。由于数字电路在开关状态下工作，电流起伏波动大，很有可能通过地线干扰模拟电路。若有可能，应采用两套整流电路对模拟电路和数字电路分别供电，它们之间采用光电耦合器进行耦合，如图 3-43 所示。

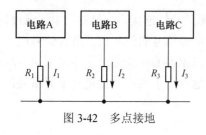

图 3-42 多点接地

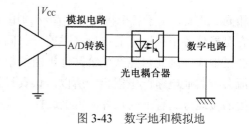

图 3-43 数字地和模拟地

5. 悬浮地

悬浮地即电路的地与大地无导体连接。其优点是电路不受大地电性能的影响，缺点是电路易受寄生电容的影响，而使电路的地电位变动，从而造成对模拟电路的感应干扰，同时由于电路的地与大地无导体连接，易产生静电积累而导致静电放电，可能造成静电击穿或强烈的干扰。因此，悬浮地的效果不仅取决于悬浮地绝缘电阻的大小，而且取决于悬浮地的寄生电容的大小和信号的频率。

3.8 思考题与习题

3-1 什么是系统的静态特性？什么是系统的动态特性？两者有哪些区别？

3-2 被测信号的频率对测试结果有何影响？在动态信号测试中如何根据测试装置的动态特性确定被测信号频率范围？

3-3 用时间常数为 0.5 s 的一阶测试装置进行正弦信号的测试，如果要求测试幅值误差小于 2%，问：该测试装置所能测试的信号的最高频率是多少？当被测信号的周期分别为 1 s、2 s 和 5 s 时，幅值误差分别是多少？

3-4 求周期信号 $x(t) = 0.5\cos 10t + 0.2\cos(100t - 45°)$ 通过频率响应为 $H(\mathrm{j}\omega) = 1/(1 + 0.005\mathrm{j}\omega)$ 的测试装置后的稳态响应。

3-5 不失真测试的条件是什么？如何在实际工程测试中实现不失真测试？

3-6 用一个一阶系统测试 100 Hz 的正弦信号，如果要求振幅的测量误差小于 5%，那么该测试装置的时间常数应取为多少？若输入为 100 Hz 的方波信号，则时间常数应取为多少？

3-7 在地面温度为 16℃ 的条件下，用气象气球携带一根时间常数 $\tau = 15$ s 的温度计以 5 m/s 的上升速度匀速上升，设温度按每升高 30 m 气温下降 0.15℃ 的规律变化，气球将温度和高度测试数据用无线电传回地面。请绘制理论温度与实际测试温度随气球离地面高度的变化曲线，并根据曲线确定气球离地面 3000 m 时的理论温度与实际测试温度。

3-8 二阶测试装置的阻尼比 ξ 一般取为多少，为什么？

3-9 已知一个二阶测试装置的静态增益为 3，输入一单位阶跃函数后，其响应的最大超调量为 1.5，振荡周期为 6.23 s，试求该测试装置的传递函数及其无阻尼固有频率。

3-10 设某二阶测试装置的动态特性参数为：固有频率 $f_n = 1000$ Hz；阻尼比 $\xi = 0.707$。问使用该仪器测试 200 Hz 和 400 Hz 的正弦信号时，其幅值比 $A(\omega)$ 和相位差 $\phi(\omega)$ 各位多少？若该装置阻尼比 ξ 改为 0.2 和 0.5，$A(\omega)$ 和 $\phi(\omega)$ 又将如何变化？

3-11 已知某力传感器为二阶测试装置，其动态特性参数为：固有频率 $f_n = 800$ Hz；阻尼比 $\xi = 0.707$。当输入信号为 $x(t) = 2\sin(2\pi f_0 t + \pi/4) + \sin(2\pi f_0 t + \pi/2) + 0.1\sin(2\pi f_0 t - \pi)$ 时（$f_0 = 400$ Hz），试用图解法求输入输出的时域波形与频域幅值频谱和相位频谱。

敏感元件与传感器技术

工程背景

敏感元件是检测技术的核心。大千世界存在各种物理变化、化学变化或者称为生物变化。研究探索这些变化，就需要对这些过程进行追踪与分析，从而找出内在的规律。敏感元件是借助敏感材料制成的特种器件，根据反应机制的差异可以分成很多种类。例如，有基于物理变化制成的热敏、光敏、磁敏、气敏、力敏元件等；基于电磁现象制成的电阻（电导）、电容（电荷量）、电感（自感、互感）元件等；基于化学原理或者生物反应制成的酶、电泳、pH 值元件等。根据敏感元件测量的相关信息，我们就能对实际的现象加以分析，达到了解自然的目的。要想获取第一手客观信息，就必须依靠传感器，因此有必要从机理上了解各种传感器的探测原理、适用对象及接口电路要求。本章就是旨在分析各种传感器的测量原理与适应范围，为测量奠定基础。

内容提要

本章主要讲述有关如何利用敏感现象制作传感器的基本理论和方法。重点介绍电测方法（电阻、电容、电感）、磁敏方法（霍尔、电涡流、磁敏）、基于热电效应的热敏方法（热电偶、热电阻、热释电）、光敏方法（内光电效应、外光电效应）、利用 MEMS 技术制作的微型传感器，以及生物化学方法等制成的各类型传感器。基于每种原理可以对很多类别的现象进行测量，比如电阻法，就能细分出力敏电阻、压敏电阻、气敏电阻等，将通过理论分析，并结合实际情况，对测量电路进行简要介绍。

4.1 概述

所谓传感器（Transducer/Sensor）是指可以感知外界物理或者化学信息的装置。生物体的感官就是天然的传感器。例如，人的"五官"——眼、耳、鼻、舌和皮肤分别具有视觉、听觉、嗅觉、味觉和触觉。人们的大脑神经中枢通过五官的神经末梢（感受器）就能感知外界的信息。从仿生学的角度看，人体的感觉器官就是传感器。

4.1.1 传感器与传感器技术

国家标准 GB 7665—87 对传感器下的定义是："能够感受规定的被测量，并按照一定的规律转换成可用输出信号的器件或装置，通常由敏感元件和转换元件组成。"

敏感元件是指传感器中能直接感受或响应被测量（输入量）的部分；转换元件是指传感器中能将敏感元件感受的或响应的被探测量转换成适于传输和（或）测量的电信号的部分。

传感器技术是以传感器为核心，论述其内涵与外延的学科；也是一门涉及测试技术、功能材料、微电子技术、精密与微细加工技术、信息处理技术和计算机技术等诸多学科的综合技术学科。

4.1.2 传感器与传感器技术的发展历史与发展趋势

人类是借助感觉器官了解世界的。依靠眼睛、耳朵、舌头、皮肤与鼻子接受来自外界的刺激，通过大脑分析判断，得出结论，然后再依据需要发出指令以适应对应的结果。随着科学技术的发展和人类社会的进步，人类为了进一步认识自然和改造自然，需要精确地描述所处的环境，那么只靠这些感觉器官就显得很不够了。为了量化的需要，一系列代替、补充、延伸人的感觉器官功能的各种手段就应运而生，从而出现了各种用途的传感器。

传感器的历史可以追溯到远古时代。公元前 1000 年左右，在中国鼓车的准、绳、规、矩等长度计量器具已开始使用，汉代的指南针更是辨识方向的一大飞跃。以电参数为特征的电量输出的传感器，其发展历史很短。随着真空技术和半导体微电子技术的发展及相关技术成熟度的提升，电测传感器得到飞速发展。目前只要提到传感器，一般是指具有电信号输出的装置。近些年来，由于集成电路技术和 MEMS 技术的飞速发展，研究开发了性能更好的传感器。随着人们对生活品质期望的不断提高，具有智能化、网络化特征的传感器不断推出。传感器已经深入到人类生活的每个角落。

随着科学技术与工农业生产、国防等需要的增长，对传感器技术提出了越来越高的要求。现代传感器要具有智能化的特征，具体而言，就是精度高、测量范围宽、可靠性高、体积小、重量轻、网络化与智能化等特点。例如，对在线光气检测要求高于 0.1 PPm 的精度；为了对遥远世界的探索，需要对空间场里极其微弱的电压信号进行捕捉；根据生物工程仿生的要求，需要对极其微小的电流信号（PA）进行分析处理；根据纳米技术和对材料微观结构的测量要求，测段需要达到 0.1 nm 级。现在的科学技术发展迅猛，需要用于测量极端参数值（超高压、超高温、超低温）和特种参数（如识别颜色、味觉、嗅觉）等特殊领域的传感器。例如，冶金上要连续测量液态金属的温度，需要长时间连续测量高温介质（2500～3000℃）；材料工程分析研究中，需要极低温度测量（超导）、多相流量测量、脉动流量测量、微压（几十帕）测量、高温高压下成分测量、高精度（0.01%）称重测量；超高压深海探测时，需要测量几百兆帕至几千兆帕的压力。

在测量过程中，根据测量方式的不同可分为接触式测量和非接触式测量。接触式测量是把传感器置于被测对象上。对被测对象而言，相当于加一个负载，这样多少会影响测量的精度；有些场合如高温、高压、高粉尘、高易燃等，被测物体上根本不可能安装传感器，这样就引出了非接触式测量的需求。光电传感器、电涡流传感器、超声传感器、辐射传感器等都是非接触式传感器。虽然一般传感器的体积都较小，但是它涉及领域却非常宽广。传感器利用的原理包括各种物理效应、化学反应、生物功能等。虽然传感器体积小，重量轻，材料不多，但是它们材料种类却包罗万象，涵盖黑色金属、有色金属、稀土金属、工程塑料、半导体材料、陶瓷材料、高分子材料以及各种特殊材料（如压电材料、热电材料、高弹性材料、高磁导率材料等）。传感器制作的工艺也涉及机械加工、电加工、化学加工、光学加工以及各种特殊工艺。利用新的物理效应、化学反应和生物功能研究新型原理的传感器，如利用约瑟夫森效应，可制成超精密的传感器，不仅能测量磁，而且能对温度、电压、重力进行超精密测量。利用核磁共振现象，测量温度的分辨率可达 0.001 K。还有就是仿生学的研究，如鲨鱼可以追踪 400 m 以外的一滴血，狗可以从十四五种混杂的气味中找出特定的一种气味，并能感受普通人嗅觉千万分之一的稀释液的气味，通过对这些生物体嗅觉的研究，制造出更加优异的电子鼻；鸟的方位感觉很强，一种海燕能从 4910 km 外飞回来，通过对这种归巢性的研究希望能得到一种方位定位传感器。

现代传感器技术发展的显著特征是：研究新材料，开发新的功能，使传感器多功能化、微型化和集成化。传感器总的发展趋势是数字化、智能化和网络化。

【工程应用点评 4-1】　敏感与传感器的区别

敏感是一种感受形式，比如人的皮肤对热敏感，人眼对光敏感，鼻对气味敏感，都是对某一种现象的感受或者感知方法；传感器是一种基于敏感元件制成的装置。传感器不仅有敏感元件，而且有变送电路，可把被测对象变成电路能够接受并且处理的信号。例如，红外线测温仪是一种借助光热现象制成的热传感器。

4.2　电阻应变式传感器

电阻应变式传感器由弹性元件和电阻应变片构成。弹性元件在感受被测物理量时产生变形，其表面产生应变，而粘贴在弹性元件表面上的电阻应变片的电阻值随着弹性元件应变的变化而变化。通过测量电阻应变片电阻值的变化，就可以确定被测物理量变化的大小。

电阻应变测试方法具有结构简单、测试范围宽、易实现多点同步测量和灵敏度高等优点。可用于测量应变、位移、力、压力和加速度等参数，广泛应用在机械、交通、建筑、化工和电力等行业中。

4.2.1　电阻应变效应

1856 年英国物理学家 W. Tomson 发现了金属材料的应变效应，即一根金属导线在其拉长时电阻增大，在受压缩短时电阻减小。这个规律被称为金属材料的电阻应变效应。

导体或半导体的阻值随其机械应变的变化而变化的道理很简单，因为导体和半导体的电阻与电阻率及其几何尺寸（长度和截面积）等参数有关。当导体或半导体受到外力作用时，这些参数都会发生变化，所以会引起电阻的变化。通过测量阻值的变化，就可以确定外界作用力的大小。

对于长度、截面积一定的金属丝，其阻值 R 可用下式表示：

$$R = \rho \frac{l}{A} \tag{4-1}$$

式中，l 为电阻丝的长度；A 为电阻丝的截面积；ρ 为电阻丝的电阻率，取决于导体材料的性质。

根据上述电阻应变效应，金属应变片电阻 R 为 $R = \rho l / A$，其中任何一个参数变化均会引起电阻变化，对公式(4-1)进行微分可得

$$dR = \frac{\rho}{A} dl - \frac{\rho l}{A^2} dA + \frac{l}{A} d\rho$$

代入(4-1)式，则有

$$dR = R \frac{dl}{l} - \frac{dA}{A} R + \frac{d\rho}{\rho} R$$

整理得

$$\frac{dR}{R} = \frac{dl}{l} - \frac{dA}{A} + \frac{d\rho}{\rho} \tag{4-2}$$

如图4-1所示，圆截面金属丝的面积为 $A = \pi r^2$，则式(4-2)变为

$$\frac{dR}{R} = \frac{dl}{l} - \frac{2dr}{r} + \frac{d\rho}{\rho} \tag{4-3}$$

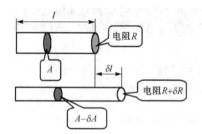

图 4-1　金属丝径向变化示意图

将式(4-3)中各子项分别定义为

纵向应变：
$$\frac{dl}{l} = \varepsilon$$

横向应变：
$$\frac{dr}{r} = -\mu \frac{dl}{l} = -\mu\varepsilon$$

其中，μ 为材料的泊松比，对于一般金属而言，$\mu = 0.3 \sim 0.5$。

电阻率相对变化率：
$$\frac{d\rho}{\rho} = \lambda\varepsilon E$$

其中，λ 为材料的纵向压阻系数，E 为材料的弹性模量。

电阻丝电阻率的相对变化与其轴向所受正应力 σ 有关。一般金属导体的 λ 很小，可以忽略不计，但对于某些半导体来说，情形则大不一样。根据上述定义，式(4-3)可以表示为

$$\frac{dR}{R} = \varepsilon + 2\mu\varepsilon + \lambda E\varepsilon \tag{4-4}$$

定义 $S_0 = 1 + 2\mu + \lambda E$ 为电阻应变片的灵敏度系数。该值对于特定的材料为一个常数，表明电阻值相对变化与应变成正比，因此通过测量应变 ε，便可测量电阻变化，这就是应变片的工作原理。灵敏度系数 S_0 中 $(1+2\mu)\varepsilon$ 项是由几何尺寸变化引起的，$\lambda E\varepsilon$ 项是由于电阻率变化引起的。

不同的导体材料可制成不同的应变片，目前主要有金属电阻应变片和半导体应变片两类。

4.2.2　金属电阻应变片

金属电阻应变片的基本结构大体相同，使用最早的是金属丝回线式结构（又称为电阻丝应变片），如图4-2所示。它用直径为 0.025 mm 左右的高电阻率的合金电阻丝 2 绕成栅状，粘结在绝缘基片 1 和覆盖层 3 之间，由引线 4 与外接电路相连。

对于金属电阻应变片，材料电阻率随应变产生的变化很小，式(4-4)中的 $(1+2\mu)\varepsilon$ 项远大于 $\lambda E\varepsilon$ 项，因此可得

$$\frac{\mathrm{d}R}{R} \approx \varepsilon + 2\mu\varepsilon = (1+2\mu)\varepsilon \tag{4-5}$$

可见，金属应变片电阻的相对变化与轴向应变 ε 成正比。对于同一电阻材料，灵敏度系数 $S_0 = 1 + 2\mu$ 为常数。一般用于制造金属丝电阻应变片的金属丝其灵敏度系数多在 $1.7 \sim 3.6$ 之间。

常用金属电阻应变片，除电阻丝应变片外，还有箔式应变片（如图4-3所示）和薄膜应变片。

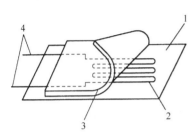
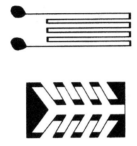

图 4-2 电阻丝应变片的基本结构   图 4-3 箔式应变片

1—基片；2—电阻丝；3—覆盖层；4—引线

箔式应变片是利用照相制版或光刻腐蚀技术，将电阻箔材（厚为 $1 \sim 10\ \mu m$）制作在绝缘基底上，而制成各种图形的应变片。它尺寸准确，线条均匀，适应不同的测试要求，传递试件应变性能好，横向效应小和散热性能好，因此得到了广泛应用，现已基本上取代电阻丝应变片。

薄膜应变片是用薄膜技术制成的应变片。它灵敏系数高，易实现工业化生产，是一种很有前途的新型应变片。

当选用应变片时，要考虑应变片的性能参数，主要有应变片的电阻值、灵敏度、允许电流和应变极限等。市售金属电阻应变片的电阻值已趋于标准化，主要规格有 $60\ \Omega$、$120\ \Omega$、$350\ \Omega$、$600\ \Omega$ 和 $1000\ \Omega$ 等，其中 $120\ \Omega$ 用得最多。应变片产品包装上标明的"标称灵敏系数"，是出厂时测定的该批产品的平均灵敏度系数值。

4.2.3 半导体应变片

半导体电阻率变化引起电阻的变化，利用半导体应变片制成的传感器也称为压阻传感器。半导体应变片最简单的结构如图 4-4 所示，其中半导体片是由锗或硅等单晶锭沿特定的晶轴方向（晶体取向）切片制成的。对于半导体而言，因为 $\lambda E\varepsilon$ 项远大于 $(1+2\mu)\varepsilon$ 项，因此灵敏度系数 S_0 可简化为

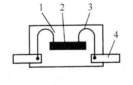
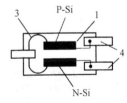

图 4-4 半导体应变片的结构形式

1—胶底衬片；2—半导体片；3—内导线；4—接线柱

$$S_0 \approx \lambda E \tag{4-6}$$

半导体应变片是利用半导体材料的压阻效应而制成的一种纯电阻性元件。半导体应变片的工作原理是基于半导体材料的压阻效应的。采用集成电路制程的扩散工艺可制成扩散性半导体应变片。半导体电阻可以分为体型、薄膜型、扩散性三种。如在膜片压力传感器中，采

用硅来代替金属材料制成膜片，通过在膜片中淀积杂质来实现应变片效应，从而可在所需的位置上形成内在的应变片。其优点是灵敏度高（比金属丝应变片灵敏度大 50～70 倍），体积小。缺点是温度稳定性和可重复性不如金属应变片，存在非线性及安装困难等。

【工程应用点评 4-2】　电阻法原理与特点

　　电阻法是利用电阻效应制成的。敏感元件可以是金属丝，其计算公式参阅式(4-2)至式(4-5)；敏感元件也可以是半导体材料，所采用的计算方法是式(4-6)。电阻法测量的优点是测量元件结构简单，使用方便，维护容易，成本低廉。缺点是非线性，若想提升精度，需要对特性曲线进行线性化拟合。

4.2.4　电阻应变传感器应用实例

　　图 4-5 所示的是采用电阻应变传感器对冲床的生产量和生产过程设备运行状况进行在线监测的实例。图中所用的传感器为柱式半导体应变片，安装在冲头顶部。当冲头冲压零件的过程中，冲头在冲压力作用下将产生弹性变形，从而使应变片电阻发生改变。图中曲线为每次冲压过程根据应变片电阻变化获得的变形或力输出曲线，近似为一条脉冲曲线。累计脉冲数即代表冲床的生产量，同时根据脉冲曲线的变化特征还可以对冲床的运行状况进行监测。

　　图 4-6 所示的是一个典型的电子秤。图右上方所示的传感元件就是一个压力应变式传感器。当重物放在秤上时，因为重量作用使得传感器感受到压力，经过微处理芯片的运算，得出被测物的实际重量。

　　图 4-7 所示的是一个智能搬运机械手。在机械手的前端安装有一套应变式握力传感器。通过应变式测力传感器可感知夹持力度，达到搬运过程自动调整夹持力的目的。

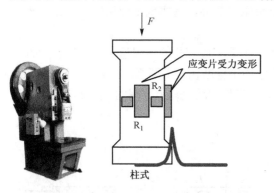

图 4-5　冲床生产量和生产过程监测

图 4-6　电阻应变式电子秤

图 4-7　机械手

【工程应用点评 4-3】　电阻法的应用

　　在图 4-5、图 4-6、图 4-7 中，都是利用电阻法制作的传感器完成各不相同的用途。从实例我们可以看到，电阻法传感器可以完成计数、称重、机械手握力的测量。传感器的原理都是利用压力变化导致电阻变化，完成相应的测量。就传感器的形式看，各不相同，传感器的外形完全取决于具体的应用场合的安装要求。测量范围取决于材料的敏感系数，敏感程度越高，测量精度就越高。

4.3　电感式传感器

根据法拉第电磁感应定律，当穿过回路的磁通量发生变化时，回路中产生感应电动势（如图4-8所示），其大小和穿过回路的磁通量变化率成正比，即

$$\varepsilon = K\frac{\mathrm{d}\phi}{\mathrm{d}t} \tag{4-7}$$

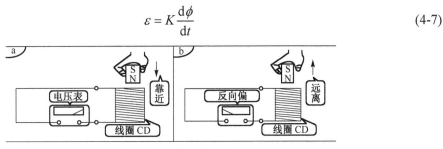

图 4-8　法拉第电磁定律

电感式传感器是利用电磁感应原理，把被测物理量（如位移、振动、压力、应变、流量、比重等）转换成线圈的自感或互感系数的变化，从而导致线圈电感量改变，再通过测量电路转换为电压或电流的变化量作为输出，从而实现非电量的测量。根据转换原理，电感式传感器可以分为自感型和互感型两大类。电感式传感器测量系统的构成原理如图4-9所示。

图 4-9　电感式传感器测量系统的构成原理框图

电感式传感器可分为变磁阻式、变压器式和涡流式，如图4-10所示。

4.3.1　自感型传感器

电路中因自身电流变化而引起感应电动势的现象称为自感。用自感系数来表示器件（如线圈）在自感现象方面的特性，其代号为 L。自感型传感器一般有变磁阻式和涡流式等形式。

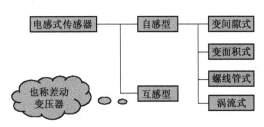

图 4-10　电感式传感器分类

1. 变磁阻式传感器

变磁阻式传感器的结构示意图如图 4-11(a)所示。传感器由线圈、铁心和衔铁组成。图中点划线表示磁路，磁路由铁心、衔铁以及铁心与衔铁之间的气隙三部分组成；铁心和衔铁都由导磁材料制成。在铁心和活动衔铁之间有气隙，气隙厚度为 δ，工作时被测物体与衔铁相接。当被测物体带动衔铁移动时，气隙的厚度 δ 发生变化，引起磁路的磁阻发生变化，从而导致电感线圈的电感值 L 发生变化。因此，只要能测出电感量的变化，就能确定衔铁位移量的大小和方向。

线圈电感可用下式表示：

$$L = \frac{N^2}{R_{\mathrm{M}}} \tag{4-8}$$

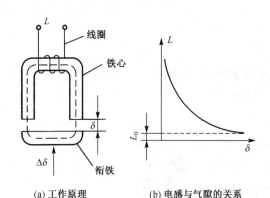

(a) 工作原理   (b) 电感与气隙的关系

图 4-11 变磁阻式传感器原理

磁路总磁阻为 R_M，如果忽略磁路铁损，则磁路 R_M 为

$$R_M = \frac{l_1}{u_1 A} + \frac{l_2}{u_2 A} + \frac{2\sigma}{u_0 A} \tag{4-9}$$

因此有

$$L = \frac{N^2}{R_M} = \frac{N^2}{\dfrac{l_1}{u_1 A} + \dfrac{l_2}{u_2 A} + \dfrac{2\delta}{u_0 A}} \tag{4-10}$$

式中，N 为线圈匝数。

通常情况下，导磁体磁阻远远小于空气磁阻，故电感可以近似为

$$L = \frac{N^2 u_0 A}{2\delta} \tag{4-11}$$

根据式(4-11)，自感系数 L 与气隙 δ 成反比，如见图 4-11(b)所示，与气隙导磁面积 A 成正比。因此，可以制成两种类型的电感型传感器：变间隙式和变面积式。

变间隙式传感器的灵敏度为

$$S = \frac{dL}{d\delta} = -\frac{N^2 u_0 A_0}{2\delta^2} \tag{4-12}$$

可以看出：气隙 δ 越小，则传感器灵敏度 S 越高。由于 δ 不是常数，会产生非线性误差，因此这种传感器常规定在气隙较小变化范围内工作。设气隙变化量为 $\Delta\delta$，由于气隙变化甚小，即当 $\Delta\delta$ 远小于 δ_0 时（一般要求小于 10 倍以上），上述公式可进一步近似为

$$S = -\frac{N^2 u_0 A_0}{2\delta_0^{\,2}} \tag{4-13}$$

此时，S 可近似为常数。因此，这种传感器一般只适用于 0.001~1 mm 范围的小位移测量。

变面积式传感器的灵敏度为

$$S = \frac{dL}{dA} = -\frac{N^2 u_0}{2\delta} \tag{4-14}$$

变面积型电感传感器的自感与面积成线性比例关系，但其灵敏度低。

根据自感原理制成的螺线管型电感式传感器如图 4-12 所示。螺线管型电感传感器的衔铁随被测对象移动，使线圈磁铁磁力线路经上的磁阻发生变化，线圈电感量也因此而变化。线圈电感量的大小与衔铁插入线圈的深度有关。

设线圈长度为 l，线圈的平均半径为 r，线圈的匝数为 N，衔铁进入线圈的长度为 l_a，衔铁的半径为 r_a，铁心的有效磁导率为 u_m，则线圈的电感量 L 与衔铁进入线圈的长度 l_a 的关系可表示为

$$L = \frac{4\pi^2 N^2}{l^2}\left[lr^2 + (u_m - 1)l_a r_a^{\,2}\right] \tag{4-15}$$

螺线管型电感式传感器的电路工作原理与输出特性如图4-13所示。

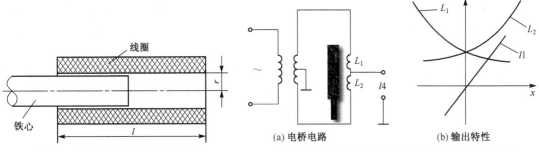

图 4-12　螺线管型电感式传感器　　　　图 4-13　螺线管型电感式传感器电路及特性

　　螺线管管型电感传感器可分为单螺管和双螺管型。图 4-14 所示的是变磁阻式传感器的几种典型结构。图 4-14(a)所示的是差动结构。当衔铁移动 $\Delta\delta$ 时，一个线圈的气隙变为 $\delta_0 + \Delta\delta$，其自感减小；另一个线圈的气隙变为 $\delta_0 - \Delta\delta$，其自感增大。若将两个线圈接在电桥的相邻臂上，则其输出灵敏度可提高一倍，且可改善其非线性特性。

　　图 4-14(b)所示的是单螺管型结构。由于有限长度线圈的轴向磁场强度分布不均匀，因此，只有在线圈中段才有较好的线性关系。单螺管型结构简单，灵敏度较低，适用于较大位移（毫米量级）测试。

　　图 4-14(c)所示的是双螺管差动型结构。差动连接后，总电感的变化是单一螺管电感变化量的两倍，它能部分地消除磁场不均匀所造成的非线性影响。测试范围在 0～300 μm，最高分辨率可达 0.5 μm。

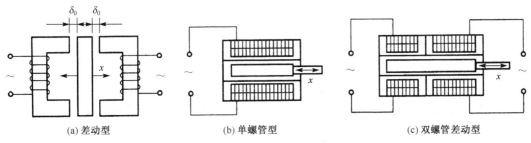

(a) 差动型　　　　　　　(b) 单螺管型　　　　　　(c) 双螺管差动型

图 4-14　变磁阻式传感器的典型结构

2．涡流式传感器

　　涡流式传感器的工作原理是利用金属导体在交变磁场中产生涡电流效应。常用的高频反射式涡流传感器的工作原理如图4-15所示。

　　给线圈通以高频交流电流 i_1，其周围会产生交变磁场 $\boldsymbol{H}_1$，当把该线圈放到一块金属导体附近时，在金属导体表面会感应出交变电流 i_2，该电流在金属导体表面是闭合的，称为"涡电流"。同样，此交变涡电流也会产生交变磁场 $\boldsymbol{H}_2$，其方向总是与线圈产生的磁场 $\boldsymbol{H}_1$ 变化的方向相反。由于涡电流磁场 $\boldsymbol{H}_2$ 的作用，使原线圈等效阻抗 Z 发生变化。实验分析得出 Z 值大小与金属导体的电导率 ρ、磁导率 μ、厚度 h、线圈与金属导体间的距离 δ、线圈激

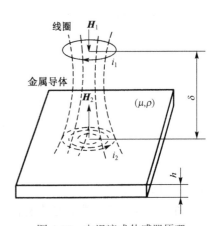

图 4-15　电涡流式传感器原理

励电流的频率 *f* 等参数有关。实际应用中，可只变化其中某一参数，而其他参数固定，阻抗 *Z* 就只与某参数成单值函数关系。根据该原理制成的传感器称为涡流式传感器，如位移计、振动计和探伤仪等。

电涡流传感器的测量电路，通常采用电桥和谐振电路。电桥电路是把线圈的阻抗作为电桥的一个桥臂，或用两个电涡流线圈组成差动电桥。谐振电路有调幅电路和调频电路两种。

图 4-16 所示的是分压式调幅电路原理图，图 4-17 所示的是调频测试电路的工作原理图。它们都是将传感器线圈接入 *LC* 调谐电路，使其谐振频率随被测量 *δ* 的变化而改变。而调谐电路的输出分别控制着外接振荡器的幅值或频率，以实现被测量的信号转换。

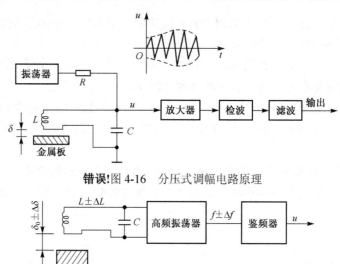

错误!图 4-16 分压式调幅电路原理

图 4-17 调频电路工作原理

电涡流传感器结构简单，灵敏度高，测量范围大（在 ±1～±10 mm），分辨率高（可达 1 μm），动态特性好，抗干扰能力强，可用于非接触动态测试。常用于测量位移、振动、零件厚度和表面裂纹等。

4.3.2 互感型传感器

由于一个电路中电流的变化而在邻近另一个电路中引起感应电动势的现象称为互感。互感系数是表示器件在互感现象方面特性的一个物理量。互感型传感器就是利用互感现象将被测物理量转换成线圈互感变化来实现测试的。

互感型传感器的工作原理类似于变压器的工作原理，如图 4-18 所示，主要包括衔铁、初级绕组、次级绕组和线圈框架等。初级绕组、次级绕组的耦合能随衔铁的移动而变化，即绕组间的互感随被测位移的改变而变化。当原线圈 *W* 输入交变电流 *i* 时，副线圈 W_1 产生感应电动势 e_1，其大小与电流 *i* 的变化率成正比，即

$$e_1 = -M \frac{\mathrm{d}i}{\mathrm{d}t} \tag{4-16}$$

式中，*M* 为互感系数。

在实际工程应用中，通常将两个结构尺寸和参数完全相同的次级绕组采用反向串接，以差动方式输出，所以又把这种传感器称为差动变压器式电感传感器，简称差动变压器，其结

构原理如图4-18所示。当原线圈 W 被交流电压激励时，两个副线圈 W_1、W_2 将产生感应电势 e_1、e_2，如图4-18所示。当铁心处于两副线圈中间位置时，两个线圈的感应电动势相等，即 $e_1 = e_2$。由于两个线圈反向串接，此时输出电压 $e_y = e_1 - e_2 = 0$；当衔铁向上运动时，线圈 W_1 的互感系数比线圈 W_2 大，因此 $e_1 > e_2$；当衔铁向下运动时，则 $e_1 < e_2$。

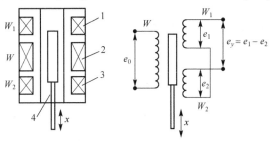

图 4-18　差动变压器传感器

1，3—次级线圈；2—初级线圈；4—衔铁

　　互感型传感器的结构形式较多，主要分气隙型和螺管型两种。螺管型差动变压器精高，灵敏度高，结构简单，性能可靠，可以测量 1～100 mm 的机械位移，目前生产中多采用螺管型。

4.3.3　传感器实例

　　根据电感原理制成的压力传感器如图 4-19 所示。中间膜片 4 在压差 $\Delta p = p_1 - p_2$ 的作用下产生位移；通过连杆 3 带动差动变压器中的铁心 2 移动，从而将压差 ΔP 转换成变压器的电压输出。

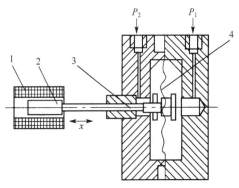

图 4-19　电感型压力传感器结构图

1—差动变压器；2—铁心；3—连杆；4—中间膜片

　　图4-20所示的是涡流位移传感器的结构图。扁平线圈 3 固定在保护套 4 和骨架 2 之间，传感器壳体上制有螺纹，用来调整线圈端面与被测金属表面间的初始距离。当被测表面相对传感器线圈端面移动时，线圈 3 的等效阻抗发生变化，该变化经后接测试电路转换成电压或电流信号输出。

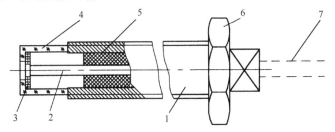

错误! 图 4-20　涡流位移传感器

1—壳体；2—框架；3—线圈；4—保护套；5—填料；6—螺母；7—电缆

【工程应用点评 4-4】　自感与互感的相同点与不同点

　　相同点：测量原理都是利用电磁感应现象，借助被测对象变化对磁路的影响，从结果倒推出被测量的变化；可以是磁路磁阻量改变，也可以是导磁材料导磁率的改变。

　　不同点：自感是利用自感现象；互感是利用互感现象。

4.4 电容式传感器

4.4.1 工作原理与类型

两个平行极板组成的电容器，如果不考虑边缘效应，其电容量为

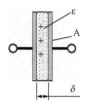

图 4-21 电容器示意图

$$C = \frac{\varepsilon_0 \varepsilon A}{\delta} \tag{4-17}$$

式中，$\varepsilon_0 = 8.85 \times 10^{-12}$ F/m；ε 为极板间介质的相对介电常数，当介质为空气时 $\varepsilon = 1$；A 为基板面积；δ 为极板间距离。

图 4-21 所示的是电容器工作原理示意图。根据电容器原理制成的电容式传感器可分为：变极距型、变面积型和变介电常数型。

1. 变极距型

图4-22 所示的是变极距型电容传感器的原理图。当动极板因被测量变化而向上下移动时，将改变两个极板之间的间距 δ，从而引起电容量变化。若极板覆盖面积为 A，初始间隙为 δ_0，介电常数为 ε，则初始电容量为

$$C_0 = \frac{\varepsilon A}{\delta_0} \tag{4-18}$$

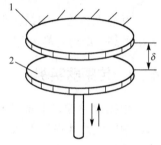

图 4-22 变极距型电容
传感器示意图

1—定极板；2—动极板

当动极板向上运动 $\Delta\delta$ 时，极板间的距离 $\delta = \delta_0 - \Delta\delta$，电容的增量为

$$\Delta C = \frac{\varepsilon A}{\delta_0 - \Delta\delta} - \frac{\varepsilon A}{\delta_0} = C_0 \frac{\Delta\delta / \delta}{1 - \Delta\delta / \delta_0} \tag{4-19}$$

在差动式电容传感器中，如果一个电容器 C_1 的电容量随位移量 $\Delta\delta$ 增加，则另一个电容器 C_2 的电容量会随之减小，即

$$C_1 = C_0 \left[1 + \frac{\Delta\delta}{\delta} + \left(\frac{\Delta\delta}{\delta}\right)^2 + \left(\frac{\Delta\delta}{\delta}\right)^3 + \cdots \right]$$
$$C_2 = C_0 \left[1 - \frac{\Delta\delta}{\delta} + \left(\frac{\Delta\delta}{\delta}\right)^2 - \left(\frac{\Delta\delta}{\delta}\right)^3 + \cdots \right] \tag{4-20}$$

电容量总的变化量为

$$\Delta C = C_1 - C_2 = C_0 \left[2\frac{\Delta\delta}{\delta} + 2\left(\frac{\Delta\delta}{\delta}\right)^3 + \cdots \right] \tag{4-21}$$

其灵敏度为

$$S = \frac{\Delta C}{\Delta\delta} \approx \frac{2C_0}{\delta_0} = \frac{2\varepsilon A}{\delta_0^2} \tag{4-22}$$

相对误差为

$$\gamma \approx \left(\frac{\Delta\delta}{\delta_0}\right)^2 \times 100\% \tag{4-23}$$

将式(4-20)、式(4-21)分别与式(4-22)、式(4-23)相比较可知，当变极距型电容器构成差动结构时，不仅其灵敏度提高了一倍，而且线性度误差也将大大减小。因此，变极距电容传感器的灵敏度高，被测部件作为动极板可实现非接触测量，可用于小位移及压力的测量。

2. 变面积型

图 4-23 所示的是变面积型电容传感器的结构示意图。图 4-23(a)所示的是角位移变面积型电容传感器的原理图。它由半圆形定极板和动极板构成电容器，其电容量为

$$C = \frac{\varepsilon R^2 \theta}{2\delta} \tag{4-24}$$

式中，R 为极板半径；θ 为覆盖面积对应的中心角。

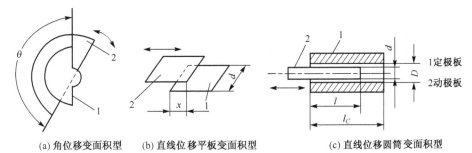

(a) 角位移变面积型　　(b) 直线位移平板变面积型　　(c) 直线位移圆筒变面积型

图 4-23　变面积型电容传感器

当动极板有一个角位移 $\Delta\theta$ 时，电容量发生变化，电容变化量为

$$\Delta C = \frac{\varepsilon R^2(\theta+\Delta\theta)}{2\delta} - \frac{\varepsilon R^2 \theta}{2\delta} = \frac{\varepsilon R^2 \Delta\theta}{2\delta} \tag{4-25}$$

其灵敏度为

$$S = \frac{\Delta C}{\Delta\theta} = \frac{\varepsilon R^2}{2\delta} \tag{4-26}$$

图 4-23(b)所示的是直线位移平板变面积型电容传感器的原理图，当动极板移动 Δx 后，覆盖面积发生变化，由此产生的电容变化量为

$$\Delta C = \frac{\varepsilon b(x+\Delta x)}{\delta} - \frac{\varepsilon bx}{\delta} = \frac{\varepsilon b \Delta x}{\delta} \tag{4-27}$$

式中，b 为极板宽度。

其灵敏度为

$$S = \frac{\Delta C}{\Delta x} = \frac{\varepsilon b}{\delta} \tag{4-28}$$

图 4-23(c)所示的是直线位移圆筒变面积型电容传感器的原理图。它由两个同心圆筒构成，其电容量为

$$C = \frac{2\pi\varepsilon l}{\ln\dfrac{D}{d}} \tag{4-29}$$

式中，D 为外圆筒的孔径；d 为内圆筒（或圆柱）的直径；l 为覆盖长度。

当覆盖长度 l 变化 Δl 时，电容的变化量为

$$\Delta C = \frac{2\pi\varepsilon(l+\Delta l)}{\ln\dfrac{D}{d}} - \frac{2\pi\varepsilon l}{\ln\dfrac{D}{d}} = \frac{2\pi\varepsilon\Delta l}{\ln\dfrac{D}{d}} \tag{4-30}$$

其灵敏度为

$$S = \frac{\Delta C}{\Delta l} = \frac{2\pi\varepsilon}{\ln\dfrac{D}{d}} \tag{4-31}$$

由式(4-26)、式(4-28)和式(4-31)可以看出，面积变化式电容传感器灵敏度 S 为一个常数，也就是说输出与输入成线性关系。但与变极距型相比，其灵敏度较低，适用于较大的角位移及直线位移的测量。

3. 变介电常数型

变介电常数型电容传感器的结构原理如图4-24所示。这种传感器大多用来测量电介质的厚度（如图4-24(a)所示）、位移（如图4-24(b)所示）、液位（如图4-24(c)所示）。另外，还可根据极间介质的介电常数随温度、湿度改变而改变来测量温度、湿度（如图 4-24(d)所示）。图 4-24(a)、(b)、(c)所示的传感器的电容量与被测量的关系分别为

$$C = \frac{lb}{\dfrac{\delta-\delta_x}{\varepsilon_0} + \dfrac{\delta_x}{\varepsilon}} \tag{4-32}$$

$$C = \frac{ba_x}{\dfrac{\delta-\delta_x}{\varepsilon_0} + \dfrac{\delta_x}{\varepsilon}} + \frac{b(l-a)}{\dfrac{\delta}{\varepsilon_0}} \tag{4-33}$$

$$C = \frac{2\pi\varepsilon_0 h}{\ln\dfrac{D}{d}} + \frac{2\pi(\varepsilon-\varepsilon_0)h_x}{\ln\dfrac{D}{d}} \tag{4-34}$$

式中，δ、h、ε_0 为两个固定极板间的距离、极筒高度和间隙内空气的介电常数；δx、hx、ε 为被测物的厚度、被测液面高度和被测物体的介电常数；l、b、$a x$ 为固定极板的长度、宽度和被测物进入两极板中的长度；D、d 为外极筒的内径和内极筒的外径。

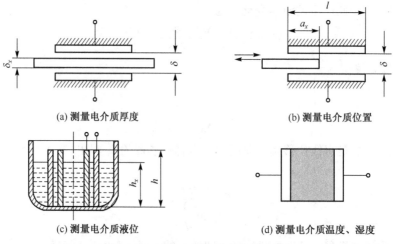

(a) 测量电介质厚度　　　　　　　　　　(b) 测量电介质位置

(c) 测量电介质液位　　　　　　　　　　(d) 测量电介质温度、湿度

图 4-24　变介电常数型电容传感器

通过改变电容器介质来改变电容量是一种行之有效的测量方法。图 4-24 所示的是其中四种典型应用，其中图(a)可以测量的领域有纸张厚度、布料厚度、板材厚度等；图(b)可以应用到汽车检测中的侧滑、位移等；图(c)可以实现对罐体的液位高度的检测；图(d)可以完成粮食水分的检测。

4.4.2　测量电路

图 4-25 所示的是一个典型的电容式拾音器的测量电路与输出电压波形。拾音器硬件部分由电容拾音传感器及配套电路组成，如图 4-25(a)所示。其中，电容式拾音传感器的基本结构由背极、内腔、毛细孔、振膜、阻尼孔及绝缘体组成，其作用是将声波造成的空气压强变化转换为拾音器电容量的变化，从而使检测电路中电阻 R 上的电压 e_t 发生改变，这样就把声波信号转换成电压信号。图 4-25(b)所示的是检测时输出的声波电压波形。

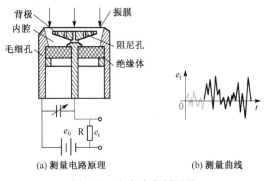

(a) 测量电路原理　　　　　　(b) 测量曲线

图4-25　电容式音频测量

4.4.3　电容式传感器实例

电容式压力传感器如图 4-26 所示。膜片 3 与镀在球形玻璃表面的金属层 2 形成一个差动电容。在压差 $\Delta P = P_1 - P_2$ 作用下，膜片向压力小的方向移动，引起差动电容量 C 的变化，电容 C 与压差 ΔP 成比例。它适用于测液（气）体微压差。

电容式转速传感器的工作原理如图 4-27 所示。当定极板与齿顶相对时，电容量最大，而当与齿隙相对时，电容量最小。齿轮转动时，电容传感器产生周期信号，经测试电路转换为脉冲信号，用频率计显示齿轮转速。

电容式传感器在音频检测领域有着广泛的应用，图 4-28 为几种典型的电容式传感器实物图片，其中图 4-28(a)所示的是电容式传声器，图 4-28(b)所示的是驻极电容式拾音器。

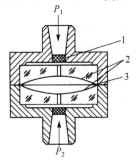

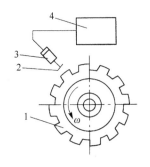

电容传声器

(a) 传声器　　　　(b) 拾音器

图 4-26　电容式压力传感器　　图 4-27　电容式转速传感器原理　　图 4-28　电容式传感器实物照片

1—过滤器；2—电镀表面；3 膜片　1—齿轮；2—定极板；3—传感器；4—频率计

4.5 压电式传感器

4.5.1 压电效应

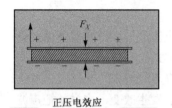

图 4-29 压电效应

对于某些介质，当沿着一定方向对其施力使其变形时，内部就产生极化现象，同时在它的两个表面上产生符号相反的电荷；当外力去掉后，又重新恢复到不带电状态，这种现象称为压电效应。当力的方向改变时，电荷的极性也随之改变。有时人们把这种机械能装换为电能的现象，称为"正压电效应"。相反，当在电介质极化方向施加电场，这些电介质也会产生机械变形或机械压力；当外加电场撤去时，这些变形或应力也随之消失的现象，称为"逆压电效应"，如图4-29所示。

4.5.2 压电材料

具有压电效应的材料称为压电材料，在自然界中大多数晶体都具有压电效应，但十分微弱。例如，压电晶体有石英等，压电陶瓷有钛酸钡、镐钛酸铅等，有机压电膜有 PVDF 聚偏氟乙烯等，压电半导体有硫化锌、碲化镉等。

1. 石英晶体

对于天然结构的石英晶体，其理想外形是一个正六面体，在晶体学中它可用三个互相垂直的轴来表示，其中纵向轴 Z-Z 称为光轴；经过正六面体棱线，并垂直于光轴的 X-X 轴称为电轴；与 X-X 轴和 Z-Z 轴同时垂直的 Y-Y 轴（垂直于正六面体的棱面）称为机械轴。通常把沿电轴 X-X 方向的力作用下产生电荷的压电效应称为"纵向压电效应"，而把沿机械轴 Y-Y 方向的力作用下产生的电荷压电效应称为"横向压电效应"，而沿光轴 Z-Z 方向受力则不产生压电效应，如图4-30所示。

假设从石英晶体上切下一片平行六面体晶体切片，如图4-31所示，使它的晶面分别平行于 X、Y、Z 轴，则切片在受到沿不同方向的作用力时会产生不同的极化作用，主要的压电效应有纵向效应、横向效应和剪切效应，如图4-32所示。

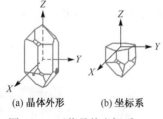

(a) 晶体外形　　(b) 坐标系

图 4-30 石英晶体坐标系

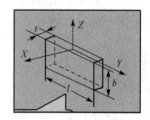

图 4-31 石英晶体切片

当晶片受到沿 X 轴方向的压缩应力 σ_{XX} 作用时，晶片将产生厚度变形，并发生极化现象。在晶体线性弹性范围内，极化强度 P_{XX} 与应力 σ_{XX} 成正比，即

$$P_{XX} = d_{11}\sigma_{XX} = d_{11}\frac{F_X}{lb} \tag{4-35}$$

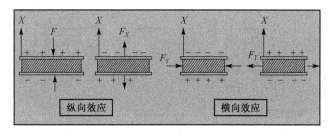

图 4-32 压电材料纵向效应与横向效应

极化强度 P_{XX} 在数值上等于晶面上的电荷密度,即

$$P_{XX} = \frac{q_X}{lb} \tag{4-36}$$

将式(4-35)和式(4-36)整理,得

$$q_X = d_{11}F_X$$

式中,F_X 为 X 轴方向施加的力;d_{11} 为压电系数,当受力方向和变形不同时,压电系数也不同,对于石英晶体,则 $d_{11} = 2.3 \times 10^{-12}\ \mathrm{CN^{-1}}$;$q_X$ 为垂直于 X 轴平面上的电荷。

由于 $q_X = d_{11}F_X$,则其极间电压为

$$U_X = \frac{q_X}{C_X} = d_{11}\frac{F_X}{C_X} \tag{4-37}$$

式中,$C_X = \dfrac{\varepsilon_0\varepsilon_r lb}{t}$ 为电极面间电容。

根据逆压电效应,晶体在 X 轴方向上将产生伸缩,即 $\Delta t = d_{11}U_X$,用应变表示则为:

$$\frac{\Delta t}{t} = d_{11}\frac{U_X}{t} = d_{11}E_X$$

式中,E_X 为 X 轴方向上的电场强度。

如果在同一晶片上作用力是沿着机械轴的方向,其电荷仍在于 X 轴垂直平面上出现,此时电荷的大小为

$$q_{XY} = d_{12}\frac{l}{t}F_Y = -d_{11}\frac{l}{t}F_Y \tag{4-38}$$

根据逆压电效应,晶片在 Y 轴方向将产生伸缩变型,即

$$\frac{\Delta l}{l} = -d_{11}\frac{1}{t}E_X \tag{4-39}$$

无论是正压或逆压电效应,其作用力(或应变)与电荷(或电场强度)之间呈线性关系;晶体在哪个方向上有正压电效应,则在此方向上一定存在逆压电效应;石英晶体不是在任何方向都存在压电效应的;由于切片的加工工艺和传感器的使用,当晶体受力时,往往同时存在有 X 和 Y 方向的分力,致使同时产生纵向压电效应和横向压电效应。横向压电效应产生的电荷极性与纵向压电效应所产生的电荷极性相反,从而减低了压电晶体的纵向灵敏度。

2. 压电陶瓷

压电陶瓷属于铁电体一类的物质,是人工制造的多晶压电材料,它具有类似铁磁材料磁畴结构的电畴结构。压电陶瓷之所以具有压电效应,是由于陶瓷内部存在自发极化。这些自发极化经过极化工序处理而被迫取向排列后,陶瓷内即存在剩余极化强度。如果外界的作用(如压力或电场的作用)能使此极化强度发生变化,陶瓷就出现压电效应,如图4-33所示。

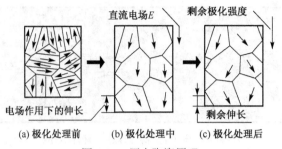

图 4-33　压电陶瓷原理

如果在陶瓷片上加一个与极化方向平行的压力 F，陶瓷片将产生压缩变形，片内的正、负束缚电荷之间的距离变小，极化强度也变小。因此，原来吸附在电极上的自由电荷，有一部分被释放，而出现放电现象。当压力撤销后，陶瓷片恢复原状（这是一个膨胀过程），片内的正负电荷之间的距离变大，极化强度也变大，因此电极上又吸附一部分自由电荷而出现充电现象。这种由机械效应转变为电效应，或者由机械转变为电能的现象，就是正压电效应。

陶瓷内的极化电荷是束缚电荷，而不是自由电荷。由于这些束缚电荷不能自由移动，所以在陶瓷中产生的放电或充电现象是通过陶瓷内部极化强度的变化，引起电极面上自由电荷释放或补充的结果如图4-34所示。

若在陶瓷片上加一个与极化方向相同的电场，由于电场的方向与极化强度的方向相同，所以电场的作用使极化强度增大。这时，陶瓷片内的正负束缚电荷之间距离也增大，就是说，陶瓷片沿极化方向产生伸长形变。同理，如果外加电场的方向与极化方向相反，则陶瓷片沿极化方向产生缩短形变。这种由于电效应而转变为机械效应或者由电能转变为机械能的现象，就是逆压电效应，如图4-35。

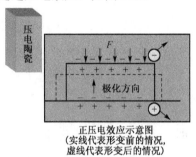

图 4-34　压电陶瓷充放电示意图　　　　　　图 4-35　压电陶瓷逆充放电示意图

3. 压电高分子材料

高分子材料属于有机分子半结晶或结晶聚合物，其压电效应较复杂，不仅要考虑晶格中均匀的内应变对压电效应的贡献，还要考虑高分子材料中作非均匀内应变所产生的各种高次效应，以及同整个体系平均变形无关的电荷位移而表现出来的压电特性。

目前已发现的压电系数最高，且已进行开发应用的压电高分子材料是聚偏氟乙烯，其压电效应可采用类似铁电体的机理来解释。这种聚合物中碳原子的个数为奇数，经过机械滚压和拉伸制作成薄膜之后，带负电的氟离子和带正电的氢离子分别排列在薄膜的对应上下两边上，形成微晶偶极矩结构，经过一定时间的外电场和温度联合作用后，晶体内部的偶极矩进一步旋转定向，形成垂直于薄膜平面的碳-氟偶极矩固定结构。正是由于这种固定取向后的极化和外力作用时的剩余极化的变化，引起了压电效应。

4.5.3　压电传感器的等效电路

当压电传感器中的压电晶体承受被测机械应力的作用时，在它的两个极面上出现极性相反但电量相等的电荷。可把压电传感器看成一个静电发生器，也可把它视为两极板上聚集异性电荷，中间位绝缘体的电容器，如图4-36所示。

$$C_a = \frac{\varepsilon S}{t} = \frac{\varepsilon_r \varepsilon_0 S}{t} \tag{4-40}$$

当两级板聚集异性电荷时，则两级板呈现一定的电压，压电传感器可等效为电压源U_a和一个电容器C_a的串联电路；也可等效为一个电荷源q和一个电容器C_a的并联电路，如图4-37所示。

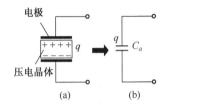

图 4-36　压电传感器等效电路

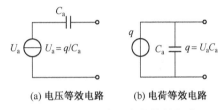

图 4-37　电压电荷等效电路

只有当压电传感器外电路负载无穷大时，传感器内部信号电荷才能无"漏损"，压电传感器受力后产生的电压或电荷才能长期保存，否则电路将以某时间常数按指数规律放电。这对于静态标定以及低频准静态测量极为不利，必然带来误差。事实上，传感器内部不可能没有泄露，外电路负载也不可能无穷大，只有外力以较高频率不断地作用，传感器的电荷才能得以补充，因此，压电元件不合适于静态测量。

压电传感器的绝缘电阻R_a与前置放大器的输入电阻R_i相并联，压电陶瓷传感器固有电容C_a与连线分布电容C_c和前置放大器输入电容C_i并联，形成传感与测量放大电路等效电路，如图4-38所示。为保证传感器和测试系统有一定的低频或准静态响应，要求压电传感器绝缘电阻应保持在$10^{13}\ \Omega$以上，才能使内部电荷泄露减少到满足一般测试精度的要求。与上述相适应，测试系统则应有较大的时间常数，即前置放大器有相当高的输入阻抗，否则传感器的信号电荷将通过输入电路泄漏，即产生测量误差。

为了提高传感器灵敏度，可采用的方法有：增加压电陶瓷片数目；采用合理的连接方法（压电陶瓷片串联、压电陶瓷片并联见图4-39）。其中，并联接法特点为：输出电荷大，时间常数大，宜用于测量缓变信号，并且适合用于以电荷作为输出量的场合。串联接法特点为：输出电压大，本身电容小，电压作为输出信号，且测量电路输入阻抗很高的场合。

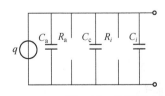

C_a传感器的固有电容
C_i前置放大器输入电容
C_c连线电容
R_c传感器的漏电阻
R_i前置放大器输入电阻

图 4-38　传感器电路测量前端等效电路

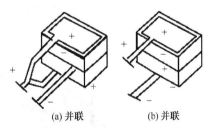

(a) 并联　　(b) 并联

图 4-39　压电片的连接方法

4.5.4 测试电路

压电传感器本身所产生的电荷量很小，而传感器本身的内阻又很大，因此其输出信号十分微弱，因此对后续电路提出了很高的要求。需要将压电传感器先接到高输入阻抗的前置放大器，经阻抗变换之后再采用一般的放大、检波电路来处理，然后才能将输出信号提供给指示仪器或记录设备。

压电传感器的低频响应取决于由传感器、连接电缆和负载组成的电路的时间常数 RC。当力的变化频率与测量回路时间常数（RC）的乘积远大于 1 时，前置放大器的输出电压 U_{SC} 与频率无关。这说明，在测量回路时间常数一定的条件下，压电传感器具有相当好的高频响应特性。但整个测量系统对电缆的对地电容十分敏感。电缆过长或位置变化时均会造成输出的不稳定变化，从而影响仪器的灵敏度。解决这一个问题的办法是采用短的电缆及驱动电缆，如图4-40所示。

当 A_0 足够大时，输出电压与 A_0 无关，只取决于输入电荷 q 和反馈电容 C_F，改变 C_F 的大小便可得到所需的电压输出。C_F 一般取值 $100 \sim 10^4$ pF。因此，在一定条件下，电荷放大器的输出电压与压电传感器产生的电荷量成正比，与电缆引线所形成的分布电容无关。从而电荷放大器彻底消除了电缆长度的改变对测量精度带来的影响，电荷式压电传感器常用的后续放大电路如图4-41所示。

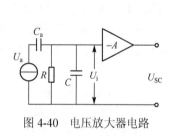

图 4-40　电压放大器电路

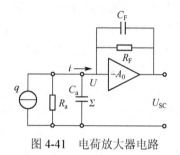

图 4-41　电荷放大器电路

4.6　磁电式传感器

4.6.1　动圈式磁电传感器

磁电式传感器是通过磁电作用把被测量的物理量转换为感应电动势的一种传感器，磁电式传感器工作原理框图见图4-42。

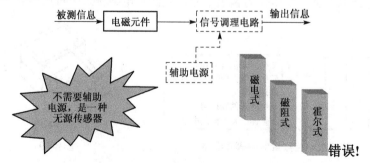

图 4-42　动圈式磁电传感器原理框图

　　根据法拉第电磁感应定律，当穿过回路的磁通量发生变化时，回路中感应电动势的大小和穿过回路的磁通量变化率成正比。磁通量 ϕ 的变化可通过多种方法来实现，如磁铁与线圈之间进行切割磁力线运动、磁路中磁阻变化、恒定磁场中线圈面积变化等。因此，可制造出不同类型的传感器，用于测量速度、扭矩等物理量。

　　一个 N 匝线圈相对地处于随时间变化的磁场中，当穿过它的磁通量 ϕ 发生变化时，线圈产生的感应电动势为

$$e = -N\frac{\mathrm{d}\phi}{\mathrm{d}t} \tag{4-41}$$

　　导体在稳恒均匀磁场中，当沿垂直磁场方向运动时，如图 4-43(a)所示，导体内产生的感应电动势为

$$e = \left|\frac{\mathrm{d}\phi}{\mathrm{d}t}\right| = NBl\frac{\mathrm{d}x}{\mathrm{d}t} = NBlv \tag{4-42}$$

式中，B 为磁场的磁感应强度；l 为单匝线圈有效长度；v 为线圈与磁场的相对运动速度。

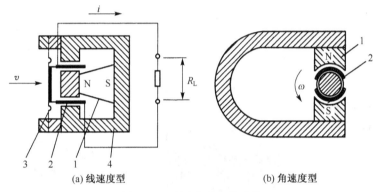

(a) 线速度型　　　　　　　　　　(b) 角速度型

图 4-43　动圈式磁电传感器

1—磁钢；2—线圈；3—膜片；4—导磁体

　　当传感器结构一定，即 N、B 和 l 均为常数，感应电动势与线圈运动速度 v 成正比。根据该原理可设计出各种相对线速度传感器。

　　当线圈进行旋转运动时，如图 4-43(b)所示，其上产生的感应电动势为

$$e = NBA\omega \tag{4-43}$$

式中，ω 为线圈与磁场相对角速度；A 为单匝线圈的截面积。

　　从式(4-43)可知传感器结构一定时，感应电动势与角速度成正比。这实际上相当于一个微型发电机，可用于测量转速，因此又常称其为测速电机。

　　磁电感应式传感器又称为磁电式传感器，是利用电磁感应原理将被测量（如振动、位移、转速等）转换成电信号的一种传感器。它不需要辅助电源，就能把被测对象的机械转换成易于测量的电信号，是一种有源传感器。由于它输出功率大，且性能稳定，具有一定的工作带宽（10～1000 Hz），所以得到广泛应用。

4.6.2　磁阻式磁电传感器

　　动圈式线速度型磁电传感器是由铁心、磁铁、线圈、杯形感应头、固定座及复位弹簧片等构成，其工作原理为杯形铁磁材料感应头沿着磁铁上下运动，使得铁心磁路磁阻发生变化，

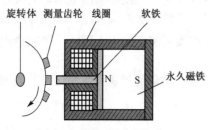

旋转体 测量齿轮 线圈 软铁

永久磁铁

图 4-44 磁阻式磁电传感器

同时环绕在杯型头外侧的线圈感应电动势也随着发生改变，依据磁阻变化和线圈电势变化，计算出杯形头的线速度，如图4-43所示。图4-44中磁阻式磁电传感器是由旋转体、测量齿轮、线圈、软铁及永久磁铁组成，磁阻式磁电传感器为开路磁阻式传感器，线圈和磁铁静止不动，测量齿轮由导磁材料制成，安装在被测旋转体上，随之一起转动，每转过一个齿，传感器磁路磁阻变化一次，线圈产生的感应电动势的变化频率等于测量齿轮上齿轮的齿数和转数的乘积。

4.6.3 传感器实例

下面各图是利用电磁感应原理设计和制造出的一些传感器实例。图4-45所示的话筒利用电磁感应把声波转化成电信号，再进行放大输出；图4-46所示的测速电机是利用电磁感应来测量电极转速；图4-47所示的动圈式传声器是由壳体、磁铁、动圈、阻尼罩及振膜组成。

图 4-45 话筒

图 4-46 测速电机

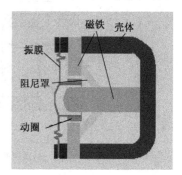

磁铁 壳体
振膜
阻尼罩
动圈

图 4-47 动圈式传声器

4.7 光电式传感器

4.7.1 光电效应

根据光的波粒二象性，可以认为光是一种以光速运动的粒子流，这种粒子称为光子。每个光子具有的能量为

$$E = hv \tag{4-44}$$

式中，v 为光波频率；h 为普朗克常数，$h = 6.63 \times 10^{-34}$ J/Hz。

用光照射某一个物体，光子能量传递给电子，并且是一个光子的全部能量一次性地被一个电子所吸收，电子得到光子传递的能量后其状态就会发生变化，从而使受光照射的物体产生相应的电效应。

光电效应有三种基本形式：内光电效应、外光电效应和光生伏特。

在光线作用下能使电子逸出物体表面的现象称为外光电效应，基于外光电效应的光电元件有光电管、光电倍增管等；

在光线作用下能使物体的电阻率改变的现象称为内光电效应。基于内光电效应的光电元件有光敏电阻、光敏晶体管等；

在光线作用下，物体产生一定方向电动势的现象称为光电伏特效应。基于光电伏特效应的光电元件有光电池等。

4.7.2　光敏电阻

光敏电阻是采用半导体材料制作，利用内光电效应工作的光电元件。由于光敏电阻在光线作用下其电阻值往往变小，因此光敏电阻又称为光导管。

光敏电阻具有很高的灵敏度，很好的光谱特性，光谱响应可从紫外区到红外区，而且体积小，重量轻，性能稳定，价格便宜，因此应用比较广泛。光敏电阻工作原理如图4-48所示。

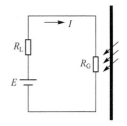

图 4-48　光敏电阻的工作原理

光敏电阻在室温和全暗条件下的稳定电阻值称为暗电阻或暗阻，此时流过的电流称为暗电流。

光敏电阻在室温和一定光照条件下的稳定电阻值称为亮电阻或亮阻，此时的电流称为亮电流。

亮电流与暗电流之差称为光电流。

光敏电阻的暗电阻越大越好，而亮电阻越小越好，这样光敏电阻的灵敏度就高。

实用光敏电阻的暗电阻往往超过 1 MΩ，而亮电阻则在几 kΩ 以下，暗电阻与亮电阻之比在 $10^2 \sim 10^6$ 之间，可见光敏电阻的灵敏度很高。

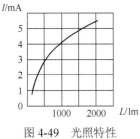

图 4-49　光照特性

1．光照特性

图4-49表示光敏电阻的光照特性，即在一定外加电压下，光敏电阻的光电流和光通量之间的关系。不同类型的光敏电阻，其光照特性是不同的。由于光照特性曲线均呈非线性，因此它不宜作为定量检测元件，这是光敏电阻的不足之处。一般在自动控制系统中用做光电开关。

2．光谱特性

光谱特性与光敏电阻的材料有关。从图4-50可知，硫化铅光敏电阻在较宽的光谱范围内均有较高的灵敏度，峰值在红外区域。因此，在选用光敏电阻时，应把光敏电阻的材料和光源的种类结合起来考虑，才能获得满意的效果。

3．伏安特性

在一定照度下，加在光敏电阻两端的电压与电流之间的关系称为伏安特性。图4-51中曲线 1、2 分别表示照度为零及照度为某值时的伏安特性。由曲线可知，在给定偏压下，光照度较大，光电流也越大。在一定的光照度下，所加的电压越大，光电流也越大，而且无饱和现象。但是电压不能无限地增大，因为任何光敏电阻都受额定功率、最高工作电压和额定电流的限制。超过最高工作电压和最大额定电流，可能会导致光敏电阻永久性损坏。

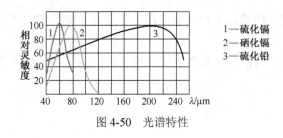

图 4-50 光谱特性

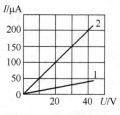

图 4-51 伏安特性

4．频率特性

当光敏电阻受到脉冲光照射时，光电流要经过一段时间才能达到稳定值，而在停止光照后，光电流也不立刻为零，这就是光敏电阻的时延特性。由于不同材料的光敏电阻时延特性不同，所以它们的频率特性也不同，如图4-52所示。硫化铅的使用频率比硫化镉高得多，但多数光敏电阻的时延都比较大，所以，硫化铅光敏电阻可用于要求快速响应的场合。

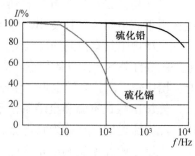

图 4-52 频率特性

5．温度特性

光敏电阻性能（灵敏度、暗电阻）受温度的影响较大。随着温度的升高，其暗电阻和灵敏度下降，光谱特性曲线的峰值向波长短的方向移动。硫化镉的光电流 I 和温度 T 的关系如图4-53所示。为了提高灵敏度或能够接受较长波段的辐射，应将元件降温使用。例如，可利用制冷器使光敏电阻的温度降低。

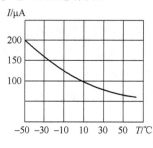

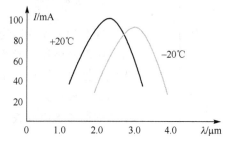

图 4-53 温度特性

4.7.3 光电池

光电池是利用光生伏特效应把光能直接转变成电能的器件。由于光电池能把太阳能直接转变成电能，因此又称为太阳能电池。光电池是基于光生伏特效应制成的发电式元件，有较大面积的 PN 结，当光照射在 PN 结上时，在 PN 结的两端会出现电动势。硅光电池价格便宜，转化效率高，寿命长，适于接受红外光。光电池原理如图4-54所示，其主要参数和基本特性如图4-55所示。

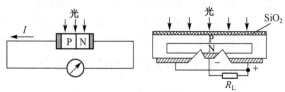

图 4-54 光电池原理

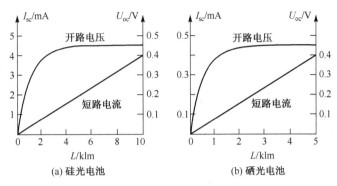

图 4-55　光电池光照特性

1．光谱特性

光电池的光谱特性取决于材料。从曲线可看出，硒光电池在可见光谱范围内有较高的灵敏度，峰值波长在 540 nm 附近，适宜测可见光。硅光电池应用的范围为 400～1100 nm，峰值波长在 850 nm 附近，因此，硅光电池可以在很宽的范围内应用，如图4-56所示。

2．频率特性

光电池的频率响应是指输出电流随调制光频率变化的关系。由于光电池 PN 结面积较大，极间电容大，故频率特性较差。图 4-57 所示的是光电池的频率响应曲线。由图可知，硅光电池具有较高的频率响应（见曲线 2），而硒光电池则较差。

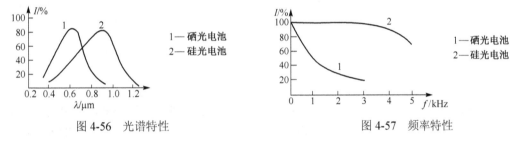

图 4-56　光谱特性　　　　　　　　　　图 4-57　频率特性

3．温度特性

光电池的温度特性是指开路电压和短路电流随温度变化的关系。从图 4-58 可以看出，开路电压与短路电流均随温度而变化，这关系到应用光电池的仪器设备是否会产生温度漂移，从而影响到测量或控制精度等指标。因此，当光电池作为测量元件时，最好能保持温度恒定，或采取温度补偿措施。

4.7.4　光敏晶体管

光敏晶体管通常指光敏二极管和光敏三极管，其工作原理也是基于内光电效应。与光敏电阻的差别仅在于光线照射在半导体 PN 结上，PN 结参与了光电转换过程。

光敏二极管的结构与一般二极管相似，不过它装在透明玻璃外壳中，其 PN 结装在管顶，可直接受到光照射。光敏二极管在电路中一般是处于反向工作状态的。

光敏二极管的光电流与照度之间呈线性关系。由于光敏二极管的光照特性是线性的，所以合适检测等方面的应用，如图4-59所示。

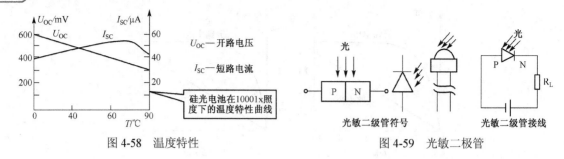

图 4-58　温度特性　　　　　　　　　图 4-59　光敏二极管

光敏三极管的结构与一般三极管很相似，具有电流增益，只是它的发射极一边制作得很大，以扩大光的照射面积，且其极不接引线。与光敏二极管相比，光敏三极管具有更高的灵敏度，如图4-60所示。

光敏晶体管主要参数和基本特性如下。

1．光谱特性

光敏晶体管存在一个最佳灵敏度的峰值波长，如图4-61所示。

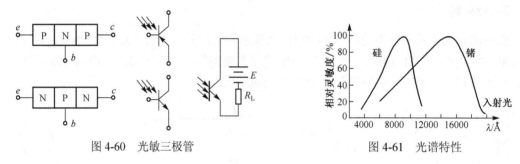

图 4-60　光敏三极管　　　　　　　　图 4-61　光谱特性

2．伏安特性

光敏三极管在不同的照度下的伏安特性，就像一般晶体管在不同的基极电流时的输出特性一样。因此，只要将入射光照在发射极 e 与基极 b 之间的 PN 结附近，所产生的光电流看做基极电流，就可将光敏三极管看做一般的晶体管。光敏三极管能把光信号变成电信号，而且输出的电信号较大，如图4-62所示。

3．光照特性

光敏三极管的输出电流与照度之间呈现了近似线性的关系。当光照足够大（几klx）时，会出现饱和现象，从而使光敏晶体管既可作为线性转换元件，也可作为开关元件，如图4-63所示。

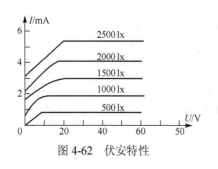

图 4-62　伏安特性

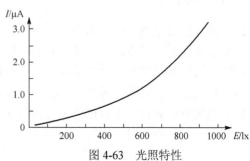

图 4-63　光照特性

4．温度特性

从特性曲线可以看出，温度变化对光电流的影响很小，而对暗电流的影响很大。所以，电子线路中应该对暗电流进行温度补偿，否则将会导致输出误差，如图4-64所示。

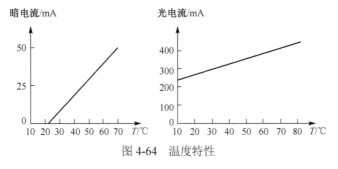

图 4-64　温度特性

4.7.5　光电管

光电管有真空光电管和充气光电管两类。两者结构相似，如图4-65所示。

1．光电管伏安特性

在一定的光照射下，对光电管的阴极所加电压与阳极所产生的电流之间的关系称为光电管的伏安特性。光电管的伏安特性如图4-66所示，它是应用光电传感器参数的主要依据。

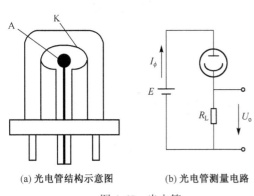

（a）光电管结构示意图　　（b）光电管测量电路

图 4-65　光电管

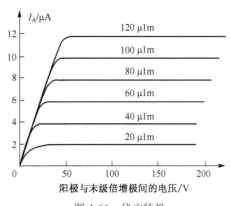

图 4-66　伏安特性

2．光电管光照特性

通常，当光电管的阳极和阴极之间所加电压一定时，光通量与光电流之间的关系为光电管的光照特性，其特性曲线如图4-67所示。曲线1为氧铯阴极光电管的光照特性，光电流与光通量成线性关系。曲线2为锑铯阴极的光电管光照特性，它成非线性关系。光照特性曲线的斜率（光电流与入射光光通量之比）称为光电管的灵敏度，如图4-67所示。

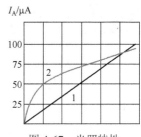

图 4-67　光照特性

3．光电管光谱特性

由于光阴极对光谱有选择性，因此光电管对光谱也有选择性。保持光通量和阴极电压不变，阳极电流与光波长之间的关系称为光电管的光谱特性。一般对于光电阴极材料不同的光电管，它们有不同的红限频率 v_0，因此可用于不同的光谱范围。除此之外，即使照射在阴极上的入射光的频率高于红限频率 v_0，并且强度相同，随着入射光频率的不同，阴极发射的光电子的数量还会不同，即同一个光电管对于不同频率的光的灵敏度不同，这就是光电管的光谱特性。所以，对各种不同波长区域的光，应选用不同材料的光电阴极。

4.7.6 光电倍增管

光电倍增管具有放大电流的能力，由光电阴极、若干倍增极和阳极三部分组成。光电阴极由半导体光电材料锑铯制成；倍增极是在镍或铜-铍的衬底上涂上锑铯材料而形成的；倍增极一般为 11～14 级，多的可达 30 级。阳极收集电子，在外电路形成电流输出。光电倍增管工作时，各个倍增极和阳极均加上电压，阴极 K 电位最低，从阴极开始，各个倍增极 D_1、D_2、D_3……电位依次升高，阳极 A 电位最高。

入射光在光电阴极上激发出光电子，由于各极间有电场存在，所以阴极激发出的光电子被加速后轰击第一倍增极，第一倍增极受到一定能量的电子轰击后，能放出更多的电子，称为"二次电子"。二次电子发射数量的多少与倍增极材料性质、表面状况、入射的一次电子能量和入射角等因素有关。光电倍增管的倍增极的几何形状设计成每个极都能接受前一极的二次电子，而在各个倍增极上顺序加上越来越高的正电压。这样，如果在光电阴极上由于入射光的作用发射出一个光电子，那么这个电子被第一倍增极的正电压所加速而轰击第一倍增极，设第一倍增极有 σ 个二次电子发出，则这 σ 个电子又被第二倍增极加速后轰击第二倍增极，所产生的二次电子又增加 σ 倍，由此经过 n 个倍增极后，原先的一个光电子将变为 σ^n 个电子，这些电子最后被阳极所收集而在外电路形成电流。构成倍增极的材料的 $\sigma=3\sim6$，设 $\sigma=4$，当 $n=10$ 时，则放大倍数为 $\sigma^n=4^{10}$，可见光电倍增管的放大倍数是很高的。光电倍增管工作原理如图4-68所示。

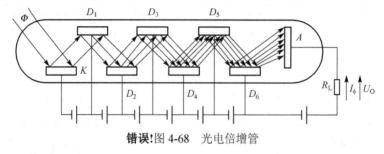

错误!图 4-68 光电倍增管

4.8 热电式传感器

温度是表征物体冷热程度的物理量，是七个基本物理量之一。热电式传感器是一种将温度变化转化为电量或电参量变化的传感器。在各种热电式传感器中，将温度转化为热电动势变化的称为热电偶传感器；将温度转化为电阻变化的称为热电阻传感器。金属热电阻式传感器简称热电阻，半导体热电阻式传感器简称热敏电阻。

4.8.1 热电偶

1. 热电效应

A、B 两种不同的导体两端相互紧密地接在一起，组成一个闭合回路，如图4-69所示，当两个接点的温度不等（$T>T_0$）时，回路中就会产生电动势，从而形成电流，这种现象通常称为热电效应。相应的输出电动势称为热电势，回路中的电流则称为热电流，导体 A 与 B 称为热电极，两个导体所组成的转换元件称为热电偶。测温时，点 1 置于被测温度场中，称为测量端（又称为工作端或热端），点 2 一般处在某一个恒定温度，称为参考端（又称为自由端或冷端）。

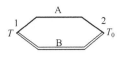

图 4-69　热电效应

热电势 E_{AB} 可通过下式计算：

$$E_{AB}(T, T_0) = \int_{T_0}^{T} \alpha_{AB} dT \tag{4-45}$$

式中，α_{AB} 为热电效应系数。

热电势由两部分组成，即接触电势和温差电势。

（1）接触电势

导体中有大量自由电子，材料不同，自由电子的浓度就不同。当两种不同的导体 A、B 接在一起时，在 A、B 的接触处就会发生电子扩散。若导体 A 的自由电子浓度大于导体 B 的

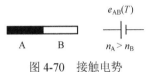

图 4-70　接触电势

自由电子浓度，那么在单位时间内，从导体 A 扩散到导体 B 的电子数要比从导体 B 扩散到导体 A 的电子数多，如图 4-70 所示，于是导体 A 将因失去电子而带正电，导体 B 则带负电。这样，在接触处便形成电位差，称其为接触电势。

（2）温差电势

σ_A 为材料 A 的汤姆逊系数（V/K），表示导体 A 两端温度差为 1℃时所产生的温差电势。如图 4-71 所示，对于一根导体，当两端温度不同时，若 $T > T_0$，则高温端的电子能量要比低温端的电子能量大，这时高温端的自由电子就要跑向低温端。因此，高温端失去电子而带正电，低温端获得电子而带负电。这样，在导体两端便形成电位差，称为温差电势。

由 A、B 两种金属组成的热电偶如图 4-72 所示，其总热电势为各个接触电势和温差电势的代数和，即

$$E_{AB}(T, T_0) = E_{AB}(T) - E_{AB}(T_0) + E_B(T, T_0) - E_A(T, T_0) \tag{4-46}$$

$$E_{AB}(T, T_0) = \frac{kT}{e} \ln \frac{n_A(T)}{n_B(T)} - \frac{kT_0}{e} \ln \frac{n_A(T_0)}{n_B(T_0)} + \int_{T_0}^{T} (\sigma_B - \sigma_A) dT \tag{4-47}$$

图 4-71　温差电势　　　　　　图 4-72　热电偶工作原理

通过对式(4-46)和式(4-47)进行分析可以得出：如果构成热电偶的两个热电材料相同，接触电势为零，即使两个连接点的温度不同，由于两条支路的温差电势相互抵消，热电偶内部的总热电势为零，因此热电偶必须采用两种不同的材料作为电极；如果两个连接点温度相等（$T = T_0$），则温差热电势为零，尽管导体 A、B 的材料不同，由于两个端点的接触热电势绝对值相等，总热电势为零，因此热电偶的两端必须具有不同的温度。

当材料固定后，回路的热电势 $E_{AB}(T, T_0)$ 只与两个连接点的温度有关系，回路的热电势是

两个连接点温度函数之差，即 $E_{AB}(T,T_0)=f(T)-f(T_0)$。

当参考端温度 T_0 固定不变时，$f(T_0)$ 为常数，此时热电势就是工作端温度 T 的单值函数，即

$$E_{AB}(T,T_0)=f(T)-C$$

由于温差电势与接触电势相差很小，故在工程技术中认为热电势近似等于接触电势。测出总的热电势后，测量温度的方法通常不是通过公式计算，而是采用查热电偶分度表的方法来确定被测温度值。所谓分度表就是将热电势与热端温度之间关系列成表格。热电偶冷端暴露于空间，受环境温度影响，热电极长度有限，冷端受到被测温度变化的影响如表 4-1 所示。

表 4-1 热电偶分度表

自由端温度为 0℃，单位：m

工作端温度 /(℃)	铂铑30-铂铑6 B	铂铑-铂 S	镍铬-镍硅（镍铬-镍铝）K	镍铬-考铜	铜-考铜	铁-考铜	铜-康铜 T
−20	0.006	−0.109	−0.77	−1.27	−0.86	−1.05	−0.752
0	0.0	0.0	0.0	0.0	0.0	0.0	0.0
20	−0.002	0.113	0.80	1.31	0.89	1.09	0.787
100	0.034	0.643	4.10	6.95	4.75	5.75	4.276
200	0.178	1.436	8.13	14.66	10.29	12.00	9.285
300	0.431	2.315	12.21	22.90	16.48	18.10	14.859
400	0.787	3.250	16.40	31.48	23.13	24.55	20.865
500	1.242	4.220	20.65	40.15	30.15	30.90	
600	1.791	5.222	24.90	49.01	37.47	37.40	
700	2.429	6.256	29.13	57.74		44.10	
800	3.152	7.322	33.29	66.36		51.15	
900	3.955	8.421	37.33				
1000	4.832	9.556	41.27				
1100	5.780	10.723	45.10				
1200	6.792	11.915	48.81				
1300	7.858	13.116	52.37				
1400	8.967	14.313					
1500	10.108	15.504					
1600	11.268	16.688					
1700	12.431						
1800	13.582						

注：铂铑合金：Pr 90%，Rh 10%
镍铬合金：Ni 90%，Cr 9.7%，Si 0.3%；
镍铝合金：Ni 94.8%，Al 2.0%，Mn 2.0%，Fe 0.2%，Si 1%；
考铜：Cu 56~57%，Ni 43~44%；
康铜：Cu 60%，Ni 40%。

2．热电偶的基本定律

（1）中间导体定律

在热电偶回路中，只要接入的第三导体两端温度相同，则对回路的总的热电动势没有影响，如图 4-73 所示。

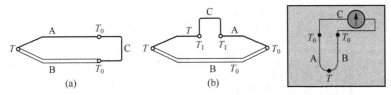

图 4-73　热电偶的中间导体定律

（2）中间温度定律

热电偶 AB 的热电势仅取决于热电偶的材料和两个连接点的温度，而与温度沿热电极的分布及热电极的参数和形状无关，如图4-74所示。

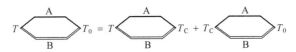

图 4-74　热电偶的中间温度定律

中间温度定律表明，当在原来热电偶回路中分别引入与导体材料 A、B 具有相同热电特性的材料 C、D，即引入所谓补偿导线时，只要它们之间连接的两点温度相同，则总回路的热电动势与两个连接点的温度无关，只与热电偶两端的温度有关。

（3）标准电极定律

当热电偶回路的两个连接点温度为 T、T_0 时，用导体 AB 组成的热电偶的热电势等于热电偶 AC 和热电偶 CB 的代数和，如图4-75所示。

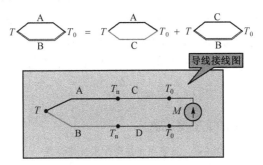

图 4-75　热电偶标准电极定律

3. 常用热电偶及分类

工程上用于热电偶的材料应满足以下条件：热电势变化尽量大，热电势与温度关系尽量接近线性关系，物理、化学性能稳定，易加工，复现性好，便于成批生产，有良好的互换性。

目前国际上被公认比较好的热材料只有几种。国际电工委员会（IEC）向世界各国推荐了 8 种标准化热电偶。标准化热电偶已列入工业标准化文件中，具有统一的分度表。我国从 1988 年开始采用 IEC 标准生产热电偶。

4. 常用热电偶结构

普通型结构热电偶工业上使用最多，如图4-76所示，工业热电偶由接线盒、保险套管、绝缘套管及热电偶丝组成。图4-77所示的是实际工业热电偶的图片。

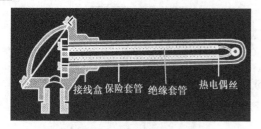

图 4-76　工业热电偶的结构

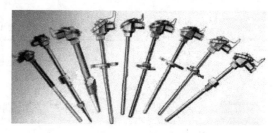

图 4-77　工业热电偶

4.8.2　热电阻

1．金属热电阻

大多数金属材料的电阻随温度的升高而增加，但作为热电阻的金属材料，其电阻温度系数 α 值要高且保持常值，电阻率 ρ 要大，以减小热惯性（元件尺寸小）。在使用温度范围内，材料的物理化学性能稳定，工艺性好。常用的金属热电阻材料有铂、铜、镍、铟、锰、铁等。

金属热电阻的基本特性参数如下。

（1）标称电阻：标称电阻是指金属热电阻在 0℃时的电阻值，用 R_0 表示。

（2）分度表与分度号：分度表是指以表格形式表示热电阻的电阻-温度对照表；分度号是指分度表的代号，一般用热电阻金属材料的化学符号和 0℃时的电阻值表示。例如，Pt100 表示金属材料为铂，标称电阻为 100 Ω。

（3）温度测量范围及允许偏差范围：热电阻的温度测量范围及用温度表示的允许偏差 E_t（0℃）如表 4-2 所示。例如，A 级允许偏差不适用于采用二线制的铂热电阻，对 $R_0 = 100\ \Omega$ 的铂热电阻，A 级允许偏差不适用于 $t < 650℃$ 的温度范围。

（4）百度电阻比：热电阻在 100℃时的电阻值 R_{100} 与标称电阻 R_0 之比，用 W_{100} 表示。

$$W_{100} = \frac{R_{100}}{R_0}$$

显然，W_{100} 越大，热电阻的灵敏度越高。

表 4-2　热电阻测量范围及允许偏差

热电阻名称		测量范围/℃	分度号	标称电阻/Ω	允许偏差 E_t/℃
铂热电阻	A 级	−200～850	Pt10	10	± (0.15+0.002t)
			Pt100	100	
	B 级		Pt10	10	± (0.30+0.002t)
			Pt100	100	
铜热电阻		−50～150	Cu50	50	± (0.30+0.005t)
			Cu100	100	

（5）热响应时间：当温度发生阶跃变化时，热电阻的电阻值变化到相当于该阶跃变化的某个规定百分比所需要的时间，称为热电阻的热响应时间，通常用 $\tau(s)$ 表示。τ 的大小与热电阻的结构、尺寸和材料有关，而且还与被测介质的放热系数、比热等工作环境有关。τ 值越小，表示热电阻的响应特性越好。

（6）额定工作电流：指热电阻连续工作所允许通过的最大电流，一般为 2～5 mA。

2．铂热电阻

由于铂的物理和化学性能稳定，抗氧化能力强，电阻率高，且材料易于提纯，复制性和工艺性好，因此作为测温电阻十分理想。在国际实用温标中，从−259.34℃～630.74℃温度范围内，以铂电阻温度计作为标准仪器。铂热电阻分为低、中、高不同的温度区段，测量精度可达 1×10^{-3} K。

铂热电阻温度计通常是将 0.02～0.07 mm 的铂丝卷绕在云母片上，并使其长度调节为 0℃时电阻值为固定值。在常温下，其电阻率为 1.06×10^{-7} Ω/cm，温度系数为 3.92×10^{-3}(℃)$^{-1}$。由于铂热电阻价格贵，受磁场影响大，温度系数小，在 20 K 以下灵敏度差，在还原介质中易被玷污而变脆，因此常用保护套管保护。图4-78所示的是其结构示意图。

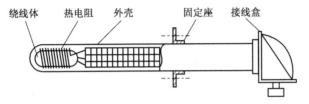

错误!图 4-78　铂热电阻温度计结构示意图

铂热电阻的电阻值与温度之间的关系接近于线性，被测温度在 0～630.73℃范围内可用下式表示：

$$R_t = R_0(1 + At + Bt^2) \tag{4-48}$$

被测温度在−190℃～0℃范围内可用下式表示：

$$R_t = R_0\left[1 + At + Bt^2 + C(t-100)t^3\right] \tag{4-49}$$

式中，R_t 为 t℃时铂热电阻的电阻值；R_0 为铂热电阻的标称电阻值（0℃时的电阻值）；t 为任意温度；A、B、C 为温度系数。经由实验确定，$A = 3.9684\times10^{-3}$(℃)$^{-1}$，$B = -5.847\times10^{-7}$(℃)$^{-1}$，$C = -4.22\times10^{-12}$(℃)$^{-1}$。

铂热电阻一般采用小电流工作方式。由于热电阻中通过的工作电流很小，自身发热小，因此热电阻的阻值完全随被测温度而变化，如工业用热电阻测温计工作电流一般小于 6 mA，能限制自热造成的测量误差在 0.1℃以内。

3．铜热电阻及其他金属热电阻

在测温精度要求不高、测温范围较小的情况下，可采用铜热电阻。在−50℃～150℃的温度范围内，铜热电阻的电阻值与温度成线性关系，其电阻值与温度的关系可表示为

$$R_t = R_0(1 + At) \tag{4-50}$$

式中，$A = 4.25\times10^{-3}\sim4.28\times10^{-3}$(℃)$^{-1}$。

铜热电阻的特点是电阻温度系数较大，电阻率仅为铂的 1/6 左右，价格低廉，互换性好，固有电阻小，体积较大。铜热电阻的使用范围为−50℃～150℃，高于 100℃时易被氧化，因此仅适用于温度较低和没有腐蚀性的介质中。

铂、铜热电阻不宜用于超低温测量。近年来开发出一些新颖的热电阻材料，制作出的热电阻适用于超低温测量。例如，铟热电阻的测量范围为−296℃～258℃，精度高，灵敏度是铂热电阻的 10 倍，但复现性差；锰热电阻的测量范围为−271℃～−210℃，灵敏度高，但易损坏。

4．热电阻的测量电路

热电阻温度计的测量电路最常用的是电桥电路。如果热电阻安装的位置与仪表相距较远，

当环境温度变化时，其连接导线电阻也要变化。为了消除引线引起的测量误差，精密测量时采用三线连接法和四线连接法，如图4-79和图4-80所示。

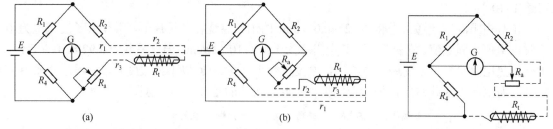

图 4-79　热电阻测量电桥的三线连接法　　　　图 4-80　热电阻测量电桥的四线连接法

图4-79所示的是热电阻的三线连接法，G 为指示电表，R_1、R_2、R_4 为固定电阻，R_a 为调节电阻。热电阻通过阻值分别为 r_1、r_2、r_3 的三根导线和电桥连接，r_2 和 r_3 分别接在相邻的两臂，当温度变化时，只要它们的长度和电阻温度系数相同，其电阻的变化就不会影响电桥的状态，即不会产生温度测量误差。三线连接法的缺点是可调电阻的接触电阻和电桥臂的电阻连接，可能导致电桥的零点不稳。

4.9　气敏传感器

人们的日常生活和生产活动与周围的空气紧密相关。空气环境的变化会给人类带来极大的影响，如近年来，酸雨、温室效应、臭氧层破坏成了严重的化境问题，威胁着人类的生存，引起全人类的关注。随着人类环境保护意识的加强，保护人类生存的自然环境，预防不幸事故的发生，需要对各种有毒有害气体或可燃性气体、食品等加以检测，为此气敏传感器得到了广泛的应用。

气体传感器是对气体（多为空气）中所含特定的气体成分（即待测气体）的物理或化学性质迅速感应，并把这一感应状态转换为适当的电信号，从而提供有关待测气体是否存在及其浓度大小信息的传感器。

气体传感器有各种不同的分类方法。从检测对象可分为可燃性气体传感器、毒气传感器、氧气传感器与水蒸气传感器等；从测量信号的方式可分为电流测定型、电位测定型等，但更多的是从气体分子与传感器检测元件间的相互作用来分类，具体分类如下所述。

（1）利用待测气体的物理吸附的气敏元件，如湿度传感器。其检测方法有两种：一种是利用吸附水的质子传导作用引起表面电导率变化，从而获得电信号；另一种是由吸附水引起电容变化，再由静电电容的变化取得电信号。

（2）利用待测气体的化学吸附与反应的气敏元件，属于这类的主要是对可燃气体敏感的气敏半导体元件，它利用吸附分子的表面化学反应引起表面附近的电子或空穴浓度变化而使表面电导率变化。

（3）利用气体成分的反应性，如催化燃烧式可燃性气体传感器。它利用可燃气在元件表面催化燃烧时因温升而引起的铂键电阻变化，从而测出可燃气体的浓度。

（4）利用待测气体对固体的分配平衡，如半导体氧敏元件和体电导型半导体可燃性气体敏感元件。

（5）利用气体成分的选择性透过，如固体电解质氧敏元件。

4.10　固态图像传感器

图像传感器是一种集成性半导体光敏传感器，它以电荷转移器件为核心，包括光电信号转换、传输和处理等部分。由于图像传感器具有体积小、重量轻、结构简单和功耗小等优点，使得该传感器不仅在传真、文字识别、图像识别领域被广泛应用，而且在现代测控技术中检测物体的有无、形状、尺寸、位置等方面也具有优越性。

电荷耦合器件 CCD 是一种在 MOS 器件基础上发展起来的前行电荷转移器件，具有光电转换、信号储存和信号传输的功能，除用做固体摄像器件外，在信息处理与信息存储方面的应用也很广泛，发展迅速，如图 4-81 所示。

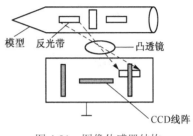

图 4-81　图像传感器结构

4.11　霍尔传感器

4.11.1　工作原理

霍尔传感器是利用半导体材料的霍尔效应进行测量的一种传感器。所谓霍尔效应，是指当磁场作用于载流金属导体和半导体中的载流子时，产生横向电位差的物理现象。霍尔效应的原理图如图 4-82 所示。

霍尔传感器可以直接测量磁场及微位移量，也可以间接测量液位、压力等工业生产过程参数。目前，霍尔传感器已从分立元件发展到了集成电路的阶段，正越来越受到人们的重视，应用日益广泛。

图 4-83(a)所示的是典型的微位移测量原理的示意图。当霍尔元件位于两片磁铁中心点时，霍尔元件的输出电压等于零。如果霍尔元件沿着 z 轴移动一个 Δz，则霍尔元件产生一个小于零的负电压输出，电压的幅值与位移 Δz 的大小成正比，Δz 越大，输出电压的幅值也就越大；反之，如果霍尔元件沿 z 轴移动一个 Δz，那么霍尔元件就输出一个正电压，电压幅值同样与 $-\Delta z$ 成正比，即图 4-83(b)所示的是电压输出 U_H 与霍尔元件相对位置变化 Δz 的关系图。

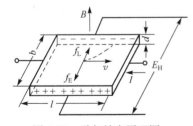

图 4-82　霍尔效应原理图

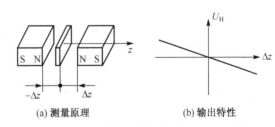

(a) 测量原理　　　　(b) 输出特性

图 4-83　微位移测量原理及其输出特性

图 4-84 所示的是典型的基于霍尔元件的转速测量原理图，其中左图的磁铁是安装在转盘的中部，右图是安装在转盘的边沿。其基本工作原理为：在转盘的端面安装四个永磁体，把霍尔元件固定安装在转盘的边侧，当转盘旋转时，若永磁体转过霍尔元件，则霍尔元件就会产生一个电压脉冲输出，将霍尔元件的输出与计数电路单元相连，通过计算脉冲数，就能求出转盘的转动速度。具体计算公式为

$$n = 60f / N \tag{4-51}$$

其中，f为脉冲频率；N为转盘上的永磁体个数；n为转盘的转速。

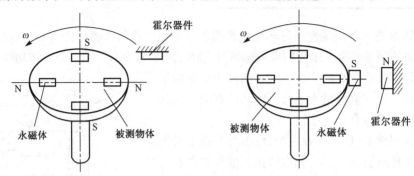

图 4-84 转速测量原理

图4-85所示的是一个实际的转速测量整形电路。电路由霍尔元件及 uP741 运算放大器组成，霍尔元件把转盘上的磁铁转动信号转变成脉动的电压信号，再由 uP741 对霍尔元件输出电压进行放大整形，得出一个波形规整的电压脉冲序列，然后再根据式(4-51)求出转速。

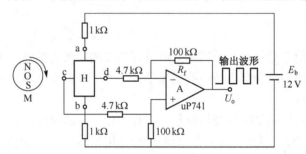

图 4-85 基于霍尔元件的转速测量电路

4.11.2 霍尔传感器实例

图4-86和图4-87所示的是霍尔传感器的应用实例，分别为测量压力、速度和转速的原理图。其中图4-86反映的是霍尔元件与永磁体的相对运动关系图，图(a)是磁体与霍尔元件相向移动；图(b)是霍尔元件与永磁体上下移动；图(c)是霍尔元件静止，永磁体转动；图(d)是永磁体与霍尔元件之间加有铁磁材料，其作用就是遮断磁路。图 4-87 所示的是一种永磁体与霍尔元件的安装形式，可以实现转速测量，其安装方式与图4-84中的不同。

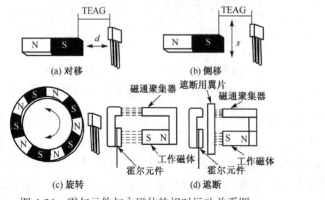

图 4-86 霍尔元件与永磁体的相对运动关系图

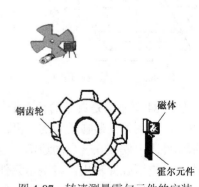

图 4-87 转速测量霍尔元件的安装

4.12　微型传感器

4.12.1　MEMS 技术与微型传感器

微型传感器的诞生依赖于微机电系统（Micro Elector-Mechanical System，MEMS）技术的发展。MEMS 概念起源于美国物理学家、诺贝尔奖获得者 Richard P. Feynman 在 1959 年提出的微型机械的设想，是当今高科技发展的热点之一。

完整的 MEMS 是由微传感器、微执行器、信号处理和控制电路、通信接口电源等部件组成的一体化的微型器件系统，如图4-88 所示。

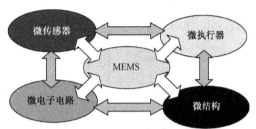

微机电系统典型的特性有：①微型化零件；②由于受制造工艺和方法的限制，结构零件大部分分为两维、扁平零件；③系统所用材料基本上为半导体材料；④机械和电子被集成为相应独立的子系统，如传感器、执行器和处理器。

MEMS 器件制造中的四种主流技术：① 超精密加工及特种加工；② 表面微加工；③ 体微加工；④ LIGA 技术。

图 4-88　MEMS 系统原理与构成

随着 MEMS 技术的迅速发展，作为微机电系统的一个构成部分的微传感器也得到了长足的发展。微型传感器是利用集成电路工艺和微组装工艺，基于各种物理效应的机械、电子元器件集成在一个基片上的传感器。微型传感器是尺寸微型化了的传感器，但随着系统尺寸的变化，它的结构、材料、特性乃至所依据的物理作用原理均可能发生变化。

与一般传感器相比，微型传感器具有以下特点：① 空间占有率小，对被测对象的影响小，能在不扰乱周围环境，接近自然的状态获取信息；② 灵敏度高，响应速度快，由于惯性和热容量极小，仅用极少的能量即可产生动作或温度变化，分辨率高，能实时地把握局部的运动状态；③ 便于集成化和多功能化，能提高系统的集成密度，可以用多种传感器的集合体把握微小部位的综合状态量；也可以把信号出路电路和驱动电路与传感元件集成于一体，提高系统性能，并实现智能化和多功能化；④ 可靠性高；⑤ 消耗电力小，节省资源和能量；⑥ 价格低廉。

4.12.2　压阻式微型传感器

压阻式微型传感器根据半导体材料的压阻效应，利用扩散工艺制作的四个半导体应变电阻处于同一硅片上，具有工艺一致性好，灵敏度相等，漂移抵消，迟滞、蠕变非常小，动态响应快的特点。

压阻式微型传感器的一个典型应用是测试压力。图4-89 所示的是压阻式微型压力传感器的详细结构，其中在硅基框架上形成有硅薄膜层，通过扩散工艺在该膜层上形成半导体压敏电阻。当膜片受压力作用时，引起压敏电阻的电阻值变化，经与之相连的电桥电路可将这种阻抗的变化转换为电压值的变化。

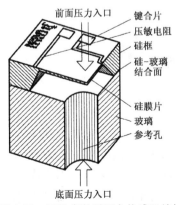

图 4-89　压阻式微型压力传感器结构

图 4-90 所示的是一种压阻式微型压力传感器的测试单元。传感器中的硅片起着敏感压力的作用，当有压力作用时，它产生弯曲，从而其上下表面会发生伸展和压缩现象。在这些会出现伸长和压缩的位置上通过扩散和离子植入进行掺杂，从而形成相应的电阻，这些电阻会随之伸长和压缩。有时为进行温度补偿，还在同一硅片上形成温度补偿电阻，与工作电阻一起接在电桥电路中，以补偿受温度影响而产生的阻值变化。图 4-91 所示的是用于管道测量的微型传感器测试单元，其中硅片微型传感器被置于一个油室中，被测压力经一个钢弹性膜片传至内室中，由微型传感器来测试。

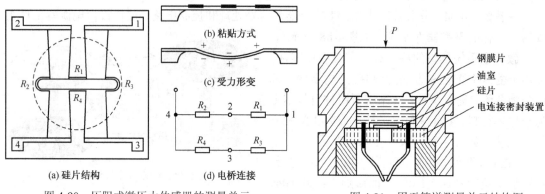

图 4-90 压阻式微压力传感器的测量单元 　　　　图 4-91 用于管道测量单元结构图

4.12.3 电容式微型传感器

电容式微型传感器是利用蚀刻法制成的硅传感器，它的优点是耗能少，灵敏度高输出信号受温度影响小，常用于压力、流量和加速度的测量。图 4-92 所示的是一种基于压差作用检测微流量的电容式微流量传感器，利用蚀刻法形成一个微型腔，型腔上端是入流通道，下端是出流通道，左边入口的压力是 P_1，出口压力是 P_2，通过检测压差变化对微型腔电容的影响，就可测出流量的变化。

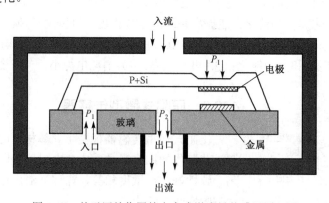

图 4-92 基于压差作用的电容式微流量传感器原理图

电容式微压力传感器的结构通常为双层平行板电容器，如图4-93所示。上极板为几微米厚的硅胶、聚合物、氮化硅、金属或陶瓷薄膜；下极板以硅胶、玻璃或其他绝缘性材料为衬底，表面覆盖有一层厚度为几百微米的绝缘层。膜片可以采用圆形膜片，也可以采用方形膜片，上膜片是受力面，当有外界压力作用在上膜片时，上膜片就会产生一定量的形变，从而导致平行板电容器的电容量发生改变。通过电容的改变，反推出形变大小，进而求出压力。

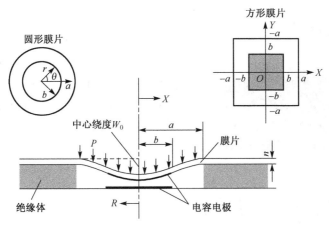

图 4-93 电容式传感器原理结构图

4.12.4 电感式微型传感器

电感式微型传感器的典型应用是微型磁通门式磁强计，其工作原理如图 4-94 所示。磁通门式磁强计由绕向相反的一对激励线圈和检测线圈组成，磁心工作在饱和状态。被测磁场为零时，在激励线圈中通以正弦交变电流，由于两个磁心上的线圈绕向相反，故在磁心中的磁通量大小相等、方向相反，在检测线圈中无电压被检测到。而当被测磁场不为零时，由于磁场叠加的结果，使两个磁心中的磁场对称性受到破坏，从而在检测线圈中检测到产生的感应电动势。

图 4-95 示出了微型磁通门式磁强计的实例，其中螺线管线圈有两种类型。一种是使用各向异性腐蚀法在硅片上制作一个凹槽，并用电子束光刻直接在槽内制作金属线圈，然后用电镀工艺制作棒状磁心。另一种工艺并不刻蚀凹槽结构，而是将整个螺线管线圈制作在衬底上，因此工艺相对简单，而且也可将传感器的接口电路与线圈集成在一块芯片上。接口电路使用 CMOS 工艺制造，具有包括磁心的激励和信号检测的完整功能。磁心尺寸为 2.3 mm × 0.5 mm × 4 μm。为减小后继热处理对磁心性能的影响，在磁心材料中加入了钢元素。热处理后磁心的有效磁导率达到了 1000。线圈匝数从 24 匝到 100 匝不等，传感器以 3 MHz 的频率激励，在 $-100\ \mu T \sim$ 100 μT 的磁场范围内，灵敏度最高可达 2700 V/T，分辨率为 4×10^{-8} T。

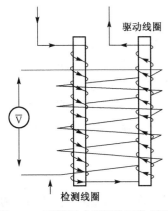

图 4-94 磁通门式磁强计工作原理

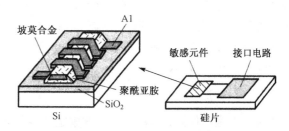

图 4-95 磁通门式磁强计实例

4.12.5 微型传感器例

图 4-96 微型传感器实例

图 4-96 所示的是 Analog Devices 公司 1990 推出的首个采用 MEMS 技术制成的商业化微型加速度计产品，产品外观如图 4-96(a)所示，全封装器件如图 4-96(b)所示。其外形尺寸小于 1 cm^2，采用电容式传感极板，深度为 60 微米，直径为 1 mm，重量为 12.5 mg，最大转速为 18 000 r/min，最大力矩为 1.5 μNm。

4.13 传感器的选用原则

如何根据测试目的和实际条件，合理地选用传感器，是测试过程中经常会遇到的问题。本节在前述测量与传感器知识的基础上，对合理选用传感器的注意事项进行一下概略性介绍。

1．灵敏度

一般事讲，传感器灵敏度越高越好，因为灵敏度越高，就意味着传感器所能感知的变化量越小，因此当被测量产生微小变化时，传感器就有较大的输出。但是应考虑到，灵敏度越高，与测量信号无关的外界干扰也越容易混入，并被放大装置所放大。因此，必须考虑既要检测微小量值，又要防止干扰。这就要求系统具有高的信噪比，即传感器本身噪声小，且不易从外界引入干扰。

此外，与灵敏度紧密相关的是测量范围。除非有专门的非线性校正措施，最大输入量不应使传感器进入非线性区域，更不能进入饱和区域。

2．响应特性

在所测频率范围内，传感器的响应特性必须满足不失真测量条件。此外，实际传感器的响应总有一定迟延，为了保证测量不失真，总希望迟延时间越短越好。

一般来讲，利用光电效应、压电效应等物性型传感器，响应较快，工作频率范围宽。而对于结构型传感器，如电感、电容、磁电式传感器等，往往由于结构中的机械系统惯性的限制，其固有频率低，工作频率较低。在动态测试中，传感器的响应特性对测试结果有直接影响，在选用传感器时，应充分考虑到被测物理量的变化特点（如稳态、瞬变、随机等）。

3．线性范围

任何传感器都有一定的线性范围，在线性范围内输出与输入成比例关系。线性范围越宽，表明传感器的工作量程越大。使传感器工作在线性区域内，是保证测试精确度的基本条件。例如，测力弹性元件，其材料的弹性限是决定测力量程的基本因素，当超过弹性限时，将产生线性误差。同时应该看到，任何传感器都不可能保证其绝对线性，通常在许可限度内，可以在其近似线性区域内使用。因此，选用传感器时，必须考虑被测物理量的变化范围，令其线性误差在允许范围以内。

4．可靠性

可靠性是指仪器、装置等产品在规定的条件下，在规定的时间内可完成规定功能的能力。只有产品的性能参数（特别是主要性能参数）均处于规定的误差范围内，方能视为可完成规定的功能。

为了保证传感器在应用中具有高的可靠性，事前必须选用设计与制造良好，使用条件适宜的传感器。使用过程中应严格保持规定的使用条件，尽量减小使用条件的不良影响。例如，电阻应变式传感器，湿度会影响其绝缘性，温度会影响其零漂，长期使用会产生蠕变现象。又如，对于变间隙型的电容传感器，环境湿度或浸入间隙的油剂，会改变介质的介电常数；光电传感器的感光表面有尘埃或水汽时，会改变光通量、偏振性或光谱成分。对于磁电式传感器或霍尔效应元件等，当在电场、磁场中工作时，也会带来测试误差。在机械工程中，有些机械系统或自动化加工过程，往往要求传感器能长期使用而不需要经常更换或校准，其工作环境往往又比较恶劣，存在尘埃、油剂、温度、振动等严重干扰。例如，热轧机系统中控制钢板厚度的 γ 射线检测装置，用于自适应磨削过程的测力系统或零件尺寸的自动检测装置等。在这些情况下，都对传感器的可靠性提出了更加严格的要求。

5．精确度

传感器的精确度表示传感器的输出与被测真值一致的程度。传感器处于测试系统的输入端，因此，传感器能否真实地反映被测值，对整个测试系统具有直接影响。然而，传感器的精确度也并非越高越好，还应考虑到经济性。传感器精确度越高，价格就越昂贵。因此应从实际出发，尤其应从测试目的出发来选择。首先应了解测试目的，判定是定性分析还是定量分析。如果是属于相对比较的定性试验研究，只须获得相对比较值即可，无须要求绝对量值。如果是定量分析，则必须要获得精确值，因此要求传感器有足够高的精确度。例如，为了研究超精密切削机床运动部件的定位精确度、主轴回转运动误差、振动及热变形等，往往要求测量精确度在 $0.1 \sim 0.01\ \mu m$ 范围内。欲测得这样量值，必须采用高精确度的传感器。

6．测试方式

传感器在实际条件下的工作方式，如接触式与非接触式测试、在线与非在线测试等，也是选用传感器时应考虑的重要因素。工作方式不同，对传感器的要求也不同。在机械系统运动部件的测试中（如回转轴的回转误差、振动、扭力矩等），往往需要非接触测试。因为对部件的接触式测试不仅会造成对被测系统的影响，而且还存在诸如测量头的磨损、接触状态的变动等问题。而采用电容式、涡电流式等非接触式传感器，将会更加方便。若选用电阻应变片，则需要配以遥测应变仪或其他装置。

在线测试是与实际情况更接近一致的测试方式。特别是自动化过程的控制与检测系统，必须在现场实时条件下进行检测。实现在线检测是比较困难的，对传感器及测试系统都有一定的特殊要求。例如，在加工过程中，若要实现表面粗糙度的在线检测，光切法、干涉法、触针式轮廓检测法等都不能运用，取而代之的是激光检测法。研制新型的在线检测传感器，也是当前测试技术发展的一个重要方面。

4.14　思考题与习题

4-1　什么是传感器，传感器的共性是什么？试论述传感器技术的发展趋势。

4-2　应变电阻式传感器的工作原理是什么？

4-3　电阻应变片的种类有哪些？各有何特点？

4-4　引起电阻应变片温度误差的原因是什么？电阻应变片的温度补偿方法有哪些？

4-5　根据工作原理不同，电感式传感器可分为哪些种类？

4-6 试分析变气隙厚度的变磁阻式电感式传感器的工作原理。

4-7 试分析差动变压器式传感器的工作原理。

4-8 根据电容传感器工作时变换参数的不同，可以将电容式传感器分为哪几类？各有何特点？

4-9 某电容传感器（平行极板电容器）的圆形极板半径 $r = 4$ mm，工作初始极板间距离 $\delta_0 = 0.3$ mm，介质为空气。问：

（a）如果极板间距离变化量 $\Delta\delta = \pm 1$ μm，电容的变化量 ΔC 是多少？

（b）如果测量电路的灵敏度 $k_1 = 100$ mV/pF，读数仪表的灵敏度 $k_2 = 5$ 格/mV，则当 $\Delta\delta = \pm 1$(μm)时，读数仪表的变化量为多少？

4-10 什么是压电效应？什么是逆压电效应？

4-11 什么是压电式传感器？它有何特点？其主要用途是什么？

4-12 试分析压电陶瓷的压电效应机理。

4-13 压电陶瓷的主要指标有哪些？其各自含义是什么？

4-14 试分析压电式传感器的等效电路。

4-15 简述变磁通式和恒磁通式磁电感应式传感器的工作原理。

4-16 为什么磁电感应式传感器的灵敏度在工作频率较高时，将随频率增加而下降？

4-17 什么是外光电效应、内光电效应、光生伏特效应和光电导效应？

4-18 光电器件中的光照特性、光谱特性分别描述的是光电器件的什么性能？

4-19 试述光敏电阻、光敏晶体管、光电池的器件结构和工作原理。

4-20 当光源波长为 $0.8 \sim 0.9$ μm 时，宜采用哪种材料的光敏元件进行测量？

4-21 叙述电荷耦合器件的结构和存储电荷与转移电荷的工作过程。

4-22 热电偶冷端温度对热电偶的热电势有什么影响？为了消除冷端温度影响，可采用哪些措施？半导体热敏电阻的主要优缺点是什么？在电路中是怎样克服的？

4-23 PN 结为什么可以用来作为温敏元件？

4-24 集成温度传感器的测温原理，有何特点？

4-25 如果需要测量 1000℃和 20℃的温度，分别宜采用哪种类型的温度传感器？

4-26 采用一只温度传感器能否实现绝对温度、摄氏温度、华氏温度的测量？怎样做？

4-27 热电阻传感器主要分为几种类型？它们应用在什么不同场合？

4-28 什么叫热电动势、接触电动势和温差电动势？说明热电偶测温原理及其工作定律的应用。分析热电偶测温的误差因素，并说明减小误差的方法。

4-29 某热敏电阻 0℃时电阻为 30 kΩ，若用来测量 100℃物体的温度，其电阻为多少？设热敏电阻的系数 B 为 3450 K。

4-30 与人体体温（36℃）相同的黑体，其热辐射的分光辐射辉度为最大时波长为多少？

4-31 试分析气敏传感器的工作原理，气敏传感器有哪些种类？

4-32 简述固态图像传感器的工作原理。

4-33 什么是霍尔效应？霍尔电势的大小与方向和哪些因素有关？影响霍尔电势的因素有哪些？

4-34 集成霍尔器件有哪几种类型？试画出其输出特性曲线。

4-35 试证明霍尔式位移传感器的输出与位移成正比。

4-36 霍尔元件能够测量哪些物理参数？霍尔元件的不等位电势的概念是什么？温度补偿的方法有哪几种？

4-37 什么是微型传感器？微型传感器有何特点？

4-38 传感器选用原则都有哪些？

信号调理及记录仪器

工程背景

信号调理及记录仪器是传感器的核心组成部件。当传感器的敏感器件把待测对象的变化测量出来以后，这种信号的属性往往是十分微弱的，无法直接与后续处理电路连接，必须要通过中间处理电路进行信号放大与转换。因此，只有站在有利于信号提取测量的角度，确定合适的接口电路，才能对信号进行正确的分析处理。记录是测量结果的有效凭据，表明测量电路的工作状态是不是处于正常，以备日后检查和数据分析统计。本章就是旨在对传感器敏感元件输出后端处理进行研究分析，为构成测量系统做准备。

内容提要

本章主要讲述传感器信号调理的一些基本方法与硬件电路，包括如何利用放大电路对敏感信号进行处理，信号的传输方法，如何调制与解调，以及有关测量电桥的典型电路和常用的各种滤波方法与电路。最后，介绍了有关数据记录方法与设备。

5.1 信号放大电路

一般来说，信号是信息的载体。例如，声音信号可以传递语言、音乐或其他信息；图像信号可以传达人类视觉系统能够接受的图像信息。但声音或图像信号无法直接传递给电子电路系统，需要先用传感器把它转换为电信号，然后送到电子电路系统中去进一步放大处理。

5.1.1 运算放大器

运算放大器（Operational Amplifier，简称"运放"）是具有一定放大倍数的电路单元。运算放大电路的符号如图 5-1 所示。图 5-1(a)、(b)、(c)所示的是几种不同的表述形式，但其实质是完全相同的。

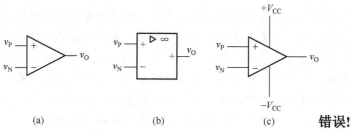

(a)   (b)   (c)   **错误!**

图 5-1　运算放大电路符号

运算放大器是具有两个输入端和一个输出端的高增益、高输入阻抗的电压放大器。若在它的输出端和输入端之间加上反馈网络就可以组成具有各种功能的电路。当反馈网络为线性电路时可实现乘、除等模拟运算功能。运算放大器可进行直流放大，也可进行交流放大。

运算放大器的主要技术指标，大体上可以分为输入误差特性、开环差模特性、共模特性、输出瞬态特性和电源特性。

运算放大电路的基本形式有：反相放大器、同相放大器、电压跟随器和加法器。

常见运算放大器的应用电路如下所述。

1. 反相输入比例运算

反相输入比例运算电路如图 5-2 所示。由于运放的同相端经电阻 R_2 接地，利用"虚断"的概念，该电阻上没有电流，所以没有电压降，即运放的同相端是接地的。根据"虚短"的概念，同相端与反相端的电位相同，所以反相端也是接地的，由于没有实际接地，所以称为"虚地"。

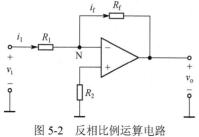

图 5-2　反相比例运算电路

根据"虚断"的概念，由图 5-2 得 $i_1 = i_f$。

利用"虚地"概念，可得

$$i_1 = \frac{v_i - v_N}{R_1} = \frac{v_i}{R_1} \tag{5-1}$$

$$i_f = \frac{v_N - v_o}{R_f} = -\frac{v_o}{R_f} \tag{5-2}$$

整理后得

$$v_{\mathrm{o}} = -\frac{R_{\mathrm{f}}}{R_1}v_{\mathrm{i}} \tag{5-3}$$

虽然集成运放有很高的输入电阻，但是并联反馈减小了输入电阻，这时的输入电阻 $R_{\mathrm{i}} = R_1$。

2．同相比例运算电路

同相比例运算电路如图5-3(a)所示，利用"虚断"的概念，有 $i_1 = i_{\mathrm{f}}$。

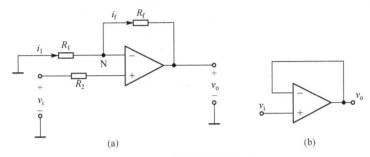

(a) (b)

图 5-3 同相比例运算电路

利用"虚短"的概念，可得

$$i_1 = \frac{0 - v_{\mathrm{N}}}{R_1} = \frac{-v_{\mathrm{P}}}{R_1} = \frac{v_{\mathrm{i}}}{R_1} \tag{5-4}$$

$$i_{\mathrm{f}} = \frac{v_{\mathrm{N}} - v_{\mathrm{o}}}{R_{\mathrm{f}}} = \frac{v_{\mathrm{i}} - v_{\mathrm{o}}}{R_{\mathrm{f}}} \tag{5-5}$$

最后，得到输出电压的表达式为

$$v_{\mathrm{o}} = \left(1 + \frac{R_{\mathrm{f}}}{R_1}\right)v_{\mathrm{i}} \tag{5-6}$$

由于是串联反馈电路，所以输入电阻很大，理想情况下 $R_{\mathrm{i}} = \infty$。由于信号加在同相输入端，而反相端和同相端电位一样，所以输入信号对于运放是共模信号，这就要求运放有好的共模抑制能力。

若将反馈电阻 R_{f} 和 R_1 电阻去掉，则成为图5-3(b)所示的电路。该电路的输出全部反馈到输入端，属于电压串联负反馈。由 $R_1 = \infty$、$R_{\mathrm{f}} = 0$，可知 $v_{\mathrm{o}} = v_{\mathrm{i}}$，说明输出电压跟随输入电压的变化而变化，简称电压跟随器。

由以上分析可知，在讨论运算关系时，应该充分利用"虚断"、"虚短"概念。首先列出关键节点的电流方程。这里的关键节点是指那些于输入输出电压产生关系的节点，例如，集成运放的同相、反相节点。最后，对所列表达式进行整理得到输出电压的表达式。

3．加法运算电路

反相加法电路如图5-4所示。由该图有

$$i_1 + i_2 + i_3 = i_{\mathrm{f}}$$

其中，$i_1 = \dfrac{v_{\mathrm{i1}}}{R_1}$；$i_2 = \dfrac{v_{\mathrm{i2}}}{R_2}$；$i_3 = \dfrac{v_{\mathrm{i3}}}{R_3}$；$i_{\mathrm{f}} = -\dfrac{v_{\mathrm{o}}}{R_{\mathrm{f}}}$。

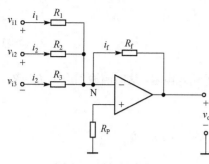

图 5-4 反相加法电路

所以，有

$$v_o = -R_f \left(\frac{v_{i1}}{R_1} + \frac{v_{i2}}{R_2} + \frac{v_{i3}}{R_3} \right) \tag{5-7}$$

若 $R_1 = R_2 = R_3 = R_f = R$，则有

$$v_o = \frac{R_f}{R} (v_{i1} + v_{i2} + v_{i3} + v_{i4}) \tag{5-8}$$

该电路的特点是便于调节，因为同相端接地，反相端是"虚地"。

4．减法运算电路

利用差动放大电路实现减法运算的电路如图5-5所示。由该图有

$$\frac{v_{i1} - v_N}{R_1} = \frac{v_N - v_o}{R_f} \tag{5-9}$$

$$\frac{v_{i2} - v_P}{R_2} = \frac{v_P}{R_3} \tag{5-10}$$

由于 $v_N = v_P$，所以

$$v_o = \left(1 + \frac{R_f}{R_1} \right) \left(\frac{R_3}{R_2 + R_3} \right) v_{i2} - \frac{R_f}{R_1} v_{i1} \tag{5-11}$$

若 $R_1 = R_2 = R_3 = R_f$，则 $v_o = v_{i2} - v_{i1}$。

5．积分运算电路

反相积分运算电路如图5-6所示。

利用"虚地"的概念，有 $i_1 = i_f = \dfrac{v_i}{R_1}$，所以

$$v_o = -v_c = -\frac{1}{C_f} \int i_f \mathrm{d}t = -\frac{1}{C_f R_1} \int v_i \mathrm{d}t \tag{5-12}$$

若输入电压为常数，则有

$$v_o = \frac{v_i}{R_1 C_f} t \tag{5-13}$$

若在本积分器前加一级反相器，则构成了同相积分器，如图5-7所示。

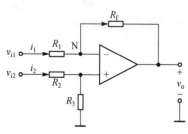

图 5-5 减法运算电路

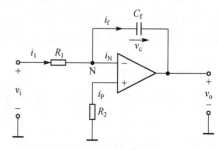

图 5-6 积分运算电路

6．微分运算电路

微分运算电路如图5-8所示，下面介绍该电路输出电压的表达式。

根据"虚短"、"虚断"的概念，$v_P = v_N = 0$，为"虚地"，电容两端的电压 $v_C = v_i$，所以有

$$i_f = i_C = C\frac{dv_i}{dt} \tag{5-14}$$

输出电压为

$$v_o = -i_f R_f = -R_f C\frac{dv_1}{dt} \tag{5-15}$$

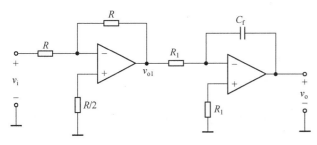

图 5-7　同相积分电路

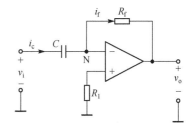

错误!图 5-8　微分运算电路

5.1.2　仪器放大器

　　仪表放大器是一类专用精密差分电压放大器。它源于运算放大器，且优于运算放大器。仪表放大器把关键元件集成在放大器内部，其独特的结构使它具有高共模抑制比、高输入阻抗、低噪声、低线性误差、低失调漂移增益设置灵活和使用方便等特点，使其在数据采集、传感器信号放大、高速信号调节、医疗仪器和高档音响设备等方面备受青睐。仪表放大器是一种具有差分输入和相对参考端单端输出的闭环增益组件，具有差分输出和相对参考端的单端输出。与运算放大器不同之处是，运算放大器的闭环增益是由反相输出端与输出端之间连接的外部电阻决定的，而仪表放大器则使用与输入端隔离的内部反馈电阻网络。仪表放大器的两个差分输入端施加输入信号，其增益既可由内部预置，也可由用户通过引脚内部设置，或者通过与输入信号隔离的外部增益电阻设置。

5.1.3　实际运算放大器存在的问题

　　当使用运算放大器时，调零和相位补偿是必须注意的两个问题。此外，应注意同相端和反相端到地的直流电阻，以减小输入端直流偏流引起的误差。很多高精密运算放大器对温度漂移都有严格要求。

> **【工程应用点评 5-1】　放大器的重要性**
>
> 　　信号处理与放大是传感器技术中必不可少的一个环节。敏感元件的输出通过放大电路放大才能变成信号处理电路可以识别和处理的电信号。借助放大器，可以构成各类实测电路。对于传感器而言，适于仪器使用的放大器是最佳选择。

5.2 调制与解调

5.2.1 调制与解调

在通信系统中，调制与解调是实现信号传递必不可少的重要手段。所谓调制就是用一个信号去控制另一个信号中某一个参量，产生已调制信号。解调则是调制的相反过程，从已调制信号中恢复出原信号。信号从发送端到接收端，为了实现有效可靠和远距离的传输，都要用到调制与解调技术。我们知道，所有要传送的信号都只占据有限的频带，且都位于低频或较低的频段内。而作为传输的通道（架空明线、电缆、光缆和自由空间）都有其最合适于传输信号的频率范围，它们与信号的频带相比，一般都位于高频或很高的频率范围上，且实际信道有用的带宽范围通常要远宽于信号的带宽。利用调制技术能很好地解决这两方面的不匹配问题。傅里叶变换中的调制定理是实现频谱搬移的理论基础，形成了正弦波幅度调制，即一个信号的幅度参量受另一个信号控制的一种调制方式。只要正弦信号（载波）的频率在适合信道传输的频率范围内，就能在信道内很好地传输。将频谱相同或不相同的多个信号调制在不同的频率载波上，只要适当安排多个载波频率，就可以使各个调制信号的频谱互不重叠，这样在接收端就可以用不同的带通滤波器把它们区分开来，从而实现在一个信道上互不干扰地传送多个信号，这就是多路复用的概念与方法。用正弦信号作为载波的一类调制称为正弦波调制，它包含幅值调制（AM）、频率调制（FM）和相位调制（PM）。用非正弦波周期信号作为载波的另一类调制称为脉冲调制，用信号去控制周期脉冲序列的幅值称为脉冲幅值调制（PAM）。此外，还有脉冲宽度调制（PWM）和脉冲位置调制（PPM）等。

信号的调制过程如图5-9所示。

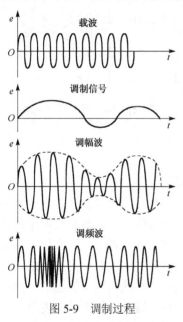

图 5-9　调制过程

5.2.2 幅值调制与解调

调幅是将高频正弦或余弦信号（载波）与测量信号（调制波）相乘，使高频载波信号的幅值随测量信号的变化而变化。现以频率为f_0的余弦信号作为载波进行讨论。

由傅里叶变换的性质可知，时域中两个信号相乘，对应在频域中两个信号卷积，即

$$x(t) \cdot y(t) \Leftrightarrow X(f) * Y(f) \tag{5-16}$$

余弦函数的频谱是一对脉冲谱线，即

$$\cos 2\pi f_0 t \Leftrightarrow \frac{1}{2}\delta(f - f_0) + \frac{1}{2}\delta(f + f_0) \tag{5-17}$$

一个函数与单位脉冲函数卷积的结果，就是将其以坐标原点为中心的频谱平移至该脉冲函数处。所以，若以高频余弦信号作为载波，把信号$x(t)$和载波信号相乘，则在频域中相当于把原信号频谱由原点平移至载波频率f_0处，其幅值减半，如图5-10所示，其数学表示为

$$x(t)\cos 2\pi f_0 t \Leftrightarrow \frac{1}{2}X(f) * \delta(f - f_0) + \frac{1}{2}X(f) * \delta(f + f_0) \tag{5-18}$$

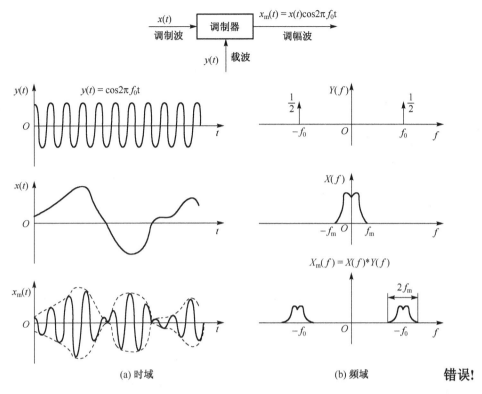

图 5-10　信号的调幅过程

若把调幅波再次与原载波信号相乘，则频域信号将再一次进行"搬移"，这次频移是把以坐标原点为中心的已调波频谱搬移至以载波为中心处。由于载波频谱与原来调制时的相同，而使第二次"搬移"后的频谱有一部分"搬移"到原点处，所以频谱中包含与原调制信号相同的频谱和附加的高频频谱两部分，其结果如图 5-11 所示。若用低通滤波器滤去中心频率为 $2f_0$ 的高频成分，就可以复现原信号的频谱（只是其幅值减小一半，可用放大处理来补偿），这一过程称为同步解调。"同步"指解调时所乘的信号与调制时的载波信号具有相同的频率和相位。在时域分析中，也可以看到

$$x(t)\cos 2\pi f_0 t \cos 2\pi f_0 t = \frac{1}{2}x(t) + \frac{1}{2}x(t)\cos 4\pi f_0 t \tag{5-19}$$

把调制信号 $x(t)$ 进行偏置，叠加一个直流分量 A，使偏置后的信号 $x_A(t)$ 都具有正电压，然后再与高频载波相乘得到调幅波 $x_m(t)$，其包络线具有调制波的形状。调幅波经过包络检波（整流、滤波）就可以恢复偏置后的信号 $x_A(t)$，最后再将所加直流分量去掉，就可以恢复原调制信号 $x(t)$，如图 5-12 所示。

工程中检测到的信号（原信号）往往是矢量，经调制后的电信号极性与原信号有所不同，为辨识原信号的极性变化，需要对调制信号进行相敏检波。相敏检波无须对原信号再加偏置，而是利用载波作为参考信号来鉴别调幅波的极性。当信号电压（调幅波）与载波同相时，相敏检波器的输出电压为正；当信号电压与载波反相时，输出电压为负。输出电压的大小仅与信号电压成比例，而与载波电压无关。这种检波方法既可以反映被测信号的幅值，又可以辨别其极性。

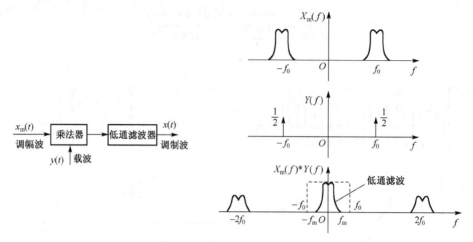

错误!图 5-11　信号的同步解调

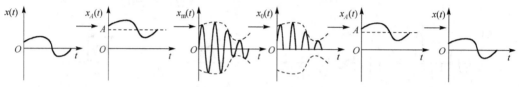

错误!图 5-12　包络检波解调

　　相敏检波常用的有半波相敏检波和全波相敏检波。图 5-13(a)所示的是一个开关式全波相敏检波电路。取 $R_2 = R_3 = R_4 = R_5 = R_6 = R_7/2$。$A_1$ 为过零比较器，载波信号 $y(t)$ 经过 A_1 后转换为方波 $u(t)$，如图5-13(b)所示，$\bar{u}(t)$ 为 $u(t)$ 经过反相器后的输出。当 $y(t) > 0$ 时，$u(t)$ 为低电平，$\bar{u}(t)$ 为高电平，V_1 截止，V_2 导通，运算放大器 A_2 的反相输入端接地，调幅波 $x_m(t)$ 从 A_2 的同相输入端输入，A_2 的放大倍数为

$$\frac{R_6}{R_2 + R_5 + R_6}\left(1 + \frac{R_7}{R_4}\right) = 1 \tag{5-20}$$

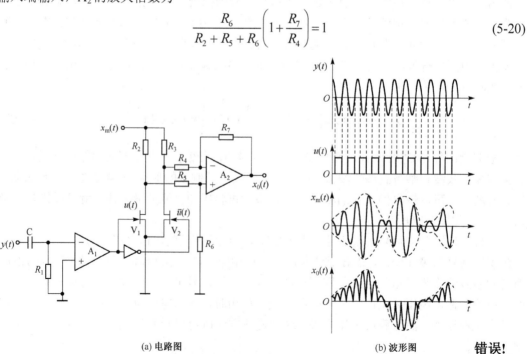

(a) 电路图　　　　　　　　　　　(b) 波形图　　　　　**错误!**

图 5-13　全波开关式相敏检波

当 $y(t) < 0$ 时，$u(t)$ 为高电平，$u(t)$ 为低电平，V_1 导通，V_2 截止，运算放大器 A_2 的同相输入端接地，调幅波 $x_m(t)$ 从 A_2 的反相输入端输入，A_2 的放大倍数为

$$-\frac{R_7}{R_3 + R_4} = -1 \tag{5-21}$$

输出信号 $x_0(t)$ 如图 5-13(b)所示。

动态电阻应变仪（如图 5-14 所示）是电桥调幅与相敏检波的典型实例。电桥由振荡器提供等幅高频振荡电压（相当于载波）。被测量（力、应变等，相当于调制波）通过电阻应变片控制电桥输出。电桥输出为调幅波，经过放大，最后经半波相敏检波与低通滤波取出所需的被测信号。

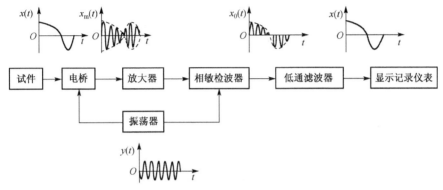

错误!图 5-14　动态电阻应变仪方框图

5.2.3　频率调制与解调

调频（频率调制）是利用信号电压的幅值来控制一个振荡器，使振荡器的输出是等幅波，但其振荡频率与信号电压成正比。当信号电压为零时，调频波的频率等于载波频率（中心频率）；当信号电压为正值时频率提高，当信号电压为负值时频率降低。在整个调制过程中，调频波的幅值保持不变，而瞬时频率随信号电压的变化进行相应的变化。所以，调频波是随信号电压变化的疏密不等的等幅波，其频谱结构非常复杂，虽与原信号频谱有关，但却不像调幅那样进行简单的"搬移"，也不能用简单的函数关系描述。为了保证测量精度，对应于零信号的载波中心频率应远高于信号的最高频率成分。

调频常用的方案是基于压控振荡器（VCO）原理。图 5-15 所示的是一种简单的压控振荡器原理图。A_1 是正反馈放大器，其输出电压受稳压管 V_{DZ} 嵌制，为 $+e_w$ 或 $-e_w$。M 是乘法器，A_2 是积分器，e_x 是恒值正电压。假设初始时 A_1 输出为 $+e_w$，乘法器输出 e_z 是正电压，A_2 的输出电压将线性下降。当降到比 $-e_w$ 更低时，A_1 翻转，输出为 $-e_w$，同时乘法器的输出，即 A_2 的输入也随之变为负电压，结果是 A_2 的输出将线性上升。当 A_2 的输出升至 $+e_w$ 时，A_1 又将翻转，输出为 $+e_w$。所以在恒值正电压 e_x 作用下，积分器 A_2 输出频率一定的三角波，A_1 则输出同一频率的方波 e_y。

图 5-16 所示的是另一种简单的鉴频电路，即用变压器耦合的谐振回路鉴频，把频率的变化转换为电压幅值的变化。该变换通常分两步完成：第一步将等幅的调频波转换为幅值随频率变化的调频调幅波；第二步检测幅值的变化，得到原调制信号。

线性变换部分的作用是把等幅的调频波转换为调频调幅波。图 5-16(a)中 L_1、L_2 是变压器耦合的原、副边线圈，它们和 C_1、C_2 组成并联谐振电路。输入等幅调频波 e_f，在回路的谐振频率 f_n

处，线圈 L_1、L_2 中的耦合电流最大，副边输出电压 e_a 也最大。频率偏离 f_n 后，e_a 也随之下降。虽然 e_a 的频率和调频波 e_f 保持一致，但 e_a 的幅值却不是常值，而是随谐振曲线上 e_f 频率所对应的电压而变化的。所以，e_a 是既有频率变化又有幅值变化的调频调幅波，如图 5-16(b)所示。

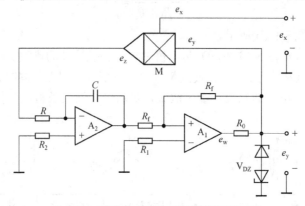

图 5-15　采用乘法器的压控振荡器原理图

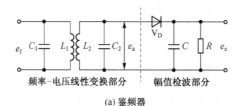

频率-电压线性变换部分　　幅值检波部分

(a) 鉴频器

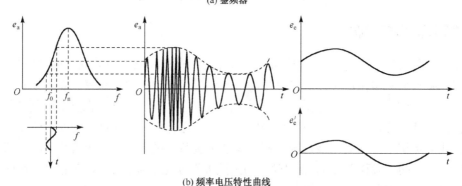

(b) 频率电压特性曲线

图 5-16　利用谐振振幅进行鉴频

【工程应用点评 5-2】 对信号进行调制与解调的目的

　　调制与解调的目的是为了增加信号的传输距离，实现长距离信号输送。调制时为了便于信号发送，减小信号衰减，提高信号质量；解调则是为了还原信号的本来面目。解调是调制的逆过程。

5.3　滤波

5.3.1　概述

　　滤波是选取信号中感兴趣的成分，而抑制或衰减掉其他不需要的成分。能实施滤波功能的装置称为滤波器。滤波器可采用电的、机械的或数字的方式来实现。在信号处理中，往往要对信号进行时域、频域的分析与处理。对于不同目的的分析与处理，往往需要将信号中相应的频率成分选取出来，而无须对整个的信号频率范围进行处理。此外，在信号的测试与处理过程中，会不断地受到各种干扰的影响。因此，在对信号进一步处理之前，有必要将信号中的干扰成分去除掉，以利于信号处理的顺利进行。滤波和滤波器便是实施上述功能的手段和装置。

由于测试环境中的各种电子干扰及测试系统本身的影响，通常测试信号中会有多种频率成分的噪声。有时噪声会淹没正常的输入信号，在这种情况下，需要采取滤波措施，抑制不需要的噪声，提高系统的信噪比。滤波器作为一种选频电路，可让有用的频率成分通过，无用的频率成分极大地衰减。

对于一个滤波器，能通过它的频率范围称之为该滤波器的频率通带；被它抑制或极大地衰减的频率范围称之为频率阻带。通带与阻带的交界点称之为截止频率。

常见经典滤波电路的种类有四种形式：低通滤波器（LPF）、高通滤波器（HPF）、带通滤波器（BPF）和带阻滤波器（BEF），如图5-17所示。

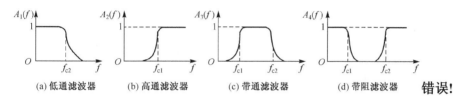

图 5-17　四类滤波器的幅频特性

1．低通滤波器

低通滤波器在 $0 \sim f_{c2}$ 频率之间的幅频特性平直，它可以使信号中低于 f_{c2} 的频率成分几乎不受衰减地通过，而高于 f_{c2} 的频率成分受到极大的衰减。

2．高通滤波器

高通滤波器与低通滤波器相反，在 $f_{c1} \sim \infty$ 频率之间的幅频特性平直，它可以使信号中高于 f_{c1} 的频率成分几乎不受衰减地通过，而低于 f_{c1} 的频率成分受到极大的衰减。

3．带通滤波器

带通滤波器的通频带在 $f_{c1} \sim f_{c2}$ 之间，它可以使信号中高于 f_{c1} 而低于 f_{c2} 的频率成分几乎不受衰减地通过，而其他成分受到极大的衰减。

4．带阻滤波器

带阻滤波器与带通滤波器相反，阻带在频率 $f_{c1} \sim f_{c2}$ 之间，它使信号中高于 f_{c1} 而低于 f_{c2} 的频率成分受到极大的衰减，其余频率成分几乎不受衰减地通过。

上述四种滤波器中，在通带与阻带之间存在一个过渡带，其幅频特性是一条斜线，在此频带内，信号受到不同程度的衰减。过渡带是滤波器所不希望的，但也是不可避免的。

5.3.2　滤波器性能分析

理想滤波器是指能使通带内信号的幅值和相位都不失真，阻带内的频率成分都衰减为零，其通带和阻带之间有明显分界线的滤波器。也就是说，理想滤波器在通带内的幅频特性为常数，相频特性的斜率也为常数，在通带外的幅频特性为零。理想滤波器是一个理想化的模型，在物理上是不能实现的，但对深入了解滤波器的传输特性是有用的。

1. 理想低通滤波器的频率特性

理想低通滤波器的幅频及相频特性曲线如图5-18所示，其频率特性数学描述为

$$H(f) = \begin{cases} A_0 e^{-j2\pi f t_0} & |f| < f_c \\ 0 & 其他 \end{cases} \tag{5-22}$$

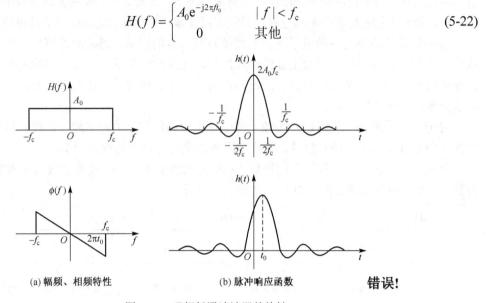

(a) 幅频、相频特性　　　　　(b) 脉冲响应函数　　　　**错误！**

图 5-18　理想低通滤波器的特性

2. 理想低通滤波器的冲击响应、阶跃响应

将式(5-22)中的 $H(\omega)$（$\omega = 2\pi f$）进行傅里叶逆变换，可求得理想滤波器的冲击响应为

$$h(t) = \frac{1}{2\pi} \int_{-\infty}^{\infty} H(\omega) e^{j\omega t} d\omega = A_0 \frac{\omega_c \sin \omega_c (t - t_0)}{\pi \omega_c (t - t_0)} \tag{5-23}$$

式(5-23)表明，理想滤波器的冲击响应是一个峰值处于 $t = t_0$ 处的 sinc(t)函数，如图5-18所示。在这里，应该注意到这样一个问题：激励信号 $\delta(t)$ 是在 $t = t_0$ 时刻加入的，可是响应在 $t = t_0$ 之前就已经出现，这显然有背于系统的因果关系，它表明理想的低通滤波器是无法实现的。然而，只要实际的滤波器能够达到接近理想滤波器特性，那么有关理想滤波器的研究就不会因其无法实现而失去价值。

设单位阶跃激励为 $u(t)$，其傅里叶变换为

$$U(\omega) = \pi\delta(\omega) + \frac{1}{j\omega} \tag{5-24}$$

滤波器的单位阶跃响应的傅里叶变换 $Y(\omega)$ 为

$$Y(\omega) = H(\omega)U(\omega) = \left[\pi\delta(\omega) + \frac{1}{j\omega}\right] e^{-j\omega t_0} \qquad \omega_c \leqslant \omega \leqslant \omega_c \tag{5-25}$$

求其逆变换，即可得到滤波器的单位阶跃响应为

$$y(t) = \frac{1}{2} + \frac{1}{\pi} \int_{-\omega_c}^{\omega_c} \frac{\sin \omega(t - t_0)}{\omega} d\omega \tag{5-26}$$

单位阶跃激励 $u(t)$ 与其响应 $y(t)$ 示于图 5-19 中。从图中可看到：

（1）响应 $y(t)$ 不像激励信号 $u(t)$ 那样在 $t = 0$ 处发生跳变，而是一段时间后在 $t = t_a$ 处以一定的斜率上升。

（2）滤波器截止频率 ω_c 越低，$y(t)$ 上升越缓慢，如果我们定义由最小值到最大值所需要的时间为上升时间 t_r，则由图 5-19 可得到

$$t_r = \frac{2\pi}{\omega_c} = \frac{1}{B} \tag{5-27}$$

式中，B 是将角频率折合成频率的滤波带宽 f_c。

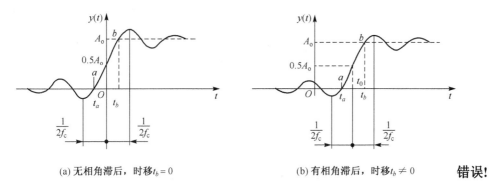

(a) 无相角滞后，时移 $t_b = 0$　　　　　　(b) 有相角滞后，时移 $t_b \neq 0$　　**错误！**

图 5-19　理想低通滤波器对单位阶跃的响应

显然，阶跃响应的上升时间与网络的截止频率（带宽 f_c）成反比。

这一个结论对于其他类型的滤波器（高通、带通、带阻）也适用。滤波器的带宽表示它的频率分辨力。通带越窄，则分辨力越高，但测试时的反应就越慢，建立时间越长。若用滤波方法从信号中择取某一个很窄的频率成分，就需要有足够的建立时间，否则可能产生错误。

3．实际滤波器基本参数

理想滤波器是不可能实现的，图 5-20 表明理想带通滤波器（虚线）与实际带通滤波器（实线）的幅频特性的差异。

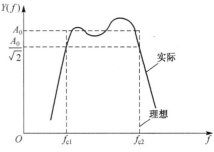

图 5-20　实际带通滤波器的幅频特性

对于理想滤波器，只要用截止频率 f_c 就可以说明其特点，而实际滤波器的特性曲线及其描述就复杂多了。一般需用以下几个参数来表示一个带通滤波器的性能。

（1）波纹幅度 d

实际滤波器在通带内的幅频特性不像理想滤波器那样平直，可能呈波纹变化，其波动的幅度称为波纹幅度 d。波纹幅度 d 与通带内幅频特性的平均值 A_0 相比越小越好，一般应远小于 -3 dB，即

$$d \Box \frac{A_0}{\sqrt{2}} \tag{5-28}$$

（2）截止频率

实际滤波器没有明显的截止频率。为保证通带内的信号幅值不会产生较明显的衰减，一般规定幅频特性值等于 $A/\sqrt{2}$ 时所对应的频率 f_{c2}、f_{c1} 称为滤波器的上下截止频率。以 A_0 为参考值，对应 -3 dB 点，即相对于 A_0 衰减 -3 dB。这样，通带内信号幅值的衰减量不会超过 -3 dB。若以信号的幅值平方表示信号功率，则 -3 dB 点正好是半功率点。

（3）带宽 B 和品质因数 Q 值

上下截止频率之间的频率范围称为滤波器带宽 B，或–3 dB 带宽，单位为 Hz。带宽决定着滤波器分离信号中相邻频率成分的能力——频率分辨力。

滤波器的品质因数 Q 是中心频率 f_0 和带宽 B 的比值。中心频率的定义是上下截止频率的几何平均值，即

$$f_0 = \sqrt{f_{c1}f_{c2}} \tag{5-29}$$

$$Q = \frac{f_0}{B} = \frac{\sqrt{f_{c1}f_{c2}}}{f_{c2} - f_{c1}} \tag{5-30}$$

（4）倍频程选择性

实际滤波器存在过渡带，过渡带的幅频曲线倾斜程度表明了幅频特性衰减的快慢，它决定了滤波器对通带外频率成分的衰减能力，通常用倍频程选择性来表征。所谓倍频程选择性，是指在上截止频率 f_{c2} 与 $2f_{c2}$ 之间，或者在下截止频率 f_{c1} 与 $f_{c1}/2$ 之间幅频特性的衰减值，即频率变化一倍频程的衰减量，以 dB 表示，即

$$倍频程选择性 = 20\lg\frac{A(2f_{c2})}{A(f_{c2})} \tag{5-31}$$

或

$$倍频程选择性 = 20\lg\frac{A\left(\frac{1}{2}f_{c1}\right)}{A(f_{c1})} \tag{5-32}$$

（5）滤波器因数（或矩形系数）λ

滤波器选择性的另一种表示方法是用滤波器幅频特性的–60 dB 带宽与–3 dB 带宽的比值来表示，即

$$\lambda = \frac{B_{-60\text{dB}}}{B_{-3\text{dB}}} \tag{5-33}$$

该参数表明了滤波器从阻带到通带（或从通带到阻带）过渡的快慢，以及滤波器对通带以外频率分量的衰减能力，即表明了滤波器的选择性。理想滤波器的 $\lambda = 1$。

5.3.3　一阶无源滤波器

在测试系统中，常用 RC 滤波器。这是因为在工程测试领域中，信号频率相对来说不高，而且 RC 滤波器电路简单，抗干扰性强，有较好的低频性能，并且标准的阻容元件很容易选购。

1．一阶 RC 低通滤波器

用无源元件电阻、电容和电感可方便地组成各种简单而实用的滤波电路。图 5-21(a)所示的是一阶低通滤波器。设滤波器输入信号电压为 u_i，输出信号电压为 u_o，其输出电压和输入电压的关系为

$$u_o = \frac{u_i}{1 + j2\pi fRC} \tag{5-34}$$

则其频响函数为

$$H(\text{j}2\pi f) = \frac{1}{1 + \text{j}2\pi fRC}$$

$$= \frac{1}{1 + \text{j}2\pi f\tau} \tag{5-35}$$

式中，$\tau = RC$ 是电路的时间常数。

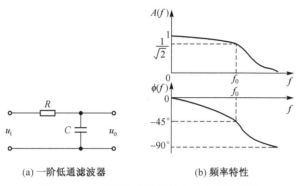

(a) 一阶低通滤波器　　　　　(b) 频率特性

图 5-21　一阶低通滤波器的电路与频率特性

其幅频特性、相频特性为

$$A(f) = \frac{1}{\sqrt{1 + (2\pi f\tau)^2}} \tag{5-36}$$

$$\phi(\omega) = -\arctan 2\pi f\tau \tag{5-37}$$

该电路频率特性图形如图 5-21(b) 所示，$f_0 = \dfrac{1}{2\pi RC}$。由图 5-21 可知：

① 当 $f \ll f_0$ 时，$A(f) \approx 1$，$\phi(f)$ 和频率 f 呈近似线性关系，即说明信号几乎不衰减地通过，可认为是不失真传输系统。

② 当 $f = f_0$ 时，$A(f) = \dfrac{1}{\sqrt{2}}$，在此频率下，幅频特性值为 -3 dB 点，即说明低通滤波器的固有频率就是截止频率，改变 RC 值可改变此频率。

③ 当 $f \gg f_0$ 时，低通滤波器起积分作用，输出与输入的积分成正比，输出相位滞后于输入相位 $90°$。

2. 一阶 RC 高通滤波器

图 5-22 所示的是一阶 RC 高通滤波器的典型电路和幅频、相频特性。图中输入信号电压为 u_i，输出信号为 u_o，$f_0 = 1/(2\pi RC)$，则其频响函数为

$$H(\text{j}2\pi f) = \frac{\text{j}2\pi fRC}{1 + \text{j}2\pi fRC} = \frac{\text{j}2\pi f\tau}{1 + \text{j}2\pi f\tau} \tag{5-38}$$

式中，$\tau = RC$。

其幅频特性、相频特性为

$$A(f) = \frac{2\pi f\tau}{\sqrt{1 + (2\pi f\tau)^2}} \tag{5-39}$$

$$\phi(\omega) = \arctan \frac{1}{2\pi f\tau} \tag{5-40}$$

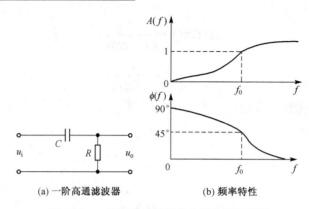

(a) 一阶高通滤波器　　　　(b) 频率特性

图 5-22　一阶高通滤波器的电路与频率特性

由图5-22可知：

① 当 $f \gg f_0$ 时，$A(f) \approx 1$，$\phi(f) = 0$。幅频特性等于常数，输入和输出的相位差近似为零，可认为是不失真传输系统。

② 当 $f = f_0$ 时，$A(f) = \dfrac{1}{\sqrt{2}}$，$\phi(f) = 45°$。此时，$f_0$ 为截止频率。

③ 当 $f \ll f_0$ 时，该高通滤波器起微分作用。输出与输入的微分成正比，输出超前于输入相位 $90°$。

3．RC 带通滤波器

带通滤波器可看成低通滤波器和高通滤波器串联而成。

根据串联装置传递函数的关系，有 $H(s) = H_低(s) \cdot H_高(s)$；其幅频特性 $A(f) = A_低(f) \cdot A_高(f)$。因此，串联所得的带通滤波器以原高通滤波器的截止频率和原低通滤波器的截止频率为上下截止频率。只要调节 R、C 就可得到不同带宽的带通滤波器。但要注意前后级的相互影响，后一级的输入阻抗是前一级的负载，前一级的输出阻抗是后一级信号源的内阻抗。它们相互关系，对滤波器的性能产生较大影响，因此最好采取隔离措施，如用运算放大器的阻抗变换特性来进行前后隔离，所以实际的带通滤波器常常是有源的。

无源滤波器电路简单，具有非常低的噪声，不需要电源，具有宽广的动态范围。但一阶滤波器的幅频特性从通带到阻带过渡很缓慢。一阶低通滤波器的幅频特性在截止频率外的斜率为负 6 dB/OCT（频率增加一倍，衰减 6 dB）。频率选择性不佳，当信号中的有用部分和无用部分的频率相差不是太大时，无法在保留有用信号的情况下滤除无用信号。要提高滤波器的选择性，就要选择高阶滤波器，但无源滤波器受级间耦合的影响，高阶无源滤波网络计算复杂，而且信号的幅值也将逐渐减弱，所以高阶滤波器一般采用有源滤波器。

5.3.4　有源滤波器

有源滤波器是由电阻、电容和运算放大器组成的。运算放大器就是有源器件，因为运算放大器具有高输入阻抗和低输出阻抗，这使得两级间影响减小。它在这里既可起级间隔离作用，又可起信号幅值的放大作用。有源滤波器利用有源器件不断补充由电阻 R 造成的损耗，因此等效能极小，也就提高了电路的 Q 值，改善了选择性，从而得到广泛应用。

1. 一阶 RC 有源滤波器

图5-23 所示的是一阶 RC 有源滤波器的两种基本接法。图5-23(a)所示的是把 RC 无源低通滤波器接到运算放大器的同相输入端。这里，运算放大器既起到隔离、放大作用，又提高了带负载的能力。其频率响应函数和无源滤波器相同，只是增加了放大倍数 G，其中放大倍数为 $G = 1+R_F/R_1$。图 5-23(b)所示的是将高通网络接入运算放大器的负反馈支路，同样可起到低通滤波器的作用。

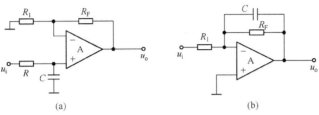

图 5-23　一阶有源滤波器

一阶有源滤波器虽然在隔离、增益性能方面优于无源滤波器，但仍存在着通带外高频成分衰减缓慢的弱点，改善的办法是提高滤波器的阶次。

2. 二阶有源滤波器

由于高阶滤波器可由低阶滤波器串联得到，所以二阶有源滤波器是应用最广泛的有源滤波器。二阶滤波器中最常见的两种形式为有限电压放大型和多路负反馈型。

（1）有限电压放大型

有限电压放大型二阶有源滤波器的一般形式如图 5-24(a)所示。Y 是各元件的导纳，根据电路可写出它的频响函数为

$$H(\mathrm{j}\omega) = \frac{A_f Y_1 Y_4}{Y_5(Y_1 + Y_2 + Y_3 + Y_4) + Y_4\left[Y_1 + Y_3 + Y_2(1 - A_f)\right]} \tag{5-41}$$

式中，$A_f = 1+R_F/R_1$ 为运放的闭环增益。

在元件 $Y_1 \sim Y_5$ 中选 2 个为电容，其他选为电阻，则可组合出二阶低通、高通、带通和带阻等不同类型的滤波器。图5-24的(b)、(c)和(d)分别为低通、高通和带通的有限电压放大型滤波器。

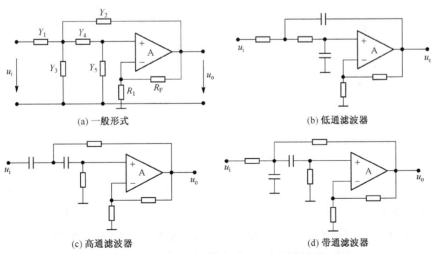

(a) 一般形式　　　　　　　　　　(b) 低通滤波器

(c) 高通滤波器　　　　　　　　　(d) 带通滤波器

图 5-24　有限电压放大型二阶有源滤波器

（2）多路负反馈型

图 5-25(a)所示的是多路负反馈型二阶有源滤波器的一般形式，根据电路可写出它的频响函数为

$$H(j\omega) = \frac{-Y_1Y_3}{Y_5(Y_1 + Y_2 + Y_3 + Y_4) + Y_4Y_3} \tag{5-42}$$

在 $Y_1 \sim Y_5$ 中选 2～3 个为电容，其他选为电阻，则可组合出二阶低通、高通和带通等不同类型的滤波器，分别如图5-25中(b)、(c)、(d)所示。

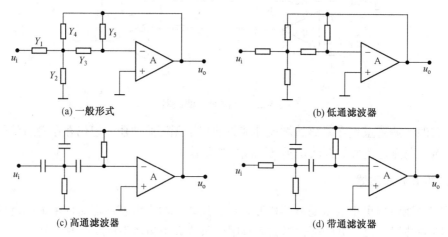

(a) 一般形式　　　　　　　　　　(b) 低通滤波器

(c) 高通滤波器　　　　　　　　　　(d) 带通滤波器

图 5-25　多路负反馈型二阶有源滤波器

二阶有源滤波器频率特性函数的普遍形式为

$$H(j\omega) = \frac{b_0(j\omega)^2 + b_1(j\omega) + b_2}{(j\omega)^2 + 2\xi(j\omega) + \omega_0^2} \tag{5-43}$$

式中，ξ 为阻尼系数；ω_0 为固有角频率。

有源电压放大型滤波器对放大器的要求不高，经济实用。它的不足之处在于电路结构中存在正反馈。为了确保滤波器性能稳定，要求 $\xi > 0$，放大器的闭环增益 $A_f = 1 + R_F/R_1$ 应选低一些。

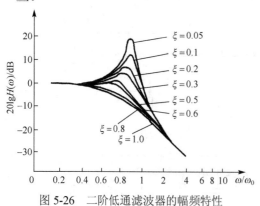

图 5-26　二阶低通滤波器的幅频特性

多路负反馈型滤波器的特点是运放工作在负反馈状态。由于 $\xi > 0$，其动态稳定性较好。通常，二阶滤波器的特性与阻尼系数 ξ 关系密切。ξ 越大，幅频特性和相频特性随 ω 的变化越缓慢；ξ 越小，幅频特性曲线在固有角频率 ω_0 附近的共振峰越明显，通频带的增益波动也越大。图5-26所示的是二阶低通滤波器幅频特性与阻尼系数 ξ 的关系。

根据 ξ 取值的不同，滤波器可分为巴特沃思型滤波器、切比雪夫型滤波器和贝塞尔型滤波器。巴特沃思型滤波器要求在滤波器的通带和阻带内具有最平直的幅频特性，当 $\xi = \sqrt{2}/2$ 时，可得到此特性，但巴特沃思型滤波器过渡带宽，变化缓慢，相频特性是非线性的。切比雪夫型滤波器在通带允许纹波的情况下，从通带到阻带在所给定的衰减值下所需的过渡带是最小

的，如当它的通带允许的纹波为 1 dB 时，此时其阻尼系数 $\xi = 0.522\,728$。贝塞尔型滤波器的相频特性是线性的，即各种频率信号的相移与频率成正比，这样，各种频率的正弦波经过滤波后，其延时相等，不产生波形失真。

5.3.5　开关电容滤波器

1．开关电容滤波器原理

开关电容滤波器是一种新型的大规模集成器件，其基本原理是采用开关和电容来取代传统 RC 有源滤波器中的电阻，而等效电阻的阻值由开关频率来决定。

在图 5-27 所示电路中，当开关打向"1"时，电容上的电荷 $Q_1 = CU_1$，当开关打向"2"时，电容上的电荷变为 $Q_2 = CU_2$，开关重复动作，每一次通过电容 C 由"1"向"2"传递的电荷量为 $Q = Q_1 - Q_2 = C(U_1 - U_2)$。

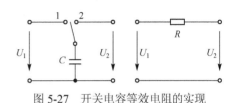

图 5-27　开关电容等效电阻的实现

如果开关的动作周期为 T，动作频率 $f = 1/T$，则由"1"到"2"的等效平均电流为

$$I = \frac{Q}{T} = \frac{C(U_1 - U_2)}{T} = fC(U_1 - U_2) \tag{5-44}$$

在"1"和"2"之间的等效电阻为

$$R = \frac{U_1 - U_2}{I} = \frac{1}{fC} \tag{5-45}$$

在集成电路中，开关是用 MOS 场效应管来实现的，在图 5-28 所示的电路中，只要给两个 MOS 场效应管加以同频反相的驱动信号就可以得到图 5-27 中的开关效果，而图 5-28(a)所示的一阶低通滤波器即可用图 5-28(b)所示的电路来实现。

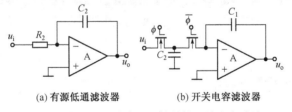

(a) 有源低通滤波器　　　　　(b) 开关电容滤波器

图 5-28　有源低通滤波器及等效的开关电容滤波器

2．开关电容滤波器集成器件

开关电容滤波器能在集成电路水平上实现大的等效电阻，并能用脉冲频率来控制其截止频率。滤波器的特性只取决于开关频率和网络中的电容比，而集成电路的工艺水平是可精确稳定地达到这一要求的。

20 世纪 70 年代后期集成电路开关电容滤波器产品得到了迅速开发，到 20 世纪 80 年代初已形成系列。这些产品主要针对迅猛发展的通信而研制，在动态测试领域也得到广泛的应用。目前常用的集成开关电容滤波器有 LMF40、MFl0、MAX29X 等，这里仅介绍 LMF40。LMF40 是四阶巴特沃思型低通滤波器，有 LMF40～50 和 LMF40～100 两种芯片，其中 LMF40～50 的时钟频率对截止频率的比率为 50:1；LMF40～100 的时钟频率对截止频率的比率为 100:1。

LMF40 的功能如图5-29所示。当使用外部时钟时，LMF40 的工作电路如图5-30所示。图5-30(a)为单电源工作电路，图 5-30(b)为双电源工作电路。

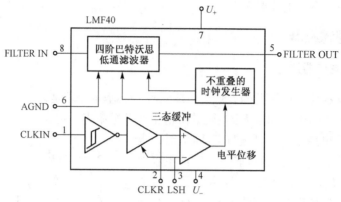

图 5-29　LMF40 功能图

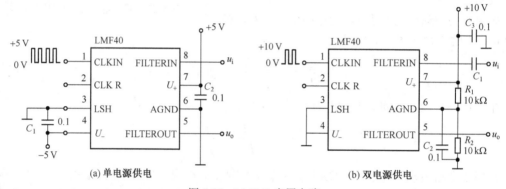

图 5-30　LMF40 应用电路

【工程应用点评 5-3】 滤波的目的与方法

滤波的目的是使指定频率段的信号顺利通过，其他频率段的信号被衰减。

滤波电路有四种形式：低通滤波器（LPF）、高通滤波器（HPF）、带通滤波器（BPF）和带阻滤波器（BEF）。

滤波的工作形式有无源滤波、有源滤波和开关电容滤波。

5.4　电桥

电桥是将电阻、电感、电容等参量的变化转换为电压或电流输出的一种测量电路。

按照敏感元件在电桥电路中的位置，电桥可以分为单臂电桥、半桥电桥和全桥电桥，如图 5-31 所示。其区分原则是按照敏感元件在电桥的个数及所处桥臂位置进行分类的。

单臂电桥　　　半桥电桥　　　全桥电桥

错误!图 5-31　电桥的分类

按照激励电压性质，电桥可分为直流电桥和交流电桥。以直流电源供电的电桥称为直流电桥；以交流电源供电的电桥称为交流电桥。

按照输出方式，电桥可分为平衡电桥和非平衡电桥。满足惠斯登平衡电桥条件的就是平衡电桥，反之就是非平衡电桥。

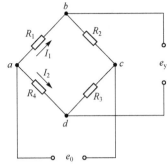

图 5-32　直流电桥

5.4.1　直流电桥

图 5-32 所示的是直流电桥的基本形式。图中，R_1、R_2、R_3、R_4 称为桥臂电阻，e_0 为供桥直流电压源。

当电桥输出端 b、d 接入输入阻抗较大的仪表或放大器时，可视为开路，输出电流为零，输出电压为 e_y，

此时桥路电流为

$$I_1 = \frac{e_0}{R_1 + R_2} \tag{5-46}$$

$$I_2 = \frac{e_0}{R_3 + R_4} \tag{5-47}$$

a、b 之间与 a、d 之间的电位差为

$$U_{ab} = I_1 R_1 = \frac{R_1}{R_1 + R_2} e_0 \tag{5-48}$$

$$U_{ad} = I_2 R_2 = \frac{R_4}{R_3 + R_4} e_0 \tag{5-49}$$

输出电压为

$$e_y = U_{ab} - U_{ad} = \left(\frac{R_1}{R_1 + R_2} - \frac{R_4}{R_3 + R_4} \right) e_0 = \frac{R_1 R_3 - R_2 R_4}{(R_1 + R_2)(R_3 + R_4)} e_0 \tag{5-50}$$

欲使输出电压为零，即电桥平衡，则应满足

$$R_1 R_3 = R_2 R_4 \tag{5-51}$$

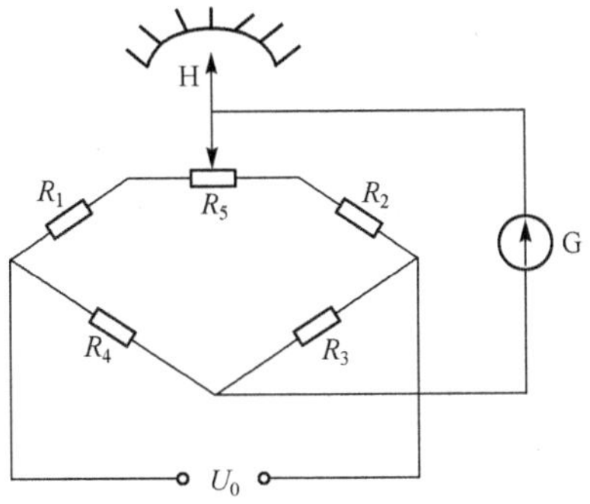

式(5-51)为直流电桥的平衡条件。适当选择各桥臂的电阻值，可使电桥在测量前满足平衡条件，即输出电压 $e_y = 0$。电桥处于平衡状态，此时指示仪表 G 及可调电位器 H 指零。当某一桥臂被测量变化时，电桥失去平衡。调节电位器 H，改变电阻 R_5 触点的位置，可使电桥重新平衡，电表 G 指针回零。电位器 H 上的标度与桥臂电阻值的变化成比例，故 H 的指示值可以直接表达被测量的数值。这种测量法的特点是在读数时电表 G 中指针指零，因此称其为"零位测量法"，如图 5-33 所示。

若桥臂电阻 R_1（如电阻应变片）产生 ΔR 变化，则输

图 5-33　电桥的零位测量法

出电压为

$$e_y = \left(\frac{R_1 + \Delta R}{R_1 + \Delta R + R_2} - \frac{R_4}{R_3 + R_4} \right) e_0 \tag{5-52}$$

实际中的测量电桥往往取四个桥臂的初始电阻相等，即

$$R_1 = R_2 = R_3 = R_4 = R \tag{5-53}$$

这种测量电桥称为全等臂电桥。此时，输出电压为

$$e_y = \frac{\Delta R}{4R + 2\Delta R} e_0 \tag{5-54}$$

一般情况下，$\Delta R \Box R$，故忽略分母中的 $2\Delta R$ 项，则

$$e_y = \frac{\Delta R}{4R} e_0 \tag{5-55}$$

可见，全等臂电桥输出电压与电桥电源电压成正比。在 $\Delta R \Box R$ 的条件下，电桥输出电压也与桥臂电阻的变化率 $\Delta R / R$ 成正比。将 $\Delta R / R$ 输入，由此可以求得上述图 5-31 所示的三种电桥的灵敏度 S 分别为

$$S_1 = \frac{e_y}{\Delta R} = \frac{1}{4} e_0 \tag{5-56}$$

$$S_2 = \frac{e_y}{\Delta R} = \frac{1}{2} e_0 \tag{5-57}$$

$$S_3 = \frac{e_y}{\Delta R} = e_0 \tag{5-58}$$

其中，S_1 是单臂桥灵敏度；S_2 是半桥灵敏度；S_3 是全桥灵敏度。

直流电桥具有和差特性，即相邻两个桥臂电阻变化所产生的输出电压为这两个桥臂各阻值变化所产生的输出电压值之差，相对两个桥臂电阻变化所产生的输出电压为这两个桥臂各阻值变化所产生的输出电压值之和。

5.4.2 交流电桥

交流电桥电路如图 5-34 所示，其激励电压 e_0 采用交流方式，四个桥臂可以是电感 L、电容 C 或者电阻 R，均用阻抗符号 Z 表示，$Z = |Z| \mathrm{e}^{\mathrm{j}\phi}$。若阻抗、电流和电压都用复数表示，则直流电桥的平衡关系式在交流电桥中也适用，即交流电桥平衡时必须满足

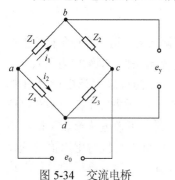

$$Z_1 Z_3 = Z_2 Z_4 \tag{5-59}$$

复阻抗中包含幅值和相位的信息，可以把各阻抗用指数形式表示为

$$\begin{aligned} Z_1 &= Z_{01}\mathrm{e}^{\mathrm{j}\phi_1} & Z_2 &= Z_{02}\mathrm{e}^{\mathrm{j}\phi_2} \\ Z_3 &= Z_{03}\mathrm{e}^{\mathrm{j}\phi_3} & Z_4 &= Z_{04}\mathrm{e}^{\mathrm{j}\phi_4} \end{aligned} \tag{5-60}$$

图 5-34 交流电桥

则，交流电桥平衡条件变为：

$$Z_{01}Z_{03}\mathrm{e}^{\mathrm{j}(\phi_1+\phi_3)} = Z_{02}Z_{04}\mathrm{e}^{\mathrm{j}(\phi_2+\phi_4)} \tag{5-61}$$

式中，Z_{01}、Z_{02}、Z_{03}、Z_{04} 为各阻抗的模；ϕ_1、ϕ_2、ϕ_3、ϕ_4 为阻抗角，等于各桥臂电压与电流之间的相位差。

当采用纯电阻时，电流与电压同相位，$\phi = 0$；当采用电感性阻抗时，电压超前于电流，$\phi > 0$（纯电感时 $\phi = 90°$）；当采用电容性阻抗时，电压滞后于电流，$\phi < 0$（纯电容时 $\phi = -90°$）。

上述平衡条件要成立，必须同时满足

$$\begin{cases} Z_{01}Z_{03} = Z_{02}Z_{04} \\ \phi_1 + \phi_3 = \phi_2 + \phi_4 \end{cases} \tag{5-62}$$

即交流电桥平衡必须满足两个条件：相对两臂阻抗之模的乘积应相等，并且它们的阻抗角之和也必须相等。前者称为交流电桥模的平衡条件，后者称为相位平衡条件。

根据对直流电桥的讨论结果，可以得出

$$U_y = \frac{Z_1 Z_3 - Z_2 Z_4}{(Z_1 + Z_2)(Z_3 + Z_4)} U_0 \tag{5-63}$$

当 $Z_1 Z_3 - Z_2 Z_4 = 0$ 时，电桥输出为零，达到平衡，这时有 $Z_1 Z_3 = Z_2 Z_4$，因此，交流电桥的平衡条件为 $|Z_1||Z_3|e^{j(\phi_1 + \phi_3)} = |Z_2||Z_4|e^{j(\phi_2 + \phi_4)}$，即

$$\begin{cases} |Z_1||Z_3| = |Z_2||Z_4| \\ \phi_1 + \phi_3 = \phi_2 + \phi_4 \end{cases} \tag{5-64}$$

1. 电容式交流电桥

图 5-35 所示的是一种常用电容电桥，相邻两臂为纯电阻 R_2、R_3，另外相邻两臂为电容 C_1、C_4。R_1、R_4 为电容介质损耗的等效电阻。要使图 5-35 所示的电桥达到平衡，则需要满足以下条件：

$$\left(R_1 + \frac{1}{j\omega C_1} \right) R_3 = \left(R_4 + \frac{1}{j\omega C_4} \right) R_2$$

$$R_1 R_3 + \frac{R_3}{j\omega C_1} = R_2 R_4 + \frac{R_2}{j\omega C_4} \tag{5-65}$$

令上式的实部和虚部分别相等，则

$$R_1 R_3 = R_2 R_4$$

$$\frac{R_3}{C_1} = \frac{R_2}{C_4} \tag{5-66}$$

2. 电感式交流电桥

一种常用的电感电桥如图 5-36 所示，相邻两臂为纯电阻 R_2、R_3，另外相邻两臂为电感 L_1、L_4，R_1、R_4 为电感线圈的等效电阻。要使图 5-36 所示的电桥达到平衡，则需要满足以下条件：

$$R_1 R_3 = R_2 R_4$$

$$L_1 R_3 = L_4 R_2 \tag{5-67}$$

对交流电桥的推论如下：

（1）若电桥中有一对相邻桥臂为电阻，根据平衡条件，其余两个桥臂一定为同类的阻抗，同是容抗或者同是感抗；

（2）若电桥中有两对边桥臂为电阻，根据平衡条件，其余两个桥臂一定具有异类的阻抗，如果这边是容抗，其对边应为感抗。

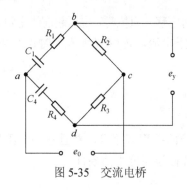

图 5-35　交流电桥

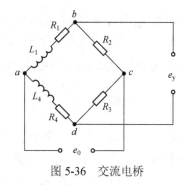

图 5-36　交流电桥

电容电桥的平衡条件为

$$实部相等：\quad R_1R_3 = R_2R_4$$

$$虚部相等：\quad \frac{R_3}{C_1} = \frac{R_2}{C_4}$$

电感电桥的平衡条件为

$$实部相等：\quad R_1R_3 = R_2R_4$$

$$虚部相等：\quad L_1R_3 = L_4R_2$$

如果四个桥臂均为电阻时，则 $\phi_1 = \phi_2 = \phi_3 = \phi_4 = 0$；如果忽略其他因素影响，则交流电桥的平衡条件与直流电桥是完全一样的。但在交流电桥的实际使用过程中，影响交流电桥测量精度及误差的因素比直流电桥要多得多。由于交流电桥的平衡必须同时满足幅值与阻抗两个条件，因此比直流电桥的平衡调节要复杂得多。

5.5　显示与记录仪器

显示是人机交互的主要形式，目的是为了便于操作与观察。记录是为了保持结果，以备检查。

5.5.1　模拟显示

早期传感器的显示与记录方式通常采用的是模拟形式，常见有纸质的温度记录仪、压力记录仪等，如图5-37所示。

5.5.2　数字显示

图 5-37　典型的模拟记录仪

数字显示器件的种类很多，按发光物质的不同分为半导体（发光二极管）显示器、液晶显示器、荧光显示器和辉光显示器等；按组成数字的方式不同，又可分为分段式显示器、点阵式显示器和字型重叠式显示器等。利用数字技术把传感器的结果以数字的形式反映出来。采用的技术是数模转换技术。早期的显示器采用的是数码管显示技术。数码管是一种半导体发光器件，其基本单元是发光二极管，按照七段构成基本数字笔画，再通过特定的译码技术实现数字指示。

图5-38所示的是一种利用发光二极管组合而成的数字显示器。当需要指示数字 1 时，可以控制 b、c 两个二极管发光，也就是给 b、c 低电平使相应二极管导通；同理，如果需要显示数字 0，只需要控制 q、b、c、d、e、f 为低电平，则对应的二极管发光，就可以显示出数字 0。

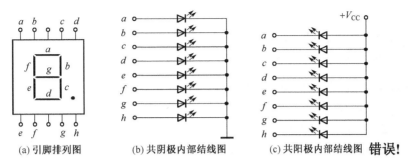

(a) 引脚排列图　　(b) 共阴极内部结线图　　(c) 共阳极内部结线图 **错误!**

图 5-38　发光数码管

5.5.3　磁记录

　　磁记录器件是利用物质的磁性来记录信息的器件。它采用录音、录像、录码等磁记录技术，广泛应用于广播、电视、电影、传真、计算机、测量、自控与遥控等领域。磁记录器件包括磁头、磁带、磁鼓、磁盘、磁芯存储器、磁泡存储器等。

　　经磁化后的磁性材料，在磁化场消失后仍具有剩余磁化强度。需要记录的信息通过特殊形式的磁化装置（即磁头）转变成磁场，此磁场作用于磁性介质的某一区域。该磁场消失后，此区域内仍保存剩余磁化强度，其值与原磁化场强度（即信息大小）有关。如磁头与磁记录介质进行连续相对运动，信息将顺序地记录在介质的不同区域。记录中的信息可长期保存，需要时又可以重现。信息重现是根据电磁感应的原理，将磁记录介质某区域上已记录的剩余磁感应引入绕有线圈的磁头磁路，当介质与磁头进行相对运动时，线圈将随剩余磁感应强度的变化而产生感应电压。这个电压的波形即与原记录信息的变化有关，因此只要处理恰当，原记录信息就可重现。另外，用消磁方法很容易抹去所记录的信息，因而磁记录介质可反复使用。图 5-39 所示的是几种磁记录介质材料，其中图 5-39(a) 是磁带，图 5-39(b) 是磁盘，图 5-39(c) 是一种磁鼓。

　　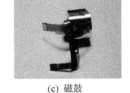

(a) 磁带　　　　　　　　　(b) 磁盘　　　　　　　　　(c) 磁鼓

图 5-39　磁记录设备

5.5.4　光盘式记录

　　光盘是一种数据记录设备，光盘记录具有存储数据量大，保持长久等优点，能够实现海量存储，是最新的数据保持形式，如 CD、CD-R、DVD 等。图 5-40 所示的是光盘，用来存储数据；而图 5-41 所示的是光驱，用来读取光盘。

图 5-40　光盘

图 5-41　光驱

5.6　思考题与习题

5-1　如何利用运算放大器组成有源低通滤波器？

5-2　滤波器有哪几种？其主要参数有哪些？

5-3　电桥按激励形式可分为哪些形式的电桥？

5-4　电桥按照元件在桥上的位置可分为哪些电桥？

5-5　电容式交流电桥的平衡条件是什么？

计算机测试技术

工程背景

计算机测试技术是现代测量技术的关键技术。仪器的智能化、网络化、虚拟化是未来传感器测试技术的核心，研究智能化传感器，分析智能传感器结构特点是争夺传感器技术的制高点。现代计算机技术飞速发展，计算机软硬件水平日新月异，利用计算机这个平台搭建通用型虚拟仪器是测试技术新的发展趋势。

内容提要

本章主要讲述计算机测量系统的数据采集技术，介绍数据采集通道设计，介绍智能仪表、介绍虚拟仪器，介绍虚拟仪器与虚拟技术，介绍虚拟仪器组成，开发工具软件 LabVIEW。

6.1　概述

计算机检测技术也称为计算机测试技术，是以计算机系统为主要技术特征，兼具有试验性质的测量，泛指测量和试验两个方面的技术。随着微电子技术、计算机技术与传感器技术的发展，计算机测试系统已经把相关技术融合到一起，构成新一代的智能化自动检测系统。

计算机测试技术的核心是以传感器技术为前导，计算机控制技术加上虚拟化的软件技术平台，把信息处理与显示交给计算机来完成，大大提升了测试系统的通用性、技术的柔性与开发应用的快速性。

6.2　计算机测试系统

目前，计算机测试分析仪已占据主导地位。与传统的模拟仪器或数字仪器相比，计算机测试仪器有以下特点。

（1）具有极强的复杂时域信号处理能力　借助 FFT 频域分析与振动模态分析等方法可实现复杂的信号分析与处理。

（2）高精度、高分辨率和高速实时分析处理　随着微电子技术的快速发展，IC 芯片的集成度越来越高，A/D 与 D/A 芯片的精度与转换位数也越来越大。高精度时钟控制和 CPU 的数据位数越大，数值运算的能力也越高，从而使测试分析结果的实时性、快速性与传统的模拟仪器相比发生了质的变化。

（3）性能可靠、稳定、维修方便　计算机测试分析仪器由标准的通用板卡和相对应的驱动软件组成。大批量标准化生产使得仪器的硬件成本较低，维修更方便。软件采用标准插件，功能模块化，实现功能搭配积木化。

（4）标准化总线的使用　使系统的扩展性大大提升。

（5）输出信息形式多样　各类图形与图表能直观地显示分析结果，磁盘存储便于建立档案，调用分析结果可对测试对象进行计算机辅助设计或仿真，数字通信可实现远程监控和远程测试。

（6）多功能　仪器的通用性强，根据需求，仪器可完成多类型任务。

（7）系统的容错能力较强　很多仪器具有自测试和故障监控功能，仪器的自检测试程序可对仪器自检，并可修复某些故障。

（8）与计算机技术同步发展。

6.2.1　数据的采集与保持

计算机只能接收数字信号，而工业现场的信号大部分都是连续信号。系统的复杂性决定了仅凭一个属性的信号是不能充分反映系统属性的，常常需要多个参数来描述对象，故计算机数据采集系统所面临的信号是多路的。那么，计算机如何接收这些信号，并保持这些信号不失真，就是数据采集技术所要解决的问题。数据采集方式有顺序控制数据采集和程序控制数据采集两种，如图6-1和图6-2所示。

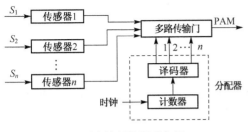

图 6-1 顺序控制数据采集图

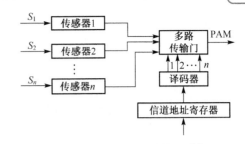

图 6-2 程序控制数据采集

6.2.2 模/数与数/模转换技术

从模拟信号到数字信号的转换过程称为模/数转换（简称 A/D 转换），而实现模数转换的电路称为 A/D 电路，对应的芯片称为 A/D 转换器（简称 ADC）。从数字信号到模拟信号的转换称为数/模转换（简称 D/A 转换），实现数/模转换的电路称为 D/A 电路，对应的芯片称为 D/A 转换器（简称 DAC）。

1．A/D 转换基本原理

为了将时间连续、幅值也连续的模拟信号转换为时间离散、幅值也离散的数字信号，A/D 转换需要经过采样、保持、量化、编码 4 个步骤。通常，采样、保持采用一种称为采样保持电路来完成，而量化和编码在转换过程中实现。

ADC 的主要技术参数如下。

（1）分辨率　分辨率是指当 A/D 转换器输出数字量的最低位变化一个数码时，对应输入模拟量的变化量。通常以 ADC 输出数字量的位数表示分辨率的高低，因为位数越多，量化单位就越小，对输入信号的分辨能力也就越高。

（2）转换误差　转换误差表示 A/D 转换器实际输出的数字量与理论输出的数字量之间的差别。通常以输出误差的最大值形式给出。转换误差也称为相对精度或相对误差。转换误差常用最低有效位的倍数表示。

（3）转换速度　完成一次 A/D 转换所需要的时间称为转换时间。转换时间越短，转换速度越快。双积分 ADC 的转换时间在几十毫秒至几百毫秒之间，逐次比较型 ADC 的转换时间大都在 $10\,\mu s \sim 50\,\mu s$ 之间，而并行比较型 ADC 的转换时间可达 $10\,\mu s$。

2．D/A 转换基本原理

数/模转换就是将数字量转换成与它成正比的模拟量。数字系统是按二进制表示数字的 n 位二进制数字量按权展开的，即

$$(D_{n-1}D_{n-2}\cdots D_1 D_0)_2 = (D_{n-1}\times 2^{n-1} + D_{n-2}\times 2^{n-2} + \cdots + D_1\times 2^1 + D_0\times 2^0)_{10} \tag{6-1}$$

此时，数/模转换输出的模拟电压值为

$$u_0 = K(D_{n-1}\times 2^{n-1} + D_{n-2}\times 2^{n-2} + \cdots + D_1\times 2^1 + D_0\times 2^0)_{10} \tag{6-1}$$

式中，K 为比例系数。

由此可见，组成 D/A 转换器的基本指导思想是将数字量的每一位代码按其权值的大小分别转换成模拟量，然后将这些模拟量相加，即得到与数字量成正比的总模拟量。

DAC 的主要技术参数如下。

（1）分辨率　分辨率是指输出电压的最小变化量与满量程输出电压之比。

（2）转换速率　D/A 转换器将输入数字量转换成稳定的模拟输出电压所需时间的倒数称为转换速率。

（3）转换精度　转换精度是指电路实际输出的模拟电压值和理论输出的模拟电压值之差。

（4）非线性误差　通常把 D/A 转换器输出电压值与理想输出电压值之间偏差的最大值定义为非线性误差。

（5）温度系数　在输入不变的情况下，输出模拟电压随温度变化而变化的量。

6.2.3　A/D 与 D/A 通道设计

作为一个系统，需要处理的参数（模拟量）往往不是单一的，而是多参数的。如何利用一组 A/D 转换器实现多参数变换，就需要对输入通道进行设计，实现多参数模数变换。如图 6-3 所示，每一个模拟量经过放大器变送到一个多路转换开关芯片，由多路转换开关进行信道选择。多路转换信号是由计算机进行选择控制的。模拟信号经由放大器、多路转换开关，送到采样保持器，然后再将其输出送到 A/D 转换电路。A/D 转换电路通过模数转换将模拟信号变成数字信号，最后将其输送到计算机进行分析处理。D/A 通道设计的思路与 A/D 通道设计相似。

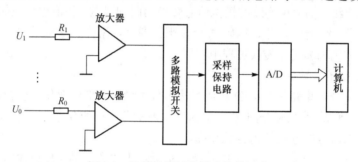

图 6-3　计算机测试分析系统的组成

6.2.4　计算机采集与分析系统

计算机测试分析系统由微型计算机、通用硬件和应用软件，以及被测对象三部分组成，如图 6-4 所示。在图 6-4 中，中间虚线框中的部分是接口电路，由计算机控制激励信号产生电路、计算机控制数据调理器/采集器和可程控测试接口适配器组成。

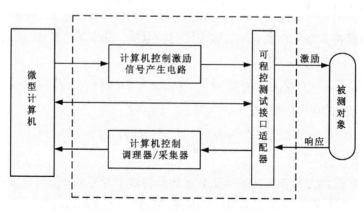

图 6-4　计算机测试分析系统组成

6.3 智能仪表

6.3.1 概述

　　智能仪表是计算机技术与测量仪器相结合的产物,是含有微计算机或微处理器的测量(或检测)仪器,它拥有对数据的存储、运算、逻辑判断及自动化操作等功能,能产生一定智能的作用(表现为智能的延伸或加强等)。

　　伴随着 20 世纪 90 年代末计算机、网络和通信技术的发展,人类已进入到所谓的后 PC 时代。在这一阶段,智能化、数字化、网络化是仪器发展总的大趋势,从而使改进后的仪器设备更加轻巧灵便,易于使用。寻找一种灵活、高效和高性价比的解决方案是仪器工程师始终盼望追求的目标,近年来由于嵌入式技术的使用,使得这个想法得以实现,并且成为后 PC 时代 IT 领域发展的主力军。

　　随着计算机技术和嵌入式系统的迅速发展,带来了仪器仪表结构的根本性变革,即以单片机等嵌入式系统为主体,代替传统仪表的常规电子线路,成为新一代具有某种智能的灵巧仪表。这类仪表的设计重点,已经从模拟和逻辑电路的设计转向专用的微机模板或微机功能部件、接口电路和输入/输出通道的设计,以及应用软件的开发。传统模拟式仪表的各种功能是由单元电路实现的,而在以单片机或嵌入式系统为主体的仪表中,通常由软件来完成众多的数据处理和控制任务,如图6-5所示。

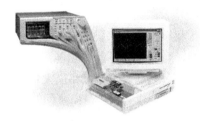

图 6-5　智能仪表的发展

6.3.2 智能仪表的组成

　　通常智能仪表由硬件和软件两大部分组成,并分为四个层次,如图6-6所示。

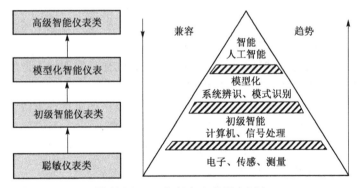

错误!图 6-6　智能仪表的四个层次

智能仪表结构可分为以下两种基本类型:

　　(1)微机内嵌式　将单片或多片的微机芯片与仪器有机地结合在一起形成的单机,如图 6-7 所示。

　　(2)微机扩展式　以个人计算机(PC)为核心的应用扩展型测量仪器。个人计算机仪器(PCI)也称为微机卡式仪器,如图6-8所示。

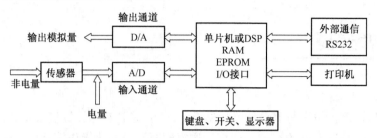

错误!图 6-7　内嵌微处理器智能仪表的基本结构

图 6-8　个人计算机仪器的结构图

6.3.3　智能仪表的功能模块

将单片机技术、DPS 芯片、嵌入式系统引入仪表，能够有效解决传统仪表行业中的很多问题，可实现如下一些功能：

（1）自动校正零点和最大量程及切换量程　自动校正功能大大降低了仪表零点漂移和环境参数变化造成的误差，而量程的自动切换又给使用带来了方便，并可提高读数的分辨率精度。

（2）多点快速检测　能对多个参数（模拟量或者开关量信号）进行快速、实时检测，以便及时了解生产过程的瞬变工况。

（3）自动修正各类测量误差　大多数传感器的输入输出特性都是非线性的，且受环境温度、压力等参数变化的影响，易给仪表带来误差。对于智能仪表，只要掌握这些误差的变化规律，就可依靠软件进行修正。常见的有测温元件的非线性校正、热电偶冷端温度补偿、气体流量的温度压力补偿等。

（4）数字滤波　通过对主要干扰信号特性的分析，采用适当的数字滤波算法，可抑制各种干扰（如低频干扰、脉冲干扰等）的影响。

（5）数据处理　能实现各种复杂运算，对测量数据进行整理和加工处理，如统计分析、查找排序、标度变换、函数逼近和频谱分析等。

（6）各种控制规律　能实现 PID 及各种复杂控制规律，如可进行串级、前馈、解耦、非线性、自适应、模糊等控制，以满足不同控制系统的需求。

（7）输出形式多样　输出可以是模拟量（经 D/A 转换），也可以是数字开关量信号。输出形式有数字显示、打印记录和声光报警。

（8）数据通信　能与其他仪表和计算机进行数据通信，以便构成不同规模的计算机测试控制系统。

（9）自诊断　在运行过程中．可对仪表本身各组成部分进行一系列测试，一旦发现故障即能告警，并显示出故障部位，以便及时正确地处理。

（10）掉电保护　仪表内装有后备电池和电源自动切换电路。掉电时，能自动切换电池为 RAM 供电，使数据不致丢失。也可采用 Flash 存储器来替代 RAM，存储重要数据，以实现掉电保护的功能。

就某些不带微机的常规仪表中，通过增加器件和变换电路，也能或多或少地具有上述的某些功能，但往往要付出较大的代价。而在智能仪表中，性能的提高、功能的扩大是比较容易实现的，低廉的微机芯片使这类仪表具有较高的性能价格比。

6.4　虚拟仪器系统

6.4.1　概述

NI 公司于 20 世纪 70 年代中期提出了虚拟仪器的概念。虚拟仪器是在以通用计算机为核心的硬件平台上，由用户设计定义，具有虚拟面板，测试功能由测试软件实现的一种计算机仪器系统，是计算机技术与仪器技术相结合的产物，其基础是计算机系统，核心是软件技术。简而言之，虚拟仪器就是在开放架构的基础上创建用户自定义的测试系统。虚拟仪器大大突破了传统仪器在数据采集、处理、显示、存储等方面的限制，是一个测试和自动化系统的高性能、低成本运载平台。

1. 虚拟仪器技术的发展过程

虚拟仪器利用软件在标准计算机屏幕上构建虚拟的仪器面板，在系统硬件的支持下对现场信息进行采样，在离线条件下用软件处理数据，得到测量结果。虚拟仪器是通过应用程序将计算机资源（微处理器、存储器、显示器）和仪器硬件（定时器、信号调理器）的测量功能结合起来，形成的测量装置和测试系统。用户通过友好的图形界面（称为虚拟面板）操作计算机，就像操作传统仪器一样，通过库函数实现仪器模块间的通信、定时、触发，以及数据分析、数据表达，并形成图形化接口。

虚拟仪器的演变和发展是仪器发展及计算机技术推动的结果。电子测量仪器经历了由模拟仪器、数字仪器到智能仪器的过程，但计算机处理能力的迅速发展已将传统仪器抛在后面。同时计算机又具有仪器所必需的数据处理、显示、存储功能，高分辨力的图形显示与大容量硬盘也已成为计算机的标准配置，从而使仪器与计算机联姻，使仪器的发展乘上计算机发展的高速列车，形成了全部可编程的仪器。

图6-9所示的是虚拟仪器组成框图，涵盖了信号输入通道、信号分析处理单元、信号输出通道和人机交互单元等。

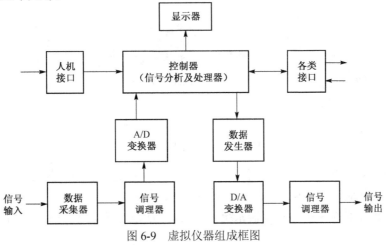

图 6-9　虚拟仪器组成框图

2．虚拟仪器的分类及组成

虚拟仪器由计算机、应用软件和仪器硬件组成。按照系统硬件的构成方式可分为以下四种系统。

（1）PC-DAQ 系统　它是以数据采集板（Data Acquisition Board，简称 DAQ 板）和信号调理器为仪器硬件，以插卡形式直接插在 PC 内而形成的系统。

（2）VXI 系统　它是以 VXI 总线仪器为硬件组成的系统。

（3）标准总线仪器系统　它是以具有 GPIB、串口和现场总线的标准仪器基础构建的系统。

（4）PXI 系统　PXI 标准是美国国家仪器公司在 1997 年 8 月公布的开放性标准，它包括机械结构标准、电气结构标准和软件结构标准。根据该标准生产的产品和系统称为 PXI 系统。

图6-10所示的是把前述几种总线标准的不同板卡集成到微型计算机系统的基本框架图。

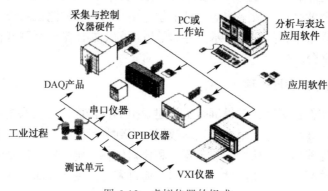

图 6-10　虚拟仪器的组成

3．虚拟仪器与传统仪器的比较

独立式传统仪器的基本框架类似于基于 PC 的虚拟仪器，其根本区别在于两者不同的灵活性，用户是否能够根据各自不同的需求对其进行修改和扩展，两者的对比如图6-11所示。

虚拟仪器的特点如下。

（1）虚拟仪器是一种全新的仪器概念，与传统的测试仪器相比，虚拟仪器的功能由用户自行定义和开发。基本硬件确定后，通过调用不同软件即可构成不同功能的仪器。软件技术是虚拟仪器的关键，因此美国国家仪器公司提出"软件就是仪器"的口号。

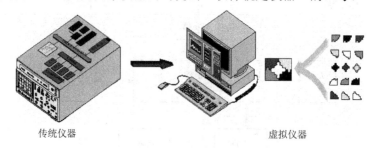

图 6-11　传统仪器与虚拟仪器的比较

（2）计算机具有开放性　正是因为具有开放性，所以它容易实现与网络、虚拟仪器系统的控制器外设及其他部件相互间的连接，具有易扩展性。

（3）虚拟仪器系统是多微处理器系统　可进行高速测量和精密测量，并能迅速得到分析处理结果。

（4）计算机强大的图形用户界面和数据处理能力　将测量与数据分析处理相结合，增强了仪器的显示及分析功能。

（5）虚拟仪器的设计开发灵活开放　可与计算机技术同步发展，技术更新快。虚拟仪器技术更新周期为 1～2 年，而传统仪器的更新周期为 5～10 年。

6.4.2　LabVIEW 虚拟仪器开发系统

LabVIEW 是实验室虚拟仪器集成环境（Laboratory Virtual Instrument Engineering Workbench）的简称，是美国国家仪器公司的软件产品，也是目前应用最广、发展最快、功能最强的图形化软件集成开发环境。

LabVIEW 的特点如下。

（1）LabVIEW 是一种图形化编程语言，又称为 G 语言，其编写的程序称为虚拟仪器，以.VI 后缀。使用这种语言编程时，基本上不写程序代码，取而代之的是流程图或程序图，而且该语言尽可能利用技术人员、科学家、工程师所熟悉的术语、图标和概念。LabVIEW 是一个面向最终用户的图形化的编程语言，可以增强用户构建自己的科学和工程系统的能力，提供了实现仪器编程和数据采集系统的便捷途径。当使用它进行原理研究、设计、测试并实现仪器系统时，可以大大提高工作效率。

（2）LabVIEW 作为一种图形化的编程语言，广泛地被工业界、学术界和研究实验室所接受，被视为一个标准的数据采集和仪器控制软件。LabVIEW 集成了与满足 GPIB、VXI、RS-232 和 RS-485 协议的硬件及数据采集卡通信的全部功能，还内置了便于应用 TCP/IP、ActiveX 等软件标准的库函数。LabVIEW 是一个功能强大且灵活的软件，利用它可以方便地建立自己的虚拟仪器，其图形化的界面使得编程及使用过程生动有趣。

（3）LabVIEW 可产生独立运行的可执行文件，是一个真正的 32 位编译器。像许多重要的软件一样，LabVIEW 提供了 Windows、UNIX、Linux、Macintosh 等多种版本。

（4）LabVIEW 的流程图编程方法和分析 VI 库的扩展工具箱，使得分析软件的开发变得更加简单。LabVIEW 分析 VI 库通过一些可以互相连接的 VI，提供了最先进的数据分析技术。使用者不必像在普通编程语言中那样关心步骤的具体细节，而可以集中注意力解决信号处理与分析方面的问题。

6.4.3　LabVIEW 虚拟仪器开发实例

下面通过一个简单的例子说明 LabVIEW 的开发过程。在例子中将完成一个简单的 VI 程序，在程序中将随机产生一个信号，将此信号作为图标显示在屏幕上。

（1）打开 LabVIEW，在显示的对话框中选择 New VI，屏幕将显示空白的 VI 页面。空白的页面由空的 Front Panel 和 Block Diagram 组成。在 Windows 菜单中可以切换 Front Panel 和 Block Diagram。

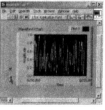

（2）切换到 Front Panel 窗口，窗口上的画面为如图 6-12 所示的前面板。在前面板中放置

图 6-12　虚拟随即信号发生器及程序发生器框图

Stop Button 和 Waveform Chart，Stop Button 用来停止波形的显示。

（3）切换到 Block Diagram 中放置一个 Random Plot，由于在 Front Panel 中已经放置了 Stop Button，所以在 Block Diagram 中可以看到已经存在一个 Random Plot 和 Stop Button 图标。

（4）选择 Functions-Structures-While Loop，在窗口里面放置一个 While Loop 循环，将 Random Plot 和 Stop Button 图标包含在里面。

（5）放置 Random Number 图标，选择 Functions-Numeric-Random Number，放置在 While Loop 之内。

（6）使用 Tools 中 Connect Wire，首先单击 Random Number，按住鼠标不放，在鼠标移动到 Random Plot 上的时候松开鼠标，这时一条连线就连接成功了。数据流将由 Random Number 流向 Random Plot。

（7）定义 While Loop 循环的停止条件，当按下 Stop Button 时，Stop Button 的值为 True，所以要定义 While Loop 循环当输入值为 True 时停止，在 While Loop 循环的右下角图标上点右键，选择 Stop if True，再连接 Stop Button 与 While Loop 循环的右下脚图标，这时当按下 Stop Button 时程序就会自动停止。完成的程序框图及运行情况如图6-12所示。

图6-13是虚拟频谱分析仪的程序方块图结构实例，用于机械振动信号的测试。根据信号分析的种类，子程序调用 LabVIEW 中 Signal Processing 下 Auto Power Spectrum Analysis 的各种形式，通过对信号的通道选择、传感器灵敏度、采样频率、滤波、自功率谱、文件操作等的功能控制和调节，对信号进行不同的处理。为了模拟对振动信号从输入到输出的整个分析特性，采用五通道的频谱分析仪结构，对五个通道的信号可以进行相关分析、功率谱分析、频响函数分析。该结构充分满足了利用模拟振动信号进行振动实验的需要，达到了实验的要求。

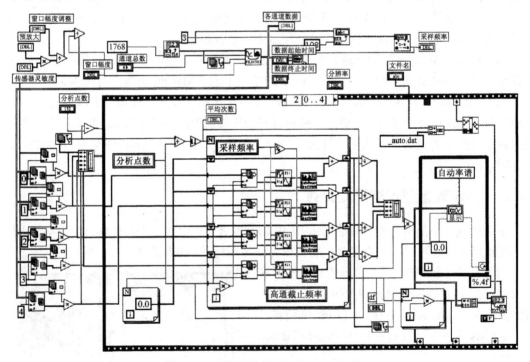

图 6-13   虚拟频谱分析仪的方块图结构

由于虚拟仪器的目标和导线的工作如同一个图解参数表，因此一个虚拟仪器可以把数据传送到另一个虚拟仪器上。基于上述特点，LabVIEW 发展了结构化程序设计的概念，使虚拟仪器成为分层次和模块化的,即可以把任意一个虚拟仪器当做顶层程序,也可将其当做其他虚拟仪器或自身的子程序。这样用户就可以把一个复杂的应用任务分解为一系列的、多层次的子任务,通过为每一个子任务设置一个子虚拟仪器,并运用方块图原理把这些子虚拟仪器进行组合、修改、交叉和合并,最后建成的顶层虚拟仪器就成为一个包括所有应用功能的子虚拟仪器的集合。因此可以认为,LabVIEW 中的虚拟仪器相当于常规语言中的程序模块,通过它实现了软件重用。

6.5 思考题与习题

6-1 什么是虚拟仪器?

6-2 简述虚拟仪器的构成与特点。

6-3 什么是智能仪表?

6-4 简述智能仪表的组成。

6-5 计算机测试系统有哪些部分组成?

6-6 简述基于虚拟仪器的数据采集实现方法。

下　　篇

测试技术的工程应用

第 7 章　力和力矩的测量

工程背景

在机械工程中，力学参数（力和力矩）的测量是最常碰到的问题之一。由于机械设备中多数零件或构件的工作载荷属于随机载荷，要精确地计算这些载荷及所产生的影响是十分困难的。而通过对力学参数的测量可以分析和研究机械零件、机构或整体结构的受力情况和工作状态，验证设计计算的正确性，确定整机工作过程中载荷谱和某些物理现象的机理。工程中常见的应力、功率、力矩及压力等参数的测量大都转变成应变或力的测试，然后再转换成诸如功率、压力等物理量。因此力学参数测量对发展设计理论，保证安全运行，实现自动控制等都具有重要的作用。本章旨在研究机械工程中常见的力和力矩的测量问题。

内容提要

本章主要讲述有关应变、力和力矩测量的一些基本理论和方法。重点介绍应力、应变和扭矩的测量原理，以及常用传感器的工程应用。

7.1　力的测量原理

当力施加于某一个物体后，将会产生两种效应；一是使物体变形的效应，二是使物体的运动状态改变的效应。由胡克定律可知，当弹性物体在力的作用下产生变形时，若在弹性的范围内，物体所产生的变形量与所受的力值成正比。因此，只需要通过一定手段测出物体的弹性变形量，就可间接地确定物体所受力的大小，故通过测量测力传感器中"弹性元件"的变形量，便可间接获得力值。物体受到力的作用，产生相应的加速度。由牛顿第二定律可知，当物体质量确定后，该物体所受的力和所产生的加速度，二者之间具有确定的对应关系。只需要测出物体的加速度，就可间接测得受力的大小，故通过测力传感器中质量块的加速度便可间接获得力值。一般而言，在机械工程中，大部分测力方法都是基于物体受力变形的效应。

7.2　应力、应变的测量

7.2.1　应变的测量

应变测量在工程中常见的测量方法之一是应变电测法。它是通过电阻应变片，先测出构件表面的应变，再根据应力、应变的关系来确定构件表面应力状态的一种试验应力分析方法。这种方法的主要特点是测量精度高，变换后得到的电信号可以很方便地进行传输和各种变换处理，并可进行连续的测量和记录或与计算机数据处理系统相连接等。

1．应变测量原理

应变电测法的测量系统主要由电阻应变片、测量电路、显示与记录仪器或计算机等设备组成，如图7-1所示。它的基本原理是：把所使用的应变片按构件的受力情况，合理的粘贴在被测构件变形的位置上，当构件受力产生变形时，应变片敏感栅也随之变形，敏感栅的电阻值就会发生相应的变化。其变化量的大小与构件变形成一定的比例关系，通过测量电路（如电阻应变测量装置）转换为与应变成比例的模拟信号，经过分析处理，最后得到受力后的应力、应变值或其他的物理量。因此，任何物理量只要能设法转变为应变，都可以利用应变片进行间接测量。

ε → 电阻应变片 → $\pm\Delta R$ → 测量电路 → u或i → 显示与记录仪器或计算机

图 7-1　应变测试框图

2．应变测量装置

应变测量装置也称为电阻应变仪，它由电桥、前置放大器、功率放大器、相敏检波器、低通滤波器、振荡器和稳压电源组成。电阻应变仪将应变片电阻的变化转换为电压（或电流）的变化，然后通过放大器将此微弱的信号（或电流）进行放大，以便指示和记录。

电阻应变仪中的电桥是将电阻、电感、电容等参数的变化转变为电压或电流输出的一种测量电路。其输出既可用指示仪表直接测量，也可以送入放大器进行放大。桥式测量电路简单，具有较高的精确度和灵敏度，在测量装置中被广泛应用。通常使用交流电桥应变仪，其电桥由振荡器产生的数千赫兹的正弦交流作为供桥电压（载波）。在电桥中，载波信号被应变信号所调制，电桥输出的调幅信号经交流放大器放大、相敏检波器解调和滤波后输出。这种应变仪能较容易地解决仪器的稳定问题、结构简单，对元件的要求较低。目前，我国生产的应变仪基本上属于这种类型。

　　根据被测应变的性质和工作频率的不同，可采用不同的应变仪。对于静态载荷作用下的应变，以及变化十分缓慢或变化后能很快稳定下来的应变，可采用静态电阻应变仪。以静态应变测量为主，兼作 200 Hz 以下的低频动态测量可采用静态电阻应变仪。0～2 kHz 范围的动态应变，可采用动态电阻应变仪，这类应变仪通常具有 4～8 通道。测量 0～20 kHz 的动态过程和爆炸、冲击等瞬态变化过程，可采用超动态电阻应变仪。

　　应变仪中多采用交流电桥，供桥电源为交流电压，四个桥臂均为电阻，由可调电容来平衡分布电容。电桥输出电压可用式(7-1)来计算，即

$$u_0 = \frac{u_e}{4}\left(\frac{\Delta R_1}{R} - \frac{\Delta R_2}{R} + \frac{\Delta R_3}{R} - \frac{\Delta R_4}{R}\right) \tag{7-1}$$

其中，u_e 为供桥电源；R 为四个桥臂的标称电阻；ΔR_1，ΔR_2，ΔR_3，ΔR_4 分别为各桥臂的电阻变化。当各桥臂应变片的灵敏度 S 相同时，式(7-1)可改写为

$$u_0 = \frac{u_e}{4}S(\varepsilon_2 - \varepsilon_2 + \varepsilon_3 - \varepsilon_4)$$

这就是电桥的和差特性。应变仪电桥的工作方式和输出电压如表7-1所示。

表 7-1　应变仪电桥工作方式和输出电压

工 作 方 式	单　臂	双　臂	四　臂
应变片所在桥臂	R_1	R_1，R_2	R_1，R_2，R_3，R_4
输出电压 u_0	$\frac{1}{4}u_e S\varepsilon$	$\frac{1}{2}u_e S\varepsilon$	$u_e S\varepsilon$

3. 应变片的布置与接桥方法

　　由于应变片粘贴于试件后，所感受的是试件表面的拉应变或压应变，因此应变片布置和电桥的连接方式应根据测量的目的、对载荷分布的估计而定，这样才能便于利用电桥的差特性达到测出所需测的应变而排除其他因素干扰的目的。例如，当测量复合载荷作用下的应变时，就需要通过应变片的布置和接桥方法来消除相互影响的因素。因此，布片和接桥应符合下列原则：在分析试件受力的基础上选择主应力最大点为贴片位置。合理地应用电桥和差特性，使得只有需要测的应变影响电桥的输出，具有足够的灵敏度和线性度，并且使试件贴片位置的应变与外载荷成线性关系。

7.2.2　应力的测量

1. 应力测量原理

　　应力测量原理实际上就是先测量受力物体的变形量，然后根据胡克定律换算出待测力的大小。显然，这种测力方法只能用于被测构件（材料）在弹性范围内的条件下。又由于应变片只能粘贴于构件表面，所以它的应用被限定于单向或双向应力状态下构件的受力研究。尽管如此，由于该方法具有结构简单、性能稳定等优点，所以它仍是当前技术最成熟、应该最多的一种测力方法，能够满足机械工程大多数情况下对应力应变测试的需要。

2. 应力状态与应力计算

力学理论表明，某一测点的应变和应力间的量值关系和该点的应力状态是有关的，根据测点所处应力状态的不同分述如下。

（1）单向应力状态　该应力状态的应力 σ 与应变 ε 之间的关系甚为简单，由胡克定律确定为

$$\sigma = E\varepsilon \tag{7-2}$$

式中，E 为被测件材料的弹性模量。

显然，在测得应变 ε 后，就可由式(7-2)计算出应力值，进而可根据零件的几何形状和截面尺寸计算出所受载荷的大小。在实际中，多数测点的状态都为单向应力状态或简化为单向应力状态来处理，如受拉的二力杆、压床立柱及许多零件的边缘处。

（2）平面应力状态　在实际工作中，常常需要测量一般平面应力场内的主应力，其主应力方向可能是已知的。这时只需要沿两个相互垂直的主应力方向各贴一片应变片 R_1 和 R_2（如图7-2(a)所示），另外再设置一片温度补偿片 R_t 分别为 R_1、R_2 接成相邻半桥（如图7-2(b)所示），就可测得主应变 ε_1 和 ε_2，然后根据下式计算主应力 σ：

$$\sigma_1 = \frac{E}{1-\mu^2}(\varepsilon_1 + \mu\varepsilon_2) \tag{7-3}$$

$$\sigma_2 = \frac{E}{1-\mu^2}(\varepsilon_2 + \mu\varepsilon_1) \tag{7-4}$$

式中，μ 为被测件材料的泊松比。

在主应力方向未知的情况下，一般采用贴应变花的办法进行测试。对于平面应力状态，若能测出某点三个方向的应变 ε_1、ε_2 和 ε_3，就可以计算出该点主应力的大小和方向。应变花是由三个或多个按一定角度关系排列的应变片组成（如图7-2所示），用它可测试某点三个方向的应变，然后按有关实验应力分析资料中查得的主应力计算公式求出其大小及方向。目前，市场上已有多种复杂图案的应变花供应，可根据测试要求选购，例如直角形应变花和三角形应变花。

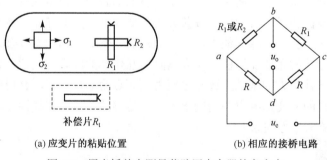

(a) 应变片的粘贴位置　　　　(b) 相应的接桥电路

图 7-2　用半桥单点测量薄壁压力容器的主应力

【工程应用点评7-1】　应力与应变

在研究机器零件的刚度、强度、设备的力能关系以及工艺参数时都要进行应力应变的测量。当材料在外力作用下不能产生位移时，它的几何形状和尺寸将发生变化，这种形变就称为应变。材料发生形变时内部产生了大小相等但方向相反的反作用力以抵抗外力。把分布内力在一点的集度称为应力。按照应力和应变的方向关系，可以将应力分为正应力 σ 和切应力 τ。正应力的方向与应变方向平行，而切应力的方向与应变垂直。按照载荷作用的形

式不同，应力又可以分为拉伸压缩应力、弯曲应力和扭转应力。应变有三种类型：① 在张应变物体内，将某线段形变后长度的改变量 Δl 与原长度 l_0 之比 $\varepsilon = \Delta l / l_0$ 称为张应变（也称为拉伸应变或线应变）；② 在剪应变物体内，将两个相互垂直的平面形变后所夹角度的改变量 $\varepsilon_d = \Delta x / l_0$ 称为剪应变（也称为切应变或角应变）；③ 在体应变形变后，将物体体积的改变 ΔV 与原体积 V_0 之比 $\varepsilon v = \Delta V / V_0$ 称为体应变。

7.3　力的测量

7.3.1　应变式力传感器

被测物理量为荷重或力的应变式传感器，统称为应变式力传感器。其主要用做各种电子秤与材料试验机的测力元件、发动机的推力测试、水坝坝体承载状况监测等。

应变式力传感器要求有较高的灵敏度和稳定性，当传感器在受到侧向作用力或力的作用点发生轻微变化时，不应对输出有明显的影响。

1. 柱（筒）式力传感器

图7-3所示的是柱式、筒式力传感器。应变片粘贴在弹性体外壁应力分布均匀的中间部分，并对称地粘贴多片。电桥接线时应尽量减小载荷偏心和弯矩的影响。贴片在圆柱面上的位置及其在桥路中的连接如图7-3(c)、(d)所示，R_1 和 R_3 串接，R_2 和 R_4 串接，并置于桥路对臂上，以减小弯矩的影响，而横向贴片作为温度补偿使用。该力传感器主要用于测量沿柱（或筒）轴线方向的拉力或压力。

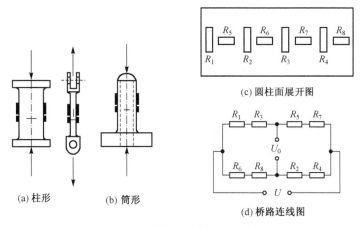

(a) 柱形　　(b) 筒形

(c) 圆柱面展开图

(d) 桥路连线图

图 7-3　圆柱（筒式）力传感器

2. 环式力传感器

图7-4所示的是环式力传感器结构及应力分布图。与柱式相比，应力分布变化较大，且有正有负。该传感器主要用于测量环所受径向力。

对于 $R/h > 5$ 的小曲率圆环，可用式(7-5)及式(7-6)计算出 A、B 两点的应变。

$$\varepsilon_A = -\frac{1.09FR}{bh^2E} \tag{7-5}$$

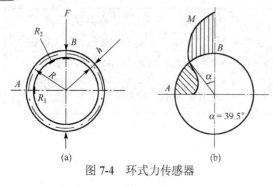

图 7-4　环式力传感器

$$\varepsilon_B = -\frac{1.91FR}{bh^2E} \qquad (7-6)$$

式中，h 为圆环厚度；b 为圆环宽度；E 为材料弹性模量；F 为测力环所受径向力。

这样，测出 A、B 处的应变，即可确定载荷 F。由图7-4(b)的应力分布可以看出，R_2 应变片所在位置的应变为零，故 R_2 应变片起温度补偿作用。

7.3.2　应变式压力传感器

应变式压力传感器主要用来测量流动介质的动态或静态压力。例如，动力管道设备的进出口气体或液体的压力、发动机内部的压力变化，枪管及炮管内部的压力、内燃机管道压力等。应变片压力传感器大多采用膜片式或筒式弹性元件。图7-5所示的是膜片式压力传感器，应变片贴在膜片内壁，在压力 p 作用下，膜片产生径向应变 ε_r 和切向应变 ε_t，表达式分别为

$$\varepsilon_r = \frac{3p(1-\mu^2)(R^2-3x^2)}{8h^2E} \qquad (7-7)$$

$$\varepsilon_t = \frac{3p(1-\mu^2)(R^2-x^2)}{8h^2E} \qquad (7-8)$$

式中，p 为膜片上均匀分布的压力；R，h 分别为膜片的半径和厚度；x 为距圆心的径向距离。

由应力分布图可知，当膜片弹性元件承受压力 p 时，其应变变化曲线的特点为：当 $x=0$ 时，$\varepsilon_{rmax} = \varepsilon_{tmax}$；当 $x = R$ 时，$\varepsilon_t = 0$，$\varepsilon_r = 2\varepsilon_{rmax}$。

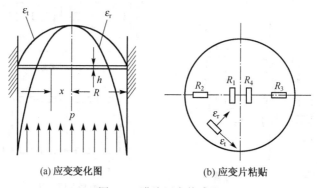

(a) 应变变化图　　　　　(b) 应变片粘贴

图 7-5　膜片压力传感器

7.3.3　压电式力传感器

压电式力传感器的工作原理是基于某些介质材料的压电效应，是典型的有源传感器。当材料受力作用而变形时，其表面会有电荷产生，从而实现非电量测量。在自然界中，大多数晶体具有压电效应，石英晶体、钛酸钡、锆钛酸铅等材料是性能优良的压电材料。

石英晶体化学式为 SiO_2，是单晶体结构。图7-6(a)中表示了天然结构的石英晶体外形。石英晶体是一个正六面体，其各个方向的特性是不同的。其中，纵向轴 z 称为光轴，经过六面体棱线并垂直于光轴的 x 轴称为电轴，与 x 和 z 轴同时垂直的轴 y 称为机械轴。通常，把沿电轴 x

方向的力作用下产生电荷的压电效应称为"纵向压电效应"，而把沿机械 y 方向的作用下产生电荷的压电效应称为"横向压电效应"。当沿光轴 z 方向受力时，不产生压电效应。

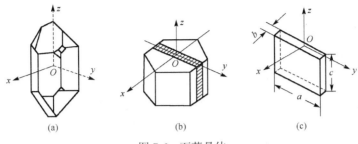

图 7-6　石英晶体

若从晶体上沿 y 方向切下一块如图7-6(c)所示的晶片，当在电轴方向施加作用力时，在与电轴 x 垂直的平面上将产生电荷，其大小为

$$q_x = d_{11}f_x \tag{7-9}$$

式中，d_{11} 为压电常数（单位为库仑/牛顿，即 C/N），下标中的第一个"1"表示在垂直于 x 轴表面产生电荷，第二个"1"表示在 x 轴方向施加力；f_x 为作用在 x 轴方向的力。

若在同一切片上，沿机械轴 y 方向施加作用力 f_y，则仍在与 x 轴垂直的平面上产生电荷 q_y，其大小为

$$q_y = d_{12}f_y \tag{7-10}$$

式中，d_{12} 为晶体沿 y 轴方向受力的压电系数，$d_{12} = -d_{11}$。电荷 q_x 和 q_y 的符号由所受力的性质决定。

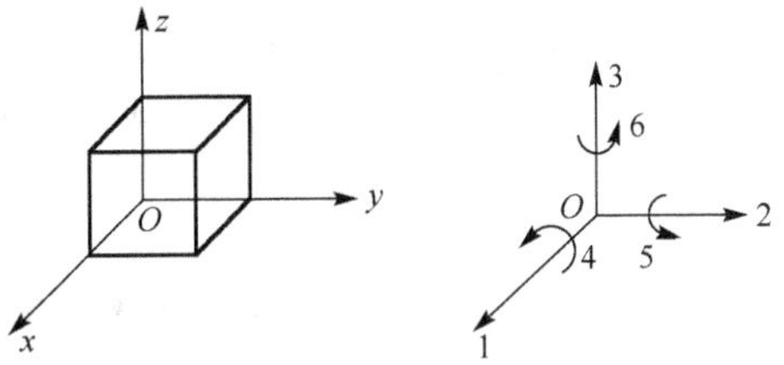

顺便指出，当石英晶体分别受到剪切应力 T_4、T_5、T_6 作用时，在压电常数的下标中就会出现 4、5 或 6。T_4、T_5、T_6 分别为晶片 x 面（即 yz 面）、y 面（即 zx 面）和 z 面（即 xy 面）上作用的剪切应力，如图7-7所示。总之，压电常数 d_{ij} 有两个下标，即 i 和 j。其中 i（$i = 1$，2，3）表示在 i 面上产生电荷，例如 $i = 1$，2，3 分别表示在垂直于 x、y、z 轴的晶片表面即 x、y、z 面上产生的电荷；在下标 $j = 1$，2，3，4，5，6 中，$j = 1$，2，3 分别表示晶体沿 x、y、z 轴方向承受单向应力，$j = 4, 5, 6$ 则分别表示晶体在 yz 平面、zx 平面和 xy 平面上承受剪切应力。

图 7-7　石英晶体的剪切应力示意图

压电式力传感器按其用途和压电元件的组成可分为单向力、双向力和三向力传感器。它们可以测量几百至几万牛顿的动态力。

1. 单向力传感器

图 7-8 所示的是一种用于机床动态切削力测量的单向压电石英力传感器的结构。压电元件采用 xy 切型石英晶体，利用石英晶体的纵向压电效应，可以实现力-电转换。如图7-8所示，上盖为传力元件，其弹性

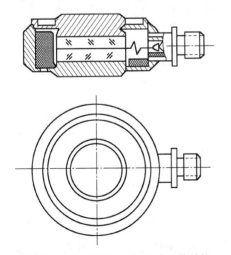

图 7-8　单向压电石英力传感器的结构

变形部分的厚度较薄（其厚度由测力大小决定），聚四氟乙烯绝缘套用来绝缘和定位。这种结构的单向力传感器体积小，质量小（仅 10 g），固有频率高（约 50～60 kHz），最大可测 5000 N 的动态力，分辨率达 10～3 N。

2. 双向力传感器

双向力传感器基本上有两种组合：一种是测量垂直分力与切向分力，即 F_z 与 F_x（或 F_y）；另一种是测量互相垂直的两个切向分力，即 F_x 与 F_y。无论哪一种组合，传感器的结构形式都基本相似。图7-9所示的是双向压电石英力传感器的结构，两组石英晶片分别测量两个分力，下面一组（两片）采用 xy 切型，利用石英晶体的纵向压电效应，可以测量轴向力 F_z；上面一组（两片）采用 yx 切型，晶片的厚度方向为 y 轴方向，在平行于 x 轴的剪切应力 T_6（在 xy 平面内）的作用下，产生厚度剪切变形。所谓厚度剪切变形，是指晶体受剪切应力的面与产生电荷的面不共面，如图7-10所示。这一组石英晶片利用剪切应力作用下的压电效应，实现力-电转换，测量 F_x。

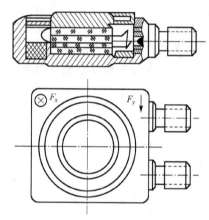

图 7-9　双向压电石英力传感器的结构

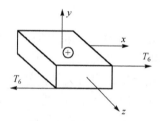

图 7-10　厚度剪切的 yx 切型

3. 三向力传感器

三向压电石英力传感器的结构如图7-11所示。它可以对空间任意一个或三个力同时进行测量。传感器有三组石英晶片，三组输出的极性相同。其中一组根据厚度变形的纵向压电效应，实现轴向力 F_z 的测量；另外两组采用厚度剪切变形的 yx 切型晶片，通过一定的安装工艺，通过石英晶片的剪切压电效应压电效应实现 F_x 和 F_y 的测量。

7.3.4　压电式压力传感器

压力是工业生产过程中常见的一个重要参数，在动力机械、航空、航天、国防、石油开采等领域中经常需要进行压力测试。压力的定义为：流体或固体垂直作用在单位面积上的力（即物理学中压强的概念）。压力的国际单位是帕斯卡，简称帕（Pa），1 Pa 表示 1 N 力垂直且均匀地作用在 1 m² 面积上所产生的压力，即 1 Pa =1 N/m²。

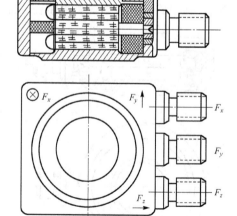

图 7-11　三向压电石英力传感器的结构

根据压力测试的原理，压力测试系统可分为：

（1）基于与重力相比较的压力测试系统。该类系统以流体静重与压力相平衡的原理来测压力，如液柱压力计等。

（2）利用弹性敏感元件的压力位移特性的压力测试系统。该类测试系统，主要将被测压力转换为弹性敏感元件的位移来测量压力，如机械式压力表等。

（3）利用弹性敏感元件的应力、应变特性的压力测试系统。该类测试系统，主要通过测试弹性敏感元件在被测压力的作用下产生的应力、应变来实现的，如应变式压力传感器、压阻式压力传感器等。

（4）利用弹性敏感元件的压力集中力特性的压力测试系统。该类测试系统，主要通过测试弹性敏感元件将被测压力转换成集中力来实现的，如压电式压力传感器等。

（5）利用弹性敏感元件压力频率特性的压力测试系统。这类压力测试系统，主要通过测试弹性元件在被测压力作用下，其谐振频率发生变化来实现的，如振弦式压力传感器。

（6）利用某些物理特性的压力测试系统。这类压力测试系统，主要是利用某些物质在被测压力作用下的特性变化来测压力的，如热导式、电离式真空计等。

压电式压力传感器的种类很多，这里着重介绍常用的膜片式压电压力传感器，其结构如图7-12所示。为了保证传感器具有良好的长时间稳定性和线性度，而且能在较高的环境温度下正常工作，压电元件采用两片 xy 切型的石英晶片。这两片晶片在电气上采取并联连接。作用到膜片上的压力通过传力块施加到石英晶片上，使晶片产生厚度变形。为了保证在压力（尤其是高压力）作用下，石英晶片的变形量（约零点几微米到几微米）不受损失，传感器的壳体及后座（即芯体）的刚度要大。从弹性波的传递考虑，要求通过

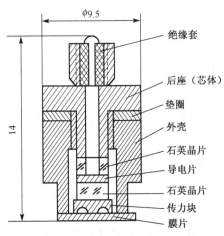

图 7-12　膜片式压电压力传感器

传力块及导电片的作用力快速而无损耗地传递到压电元件上，为此传力块及导电片应采用高音速材料，如不锈钢等。

两片石英晶片输出的总电荷量 q 为

$$q = 2dSP \qquad (7\text{-}11)$$

式中，d 为石英晶体压电常数；S 为膜片的有效面积；P 为压力。

这种结构的压力传感器的优点是有较高的灵敏度和分辨率，而且有利于小型化。缺点是压电元件的预压缩应力是通过拧紧芯体施加的。这将很可能使膜片产生弯曲变形，造成传感器的线性度和动态性能变坏。另外，当膜片受环境温度影响而发生变形时，压电元件的预压缩应力将会发生变化，给输出带来误差。

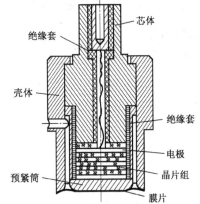

图 7-13　预紧筒加载的压电式

为了克服压电元件在预载过程中引起膜片的变形，采取了预紧筒加载结构，如图7-13所示。预紧筒是一个薄臂厚底的金属圆筒。通过拉紧预紧筒对石英晶片组施加预压缩应力。这种传感器在制造时，在加载状态下，用电子束焊将预紧

筒与芯体焊成一体。感受压力的薄膜片是后来焊接到壳体上去的，它不会在压电元件的预加载过程中发生变形。

7.3.5 金属加工切削力的测量

图 7-14 所示的是利用压电陶瓷传感器测量刀具切削力的示意图。由于压电陶瓷元件的自振频率高，特别适合测量变化剧烈的载荷。图 7-14 中压电传感器位于车刀前部的下方，当进行切削加工时，切削力通过刀具传给压电传感器，压电传感器将切削力转换为电信号输出，记录下电信号的变化，便测得切削力的变化。

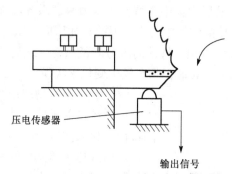

图 7-14 压电式刀具切削力测量示意图

【工程应用点评 7-2】 力传感器的使用

在制作、使用压电传感器时，要使压电片有一定的预应力。这是因为压电片在加工时即使研磨得很好，也难保证接触面的绝对平坦。如果没有足够的压力，就不能保证全面的均匀接触，因此，要事先给以预应力。但这个预应力不能太大，否则将影响压电传感器的灵敏度。

压电传感器的灵敏度在出厂时做了标定，但随着使用时间的增加会有些变化，其主要原因是压电片性能有了变化。试验表明，压电陶瓷的压电常数随着使用时间的增加而减小。因此，为了保证传感器的测量精度，最好每隔半年进行一次灵敏度校正。石英晶体的长期稳定性很好，灵敏度基本上不变化，无须经常校正。

7.4 扭矩的测量

旋转轴上的扭矩是改变物体转动状态的物理量，是力和力臂的乘积。扭矩的单位是 N·m。测量扭矩的方法甚多，基本分两大类：一是通过测量由剪应力引起的应变进而达到测量扭矩的目的；二是通过测量沿轴向相邻两个截面间的相对转角而达到测量扭矩的目的。其中，通过转轴的应变、应力、扭角来测量扭矩的方法最常用，即根据弹性元件在传递扭矩时所产生物理参数的变化（变形、应力或应变）来测量扭矩。例如，在被测机器的轴上或是在装于机器上的弹性元件上粘贴应变片，然后测量其应变，其中装在机器上的弹性元件属于扭矩传感器的一部分。这种传感器专用于测量轴的扭矩。目前，常用扭矩传感器如表 7-2 所示。

表 7-2 国内外扭矩传感器

敏 感 元 件	信号传输形式	国家及代表产品

电阻应变片	接触式：通过滑环和电刷传送激励电压测量信号	德国 HBM 公司 T1、T2 系列传感器
	非接触式： （1）通过变压器形式传送激励电压和测量信号 （2）用变压器或电池供电，以调频/发射及遥控测计来传送数据	德国 HBM 公司 T30FN 系列传感器 韩国 SETech 公司的 YDSN 系列传感器 中国北京斯创尔 BHF 系列
磁（齿）栅式位移传感器	非接触测量：磁（齿）栅电感应信号	德国 ASM 公司 PMIS3 系列 贵阳新天 MR 磁栅式线位移传感器 美国 Atek MLS-1 磁栅式位移传感器
其他元件,如光栅、电容、齿轮等	非接触测量：用光栅、电容、齿轮等感应信号	

7.4.1 应变式扭矩传感器的工作原理

应变式扭矩传感器所测得的是在扭矩作用下转轴表面的主应变 ε。从材料力学得知，该主应变和所受到的扭拒成正比关系。也可利用弹性把转矩转换为角位移，再由角位移转换成电信号输出。

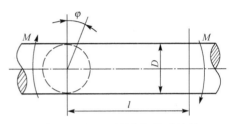

图 7-15 用于测量扭矩的弹性轴

图 7-15 中给出了一种用于扭矩传感器的扭矩弹性元件。把这种弹性轴连接在驱动源和负载之间，弹性轴在力矩作用下将会产生扭转，所产生的扭转角为

$$Q = \frac{32l}{\pi GD^4} M \tag{7-12}$$

式中，Q 为弹性轴的扭转角（rad）；l 为弹性轴的测量长度（m）；D 为弹性轴的直径（m）；M 为扭矩（N·m）；G 为弹性轴材料的切变模量（N/m^2）。

由于扭角与扭矩 M 成正比，在实际测量中，常在弹性轴圆轴上安装两个齿轮盘，齿轮盘之间的扭角即为弹性轴的扭角，通过电磁耦合将信号转成电信号，再经标定得到输出扭矩值。

按弹性变形测量时，有

$$M = \frac{\pi GD^4}{32l} Q \tag{7-13}$$

按弹性轴应力测量时，有

$$M = \frac{\pi GD^3 \sigma}{16} \quad （\sigma \text{ 为转轴的剪切应力}） \tag{7-14}$$

按弹性轴应变测量时，有

$$M = \frac{\pi GD^3 \varepsilon_{45°}}{16} = \frac{\pi GD^3 \varepsilon_{135°}}{16} \tag{7-15}$$

式中，$\varepsilon_{45°}$、ε_{135} 分别为弹性轴上与轴线成 45°、135° 角方向上的主应变。

从上式可以看出，当弹性轴的参数固定，转矩对弹性轴作用时，产生的扭转角或应力、应变与转矩成正比关系。因此，只要测得扭转角或应力、应变，便可知扭矩的大小。按扭矩信号的产生方式可以设计为光电式、光学式、磁电式、电容式、电阻应变式、振弦式、压磁式等各种扭矩仪器。

7.4.2 应变片式扭矩传感器

当作为扭矩传感器上的弹性轴发生扭转时，在相对于轴中心线 45° 方向上会产生压缩或拉伸力，从而将力加在旋转轴上。如果在弹性轴上或直接在被测轴上，沿轴线的 45° 或 135° 方向将应变片粘贴上，当传感器的弹性轴受转矩 M 作用时，应变片产生应变，其应变 ε 与转矩 M 成线性关系。

对于空心圆柱形弹性轴，有

$$\varepsilon_{45°} = \varepsilon_{135°} = \frac{8M}{\pi GD^3}\left[\frac{1}{1-(d^4/D^4)}\right] \tag{7-16}$$

式中，G 为弹性轴材料的切变模量；d、D 分别为空心转轴的内径和外径。

对于正方形截面积弹性轴，有

$$\varepsilon_{45°} = -\varepsilon_{135°} = 2.4\frac{M}{a^3 G} \tag{7-17}$$

式中，a 为弹性轴的边长。

当测量弹性轴的扭矩时，将应变片 R_1、R_2 按图 7-16(a)所示的方向（与轴线成 45° 角，并且两片互相垂直）贴在弹性轴上，则沿应变片 R_1 方向的应变为

$$\varepsilon_1 = \frac{\sigma_1}{E} - \mu\frac{\sigma_3}{E} \tag{7-18}$$

沿应变片 R_2 方向的应变为

$$\varepsilon_3 = \frac{\sigma_3}{E} - \mu\frac{\sigma_1}{E} \tag{7-19}$$

式中，E 为弹性轴材料的弹性模量（N/m²）。因 $\sigma_1 = -\sigma_3$，故 $\varepsilon_1 = -\varepsilon_3$。

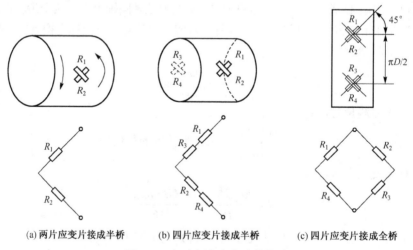

(a) 两片应变片接成半桥　　(b) 四片应变片接成半桥　　(c) 四片应变片接成全桥

图 7-16　扭力杆上应变片的粘贴

图 7-16 所示的是扭矩测量时轴上应变片的几种粘贴情况。图 7-16(a)所示的是半桥，不但能使测量灵敏度比贴一片 45° 方向的应变片时高一倍，而且还能消除由于弹性轴安装不善所产生的附加弯矩和轴向力的影响，但这种贴片的接桥方式不能消除附加横向剪切力的影响。

如果在弹性轴上粘贴四片应变片并将它们接成半桥或全桥，就能消除附加横向剪刀的影响，如图 7-16(b)、(c)所示。这种在弹性轴的适当部位按图粘贴四片应变片后，作为全桥连接

构成的扭矩传感器，若能保证应变片粘贴位置准确、应变片特性匹配，则这种装置就具有良好的温度补偿，消除弯曲应力、轴向应力影响的功能。粘贴后的应变片必须准确地与轴线成 $45°$，应变片 1 和 3、2 和 4 应在同一直径的两端。采用应变花可以简化粘贴并易于获得准确的位置。在用应变片直接粘贴在弹性轴上的情况下，有时为了提高灵敏度，将机器弹性轴的一部分设计成空心轴，以提高应变变量。对于专用的扭矩传感器的弹性元件，可以设计的应变量较大，以提高测量灵敏度。

7.4.3　磁电式扭矩传感器

图 7-17 所示的是磁电式扭矩传感器的工作原理图。在驱动源和负载之间的扭转轴的两侧安装有齿形圆盘，它们旁边装有相应的两个磁电式传感器。与磁电式转速传感器工作原理相同，当齿形圆盘旋转时，圆盘齿凸凹引起磁路气隙的变化，于是磁通量也发生变化，在线圈中感应出交流电压，其频率等于圆盘上齿数与转速乘积。

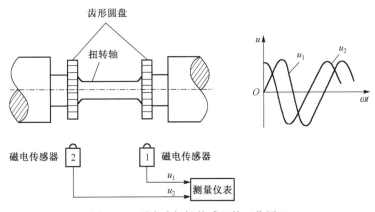

图 7-17　磁电式扭矩传感器的工作原理

当扭矩作用在扭转轴上时，两个磁电式传感器输出的感应电压 u_1 和 u_2 存在相位差。这个相位差与扭转轴的扭转角成正比。这样，传感器就可以把扭矩引起的扭转角转换成相位差的电信号，通过测量相位差就可以得到扭矩。

【工程应用点评 7-3】　应变片式扭矩传感器的标定

在实际工程测试中，常采用应变片测量扭矩。其基本思路是将应变片直接贴在被测轴的轴体表面上，或专门设置的扭矩传感器弹性轴表面上，直接得到被测轴的扭转变形，然后得到轴上扭矩。为此，必须先知道传感器输出变形量与被测扭矩的对应关系，这就是应变式扭矩传感器的标定问题。同一个应变式扭矩传感器在不同的工程应用中都需要进行重新标定。

7.5　力测量实例

7.5.1　塔机结构强度测试概述

塔式起重机简称塔机，其外形结构如图 7-18 所示。任何一台塔机无论构造或技术指标有什么差异，其中金属结构是其非常关键的组成部分，它是塔机的骨架，除承受自重以外还承受作业时各种外载荷,因此,金属结构设计是否合理对塔机性能以及可靠性起着决定性的作用。金属结构一个非常重要的设计指标是结构的强度,为了保证塔机的安全运行,在塔机设计制造完成以及使用中常常需要对其强度进行测量。

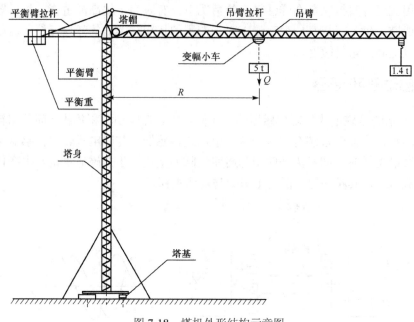

图 7-18　塔机外形结构示意图

在建筑机械中,常用的结构型材有方钢、工字钢、槽钢、T字钢、角钢以及由钢板焊成的箱形结构等,工作中需要承受拉(压)、弯、扭转等形式的外力,结构应力分布十分复杂。力学分析表明,构件受力虽然千差万别,但其断面只存在正应力和剪应力,因此,构件应力测量可归结为正应力和剪应力测量,根据检测结果可判定其最大应力是否超过设计规定的许用应力。

7.5.2　测试方案

结构的强度试验属于结构可靠性和耐久性试验的一部分。结构损坏有两种情况:一次超越性破坏和疲劳积损破坏。一次超越性破坏是指结构在工作过程中,由于最危险工作状态和最大载荷作用而失去工作能力,它可能是结构承受的应力超出材料屈服极限,也可能是结构的变形超出允许变形。考核结构应力是否超过屈服极限的试验称为结构强度试验。疲劳积损破坏情况与一次超越性破坏不同,结构在最大载荷下不会破坏,但是在多次反复载荷作用下会因疲劳而破坏。考核结构在多少次反复载荷作用下才会破坏的试验,称为疲劳寿命试验。

综上所述,结构强度试验实际上可归结为在给定工况下,对最危险截面进行应力、应变测量。针对给定的样机及测试目的要求,塔机结构强度测试采用如下方案。

(1)根据原始设计资料,选择在应力应变最大处粘贴应变片进行测量。

(2)根据两种不同破坏情况,按照 JJ30-85《塔式起重机结构试验方法》测试塔机结构静态、动态应力应变。

对于结构应力应变测量,通常采用直接在待测部位粘贴应变片,通过应变仪内的电桥进行测量。静、动态应变测量分别选用静态和动态应变仪，使用光线示波器作为动态应变记录装置。静态测量时由于有多个测点，通常配用预调平衡箱，利用其外加电阻对电桥调平衡，以便与应变仪连接；而动态测量由于测点少且信号大，不需要配用预调平衡箱。测试系统框图如图7-19和图7-20所示。

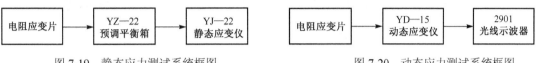

图 7-19　静态应力测试系统框图　　　　　图 7-20　动态应力测试系统框图

7.5.3　测点布置

　　结构强度试验结果是否可靠与多种因素有关，其中测点位置与测量方向是两个重要的因素。测点位置选择得正确与否，决定了能否正确了解结构的受力情况；结构上某一点的应变，在不同方向上是不一样的，只有找出最大应变方向进行测量，才能真正测出该点的最大应力，并以此作为强度检测的依据。常用结构型材应力应变测量布点如图7-21和图7-22所示，并应遵循以下准则。

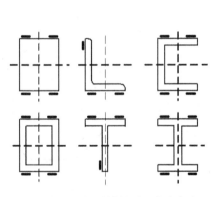

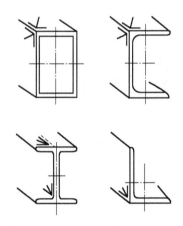

图 7-21　测量型材断面正应力布点　　　　图 7-22　平面应力测量应变花布点

　　（1）测量断面的正应力布点

　　不同断面的正应力测量通常采用角点法，就是在断面的角点处沿构件的棱线方向布置应变片。由于角点处没有剪应力存在，属于单向应力状态，因此一片沿棱线的应变片就可测得主应力；而断面其他地方都存在剪应力，属于平面应力状态。因此，应用这种角点法可以减少测量和数据处理的工作量。

　　（2）断面上平面应力状态测量布点

　　由于薄壁构件的板件在相交处不仅有较大的正应力，也有较大的剪应力，一般应用应变花测量主应力。布点位置如图7-22所示。

　　遵循上述布点原则，结合待测样机的结构情况和测量要求，测量系统共布置了20个测点，测点分布如图7-23所示。然后，按图7-19和图7-20组成测试系统。

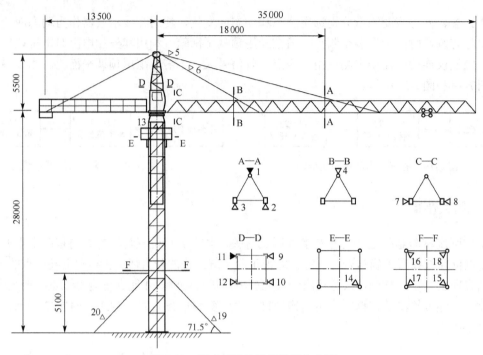

图 7-23 塔式起重机强度检测布点图

7.6 思考题与习题

7-1 说明应变式压力与力传感器的基本原理。

7-2 八角环测力仪简图及贴片方法如图7-24所示，请说明如何组桥及测量什么方向的力？

7-3 用应变片搭成电桥测量力 F，请回答：

（1）在图7-25(a)与图7-25(b)两种情况下，应分别将应变片接在桥的哪两个臂上？

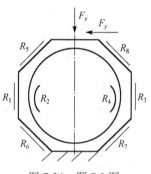

图 7-24 题 7-2 图

（2）在图 7-25(a)与图 7-25(b)两种情况下，应分别采取什么措施来抵消温度变化引起的电阻值变化？

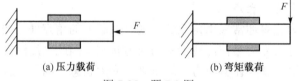

(a) 压力载荷　　　　　　　(b) 弯矩载荷

图 7-25 题 7-3 图

7-4 如图 7-26 所示，一个圆柱形元件上作用有拉力 P 和扭矩 M_n，试测出扭矩 M_n，排除 P 的影响。

（1）全桥测量如何贴片和组桥？（2）写出电桥输出表达式；（3）是否具有温度补偿？

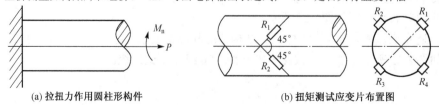

(a) 拉扭力作用圆柱形构件　　　　　　　(b) 扭矩测试应变片布置图

图 7-26 题 7-4 图

第 8 章 位移与速度的测量

工程背景

位移与速度是机械量中两个重要参数。对这两个参数的测试，不仅为机械加工设计、安全及生产提供了重要数据，而且同时也为其他参数测试提供了基础。位移与速度的测量应根据具体的测量对象来选择或设计测量系统。在组成系统的各环节中，传感器性能特点的差异对测量的影响最为突出，应给予特别注意。本章旨在研究机械工程中常见的位移与速度测量传感器，以及工程应用问题。

内容提要

本章主要讲述有关位移与速度测量的一些基本理论和方法。重点介绍常用位移与速度的测量原理，传感器的选择及工程应用。

8.1　概述

在工程技术领域里经常需要对机械位移进行测试。机械位移包括线位移和角位移。位移是向量，表示物体上某一点在一定方向上的位置变动。表 8-1 中列出了机械位移测量常用的传感器及其主要性能。电容式位移传感器、差动电感式位移传感器和电阻应变式位移传感器一般用于小位移的测量（几微米～几毫米）。差动变压器式传感器用于中等位移的测量（从几毫米到100毫米左右），这种传感器在工业测量中应用得最多。电位器式传感器适用于较大范围位移的测量，但精度不高。光栅、磁栅、感应同步器和激光位移传感器用于位移的精密测量，测量精度高（可达±1 μm），量程也可大到几米。

表 8-1　位移传感器

类　　　型		测　量　范　围	精　确　度	性　能　特　点
滑线电阻式	线位移	1～300 mm	±0.1%	结构简单，使用方便，输出大，性能稳定
	角位移	0°～360°		分辨力低，输出信号噪声大，不宜用于频率较高时的动态测量
电阻应变片式	直线式	±250 μm	±2%	结构牢固，性能稳定，动态特性好
	摆角式	±12°		
电感式	变气隙型	±0.2 mm		结构简单、可靠，仅用于小位移测量场合
	差动变压器型	0.08～300 μm	±3%	分辨力好、输出大，但动态特性不是很好
	涡电流型	0～5000 μm	±3%	非接触式，使用简单、灵敏度高、动态特性好
电容式	变面积型	10⁻³～100 mm	±0.005%	结构非常简单，动特性好，易受温度、湿度等因素影响
	变间隙型	0.01～200 μm	±0.1%	分辨率好，但线性范围小，其他特点同面积型
霍尔元件		±1.5 mm	±0.5%	结构简单，动特性好，温度稳定性较差
感应同步器 ±12°		10⁻³～几米	2.5 μm/250 m	数字式，结构简单，接长方便，适合大位移静动态测量，用于自动检测和数控机床
计量光栅	长光栅	10⁻³～几米	3 μm/1m	数字式，测量精度高，适合大位移静动态测量，用于自动检测和数控机床
	圆光栅	0°～360°	±0.5	
角度编码器	接触式	0°～360°	10⁻⁶ rad	分辨率好、可靠性高
	光电式	0°～360°	10⁻⁸ rad	

8.2　位移测量

8.2.1　电位计式位移传感器

电位计是带有直线或旋转滑动触头的电阻性器件，其作用是把线位移或角位移转换为与其成一定函数关系的电阻或电压，主要用做线位移和角位移的测量。电位计种类很多，按输入、输出特性，可分为线性和非线性电位计；按结构形式可分为绕线式、薄膜式、光电式等。

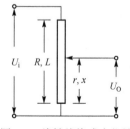

图 8-1　线性线绕式电位计

图8-1所示的是线性绕线式电位计。当空载运行时，如果电位计长度为 L，电刷行程为 x，总电阻为 R，端点到电刷之间电阻为 r，则对应的电阻变化为

$$r = R\frac{x}{L} = S_R x \tag{8-1}$$

如果输入电压为 U_i，对应的输出电压为

$$U_o = U_i\frac{r}{R} = U_i\frac{x}{L} = S_U x \tag{8-2}$$

式(8-1)和式(8-2)是电位计输出的理想表达式。显然，空载时电位计输出电阻和输出电压均与电刷行程 x 成正比，其中 S_R 和 S_U 分别为线性电位计的电阻灵敏度和电压灵敏度，都是常数，与电位计的结构参数和材料有关。电位器式位移传感器常用于测量几毫米到几十米的位移和几度到 360° 的角度。

图8-2所示的是推杆式位移传感器可测量 5～200 mm 的位移，可在温度为 ±50℃，相对湿度为 98%（$t = 20℃$），频率为 300 Hz 以内及加速度为 300 m/s² 的振动条件下工作，精度为 2%，电位器的总电阻为 1500 Ω。传感器中，1 为外壳，2 为带齿条的推杆，由齿轮 3、4、5 组成的齿轮系统将被测位移转换成旋转运动，旋转运动通过爪牙离合器 6 传送到线绕电位器的轴 8 上，电位器轴 8 上装有电刷 9，电刷 9 因推杆位移而沿电位器绕组 11 滑动，通过轴套 10、焊在轴套上的螺旋弹簧 7 及电刷 9 来输出电信号，弹簧 7 还可保证传感器的所有活动系统复位。

图8-3所示的是替换杆式位移传感器，可用于量程为 10～320 mm 的多种测量范围，其巧妙之处在于采用替换杆（每种量程有一种杆）。替换杆的工作段上开有螺旋槽，当位移超过测量范围时，替换杆很容易与传感器脱开。当需要测大位移时可再换上其他杆。电位器 2 和以一定螺距开螺旋槽的多种长度的替换杆 5 是传感器的主要元件，滑动件 3 上装有销子 4，用以将位移转换成滑动件的旋转。替换杆在外壳 1 的轴承中自由运动，并通过其本身的螺旋槽作用于销子 4 上，使滑动件 3 上的电刷沿电位器绕组滑动，此时电位器的输出电阻与杆的位移成比例。

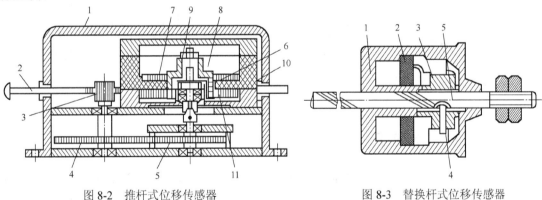

图 8-2　推杆式位移传感器　　　　　　　图 8-3　替换杆式位移传感器

8.2.2　电涡流位移传感器

电涡流传感器由于可以实现非接触测量，主要用于位移、振动、转速、距离、厚度等参数的测量。图8-4所示的是电涡流位移传感器结构示意图，其中 1 为电涡流线圈。电涡流传感器测量位移的范围为 0～5 mm，分辨力可达到测量范围的 0.1%。

图8-5所示的是电涡流传感器用于位移的测量示意图，其中 1 为被测试件，2 为涡流传感器。图8-5(a)所示的是汽轮机主轴的轴向位移测量，图8-5(b)所示的是磨床换向阀、先导阀的位移测量，图8-5(c)所示的是金属试件的热膨胀系数测量。

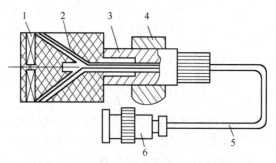

图 8-4　电涡流位移传感器结构示意图

1—线圈；2—框架；3—框架衬套；4—支架；5—电缆；6—插头

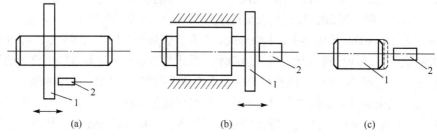

(a)　　　　　　　　　　(b)　　　　　　　　(c)

图 8-5　电涡流传感器用于位移的测量示意图

图 8-6 所示的是检测汽轮机等机械振动的测量示意图，测量范围可从几十微米到几个毫米。

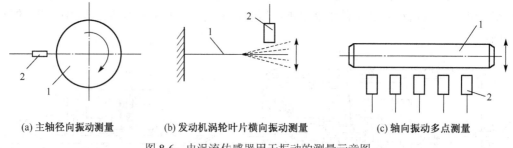

(a) 主轴径向振动测量　　　(b) 发动机涡轮叶片横向振动测量　　　(c) 轴向振动多点测量

图 8-6　电涡流传感器用于振动的测量示意图

8.2.3　容栅式位移传感器

容栅式传感器是在变面积型电容传感器的基础上发展起来的一种新型传感器。如图 8-7 所示，差动式梳齿形的容栅极板（栅尺）上有多个栅状电极，动栅尺和定栅尺以一定的间隙配置成差动结构，它实质上是多个差动式变面积电容传感器的并联。如果在动栅尺发射极上上加上激励电压，当其沿长方向移动时，通过电容耦合，在反射电极上将得到与被测位移成比例的调幅或调相信号，通过信号处理电路，即可得到待测的位移的大小。

容栅式传感器在具有电容式传感器优点的同时，又具有多极电容带来的平均效应，而且采用闭环反馈式等测量电路减小了寄生电容的影响，增强了抗干扰能力，提高了测量精度（可达 5 μm），极大地扩展了量程（可达 1 m），是一种很有发展前途的传感器。特定的栅状电容极板和独特的测量电路使其超越了传统的电容传感器，适宜进行大位移测量。现已应用于数显卡尺、测长机等数显量具。

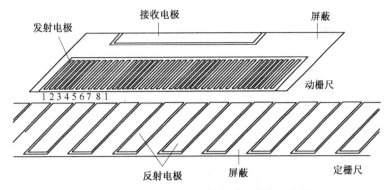

图 8-7　直电极反射式容栅传感器结构示意图

8.2.4　互感式位移传感器

　　轴向电感测微计是一种常用的接触式互感位移传感器，其核心是一个螺线管式差动变压器，常用于测量工件的外形尺寸和轮廓形状。图 8-8 给出了它的结构示意图，其中测端 10 将被测试件 11 的形状变化通过测杆 8 转换为衔铁 8 的位移，线圈 4 接受该信号获得相关信息。

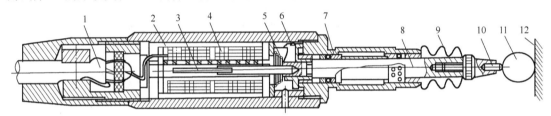

图 8-8　轴向式电感测微计

1—引线电缆；2—固定磁筒；3—衔铁；4—线圈；5—测力弹簧；6—防转销；7—钢球导轨（直线轴承）；8—测杆；
9—密封套；10—测端；11—被测工件；12—基准面

　　图8-9所示的是滚柱直径分选装置，由振动料斗出来的滚柱首先由限位挡板挡住，经由测量头测量直径后将测量结果送入计算机；同时限位挡板升起，计算机根据工艺要求驱动电磁阀将滚珠推送入不同的分选仓。

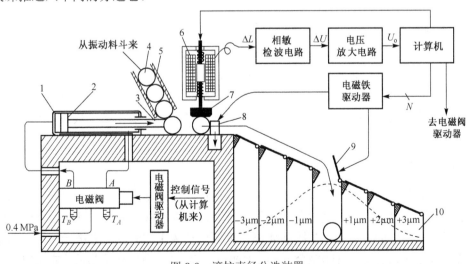

图 8-9　滚柱直径分选装置

1—汽缸；2—活塞；3—推杆；4—被测滚柱；5—落料管；6—电感测微器；7—钨钢测头；8—限位挡板；9—电磁翻板；10—容器（料斗）

8.2.5 光电式位移传感器

1. 光电转换原理

光栅传感器的光电转换系统由光源 1、聚光镜 2、光栅主尺 3、指示光栅 4 和光敏元件 5 组成，如图 8-10(a)所示。当两块光栅进行相对移动时，光敏元件上的光强随莫尔条纹的移动而变化，如图 8-10(b)所示。在 a 处，两条光栅刻线不重叠，透过的光强最大，光电元件输出的电信号也最大；在 c 处，由于光被遮去一半，光强减小；在 b 处，光全被遮去而成全黑，光强为零。若光栅继续移动，透射到光敏元件上的光强又逐渐增大，因而形成图 8-10(b)所示的输出波形。在理想情况下，当 a = b = w 时，光强亮度变化曲线呈三角形分布，如图 8-10(b)中虚线所示。但实际上因为刻画误差的存在造成亮度不均，使三角波形呈近似正弦波曲线。

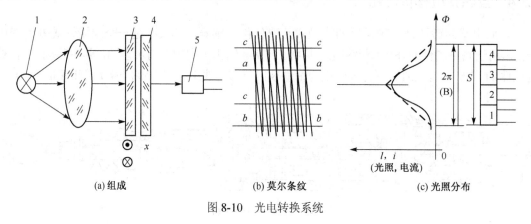

(a) 组成 (b) 莫尔条纹 (c) 光照分布

图 8-10　光电转换系统

2. 莫尔条纹测量位移原理

当光电元件接收到明暗相间的正弦信号时，根据光电转换原理将光信号转换为电信号。当主光栅移动一个栅距 w 时，电信号变化了一个周期。这样，光电信号的输出电压 U 可以用光栅位移 x 的正弦函数来表示。光敏元件输出的波形为

$$U = U_0 + U_\mathrm{m} \sin \frac{2\pi x}{w} \tag{8-3}$$

式中，U_0 为输出信号的直流分量；U_m 为交流信号的幅值；x 为光栅的相对位移量。

由式(8-3)可知，利用光栅可以测量位移量 x 的值。

当波形重复到原来的相位和幅值时，相当于光栅移动了一个栅距 w。如果光栅相对位移了 N 个栅距，则此时位移 x = Nw。因此，只要能记录移动过的莫尔条纹数 N，就可以知道光栅的位移量 x 值。这就是利用光栅莫尔条纹测量位移的原理。

3. 辨向原理

如果位移测量传感器不能辨向，则只能作为增量式传感器使用。为了辨别主光栅的移动方向，需要有两个具有相差的莫尔条纹信号同时输入来辨别移动方向，且两个莫尔条纹信号相差 90° 相位。实现的方法是在相隔 B/4 条纹间隔的位置上安装两个光敏元件，当莫尔条纹移动时两个狭缝的亮度变化规律完全一样，但相位相差 π/2。滞后还是超前，完全取决于光栅的运动方向。这种区别运动方向的方法称为位置细分辨向原理，如图 8-11 所示。AB 与 CD 两

个狭缝在结构上相差π/2，所以它们在光电元件上取得的信号必是相差π/2。AB 为主信号，CD 为门控信号。当主光栅进行正向运动时，CD 产生的信号只允许 AB 产生的正脉冲通过，门电路在可逆计数器中进行加法运算；当主光栅进行反方向移动时，则 CD 产生的负值信号只让 AB 产生的负脉冲通过，门电路在可逆计数器中进行减法运算，这样就完成了辨向过程。图8-12所示的是辨向原理电路框图。

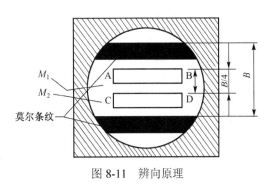

图 8-11　辨向原理

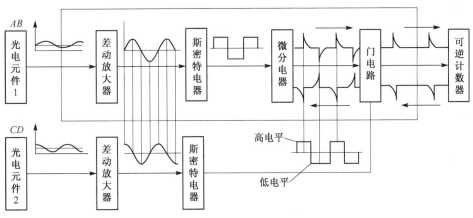

图 8-12　辨向电路框图

8.2.6　光纤位移传感器

光纤传感器由于具有信息传输量大，抗干扰性强，灵敏度高，耐高压，耐腐蚀，能非接触测量等一系列优点，因此广泛地应用于位移、温度、压力、速度、加速度、液面、流量等机械参数的测量问题中。

图8-13所示的是一种传光型位移传感器。当来自光源的光束，经过光纤 1 传输，射到被测物体上时，由于入射光的散射作用将随 x 的大小而发生变化，因此进入接收光纤 2 的光强也随之发生变化，以至于由光电管转换为电压的信号也发生变化。在一定范围内，其输出电压 U 与位移 x 呈线性关系。这种传感器已被用于非接触式微小位移测量或表面粗糙度的测量。

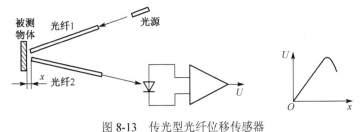

图 8-13　传光型光纤位移传感器

8.2.7　超声波测距原理

超声测距的工作原理是：超声波向空气中发射声脉冲，声波遇到被测物体反射回来，则可通过接收器获得距离的相关信息。超声波的发射、反射和接收如图8-14所示。理论上讲，任何物体都能反射、吸收、折射一部分通过它的声波。物体表面尺寸、形状、方位是影响反射波强度的主要因素。反射波的振幅与物体上能产生反射的表面成比例。此外，物体的组成成分也是一个因素，一部分声波发射到达物体表面后被反射，一部分则进入物体，在物质中传输，最终被遇到的物体界面反射，因此接收器也是可以接收到来自物体内部的信号的，不过它很微弱。

根据超声波传播理论，当障碍物的尺寸小于超声波波长的 1/2 时，超声波将发生绕射，只有障碍物尺寸大于波长的 1/2 时，超声波才发生反射。

超声测距最常用的方法是回声探测法，其原理就是当声速确定后，测得超声波往返的时间，即可求得距离，其原理可用图8-15描述。已知声速为 v，若能测出第一个回波到达的时间与发射脉冲时的时间差 t，利用 $s = vt/2$ 即可通过下式算得传感器与被测物之间的距离 s。

$$d = \sqrt{s^2 - \left(\frac{h}{2}\right)^2} \tag{8-4}$$

当 $s \gg h$ 时，$d \approx s$。一般来说，测距仪器采用收发同体传感器，故 $h = 0$，则 $d \approx s = vt/2$。当然，要测量预期的距离，产生的超声波必须要有一定的功率和合理的频率才能达到预定的传播距离，这是得到足够的回波功率的必要条件，只有得到足够的回波功率，接收电路才能检测到回波信号和防止外界干扰信号的干扰。经分析和大量实验表明，频率为 40 kHz 左右的超声波在空气中传播的效率最佳，因此，发射的超声波被调制成 40 kHz 左右、具有一定间隔的调制脉冲波信号。

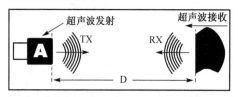

图 8-14　超声波的发射、反射和接收

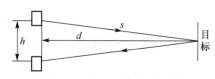

图 8-15　超声波测距原理图

【工程应用点评 8-1】　位移的静态测量与动态测量

表8-1中给出了各种位移传感器，在选择位移传感器时除了考虑被测位移的量程以及要求的测量精度外，我们必须考虑被测位移的特性。如果被测位移是不变或缓变信号，称为静态测试；如果被测位移是随时间变化的，则称为动态测试，此时选择传感器应该注意考虑传感器的频率响应特性。

8.3　速度测量

物体的运动速度分为线速度和角速度（转速）。对于不同的测试对象，不同的测试精度等情况，所采用的速度传感器类型及测试原理也各不一样。因此，测试者在选用各种速度传感器时，需对它们的工作原理，性能和特点有所了解，以便获得准确的测试结果。本节主要介绍线速度的测试。

1. 平均速度法

平均速度法适合于测试运动较平稳的物体的速度。该方法通过已知的距离 Δs 和被测物体通过该距离的时间间隔 Δt 来测试平均速度 $\bar{v}$，即

$$\overline{v} = \frac{\Delta s}{\Delta t} \tag{8-5}$$

当 Δt 尽量减小而趋近于零时，平均速度所趋向的极限值可描述该点的瞬时速度，通常用来测试运动物体的初速度。如果被测对象进行匀速运动，取较大的距离 Δs 和时间间隔 Δt 可获得较高的测试精度。如果被测对象进行变速运动，则间距 Δs 应当足够小，使物体在该段距离上的速度没有明显的变化。这样，所测得的平均速度才能反映这段距离（时间）内的运动状态。

为了在已知距离 Δs 上得到比较精确的时间间隔 Δt，可采用适当的区截装置，在距离始末两端产生可控制测时过程的电脉冲。产生可控制测时过程电信号的装置称为区截装置，简称靶。放置在测时距离起点者称为 I 靶，放置在测时距离终点者称为 II 靶。区截装置的结构常因具体测试对象不同而异。常用的区截装置有网靶、线圈靶、光电靶、天幕靶、声靶等。下面介绍适于测试高速运动体（如弹丸）平均速度的区截装置天幕靶。

天幕靶是一种光电仪器，它以太阳光在大气中散射所形成的自然光为背景。天幕靶对弹丸材料没有特殊要求，具有其他区截装置所没有的特殊优点。如网靶影响武器的外弹道特性，线圈靶仅对钢质弹丸起作用，光电靶的靶面积较小，不适于大口径弹丸的测试。然而，天幕靶最大的缺点是受天空亮度和蚊虫的干扰较大。

如图 8-16 所示，根据透镜成像原理，发光体 ab 所成的像为 $a'b'$。若在像前装一个光阑，则只有光阑上狭缝所允许通过的光才能成像于 $c'd'$。对准 $c'd'$ 安装光学装置，将 $c'd'$ 聚焦为光电二极管光窗所能接受的面积，这时用光电二极管接收的只是垂直于纸面方向，

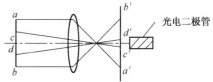

图 8-16　天幕靶原理示意图

厚度为 cd，宽度为透镜视场角的一个光幕的光。当弹丸飞过该光幕时，弹丸的影像将使照射到光电二极管上的光通量发生变化，使光敏元件产生的电信号发生变化，装在天幕靶中的电子线路将这一变化转换为电脉冲，发出区截信号。因此，天幕靶是以自然光形成的光幕为区截面的，故而有此名称。光二极管产生的区截信号仅为几十微安，需要放大几千倍才能使后续电路工作，因此，天幕靶需要稳定的电子线路。国产的 GD—79 型、TMB—1 型水平天幕靶为其典型的代表。使用天幕靶时，应注意天空明暗变化对仪器灵敏度的影响以及周围环境（如周围有人用闪光灯）对天幕可能造成的误动作。当天幕靶采用人工光源在室内应用时，光源必须用直流供电，但这时要注意枪（炮）口火焰对其造成的影响。

2．瞬时速度法

工程中许多机械运动部件的速度变化是瞬息万变的，如汽车的运动速度。下面介绍多普勒效应测速方法，以及磁电式速度传感器。

（1）多普勒测速

① 多普勒效应

当波源相对于介质运动时，波源的频率和介质中的波动频率不相同。同样，介质中的频率和一个相对于介质运动的接收器所记录的频率也不相同。这两种情况都称为多普勒效应，所产生的频率差称为多普勒频率（或频移）。多普勒效应可通过在同一直线上分别以速度 u_s 和 u_0 相对于介质运动的波源和接收器来证明，并计算出所引起的频率改变量。如图 8-17 所示，设波源被动频率为 f，波在介质中传播的频率为 f'，接收器记录的波动频率为 f''。若介质中

的波速为 u，则波源发出的波在单位时间内传播的距离为 $u-u_s$。因为单位时间内波源发出 f 个波，故介质中波动的波长为

$$\lambda' = (u-u_s)/f \tag{8-6}$$

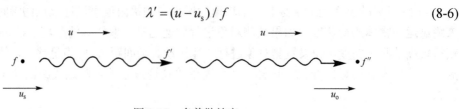

图 8-17　多普勒效应

介质中的波动频率 f' 应为 u/λ'，或

$$f' = fu(u-u_s) \tag{8-7}$$

这些波相对于接收器的速度为 $u-u_0$，故介质中单位时间内到达接收器的波列的长度为 $u-u_0$。这一波列包括有 $(u-u_0)/\lambda'$ 个整波，因此接收器接收到的频率为

$$f'' = (u-u_0)/\lambda'$$

将式(8-6)代入上式得

$$f'' = f(u-u_0)/(u-u_s) \tag{8-8}$$

若速度 u_0 或 u_s 与波动传播方向相反，则式(8-8)中的 u_0、u_s 应相应改变符号。如果 $u_0=0$，则 $f''=fu/(u-u_s)$；如果 $u_s=0$，则 $f''=f(u-u_0)/u$，$f'=f$。

如果接收器和波源不是沿波动传播方向运动的，则式(8-8)中 u_s 和 u_0 是波源和接收器沿传播方向的速度分量。

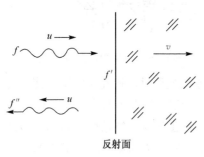

图 8-18　运动物体表面反射的波

如果一列波从一个运动物体的表面反射回来，则反射波的频率相对于入射波的频率会产生一个多普勒频移。如图8-18所示，若一个频率为 f 的波垂直入射到一个以速度 v 沿波的入射方向运动的物体表面，则物体表面接收的波动频率为 f'，反射波动频率为 f''。如果物体表面为观察点，令 $u_0=v$，$u_s=0$，则由式(8-8)得

$$f' = f(u-v)/u \tag{8-9}$$

如果将物体表面视为速度 $u_s=-v$，频率为 f' 的波源，则由式(8-7)对知，介质中的反射频率为

$$f'' = f(u-v)/(u+v) \tag{8-10}$$

② 多普勒雷达检测线速度

用多普勒雷达可检测线速度，其工作原理如图8-19所示。由式(8-10)可知，若 $u□v$，则多普勒频率（或频移）为

$$\Delta f = 2v\cos\theta/\lambda \tag{8-11}$$

式中，$\cos\theta$ 是在电磁波方向反射体的速度分量（m/s）；λ 是电磁波的波长（m）。

由式(8-11)可确定反射物的运动速度，这种方法已用于检测车辆的行驶速度。

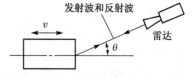

图 8-19　多普勒测速工作原理

激光测速是一种非接触测量，对被测物体无任何干扰。在实现自动测量时，一般采用多

普勒信号处理器接收来自光电接收器的电信号，从中取出速度信息，并把这些信息传输给计算机进行分析和显示。激光可在被测速度点聚焦成很小的一个测量体，其分辨力很高。典型分辨力约为 $20\sim100\,\mu m$。一种激光测速仪在时速为 100 km/h 时，测量精度可达 0.8%。激光测速技术已在航空航天、热物理工程、环保工程及机械运动测量等方面广泛应用。

（2）磁电式速度传感器

振动速度传感器一般为磁电式速度计，分绝对速度传感器和相对速度传感器两类。图8-20所示的是磁电式绝对速度传感器结构图。磁铁与壳体形成磁回路，装在心轴上的线圈和阻尼环组成惯性系统的质量块并在磁场中运动。弹簧片径向刚度很大，轴向刚度很小，使惯性系统既可得到可靠的径向支承，又可保证很低的轴向固有频率。铜制的阻尼环一方面可增加惯性系统质量，降低固有频率，另一方面又利用闭合铜环在磁场中运动产生的磁阻尼力使振动系统具有合理的阻尼。作为质量块的线圈在磁场中运动，其输出电压与线圈切割磁力线的速度，即质量块相对于壳体的速度成正比。

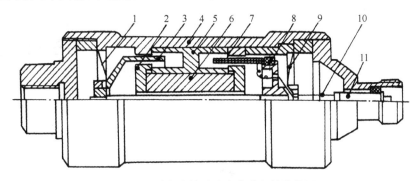

图 8-20　磁电式绝对速度传感器的结构图

1—弹簧片；2—磁靴；3—阻尼环；4—外壳；5—铝架；6—磁钢；7—线圈；8—线圈架；9—弹簧片；10—导线；11—接线座

根据振动理论可知，为了扩展速度传感器的工作频率下限，应采用 $0.5\sim0.7$ 的阻尼比。此时，在幅值误差不超过 5%情况下，工作频率下限可扩展到 $\omega/\omega_n =1.7$。这样的阻尼比也有助于迅速衰减意外扰动所引起的瞬态振动，但是用这种传感器在低频范围内无法保证测量的相位精确度，测得的波形有相位失真。从使用要求来看，希望尽量降低绝对式速度计的固有频率，但是过大的质量块和过低的弹簧刚度不仅使速度计体积过大，而且使其在重力场中静变形很大。这不仅引起结构上的困难，而且易受交叉振动的干扰，因此其固有频率一般取 $10\sim15$ Hz，其可用频率范围一般为 $15\sim1000$ Hz。

如果将壳体固定在一个试件上，通过压缩弹簧片，使顶杆以力顶住另一个试件，则线圈在磁场中的运动速度就是两个试件的相对速度，此时的速度计就成为相对速度计。

8.4　位移速度测量实例

1．井筒直径测量

如果要测井筒的直径，可以采用电位器传感器制成八臂井径仪。八臂井径仪工作原理的示意图如图8-21所示，在ϕ50 mm 的圆上均匀分布 8 条测臂及 8 支拉杆电位器。图8-22中给出了 YHD 型拉杆电位器式位移传感器的结构，其测量轴1与内部被测物相接触。当有位移输

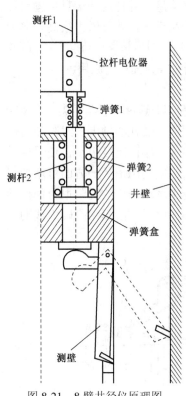

图 8-21 8 臂井径仪原理图

入时，测量轴便沿导轨 5 移动，同时带动电刷 3 在滑线电阻上移动，因电刷的位置变化会有电压输出，据此可以判断位移的大小。如果要求同时测出位移的大小和方向，可将图中的精密无感电阻 4 和滑线电阻 2 组成桥式测量电路。为了便于测量，轴 1 可来回移动，在装置中加了一根拉紧弹簧 6。

图 8-21 中的虚线为张开状态。由于弹簧 2 的作用，使测臂紧贴井壁，当井壁有变形时，测臂随井壁的变化而收张，从而带动测杆 2 轴向移动。由于弹簧 1 的作用，使拉杆电位器的测杆 1 紧紧顶住测杆 2 的端面，当测杆 2 轴向移动时，测杆 1 进行同步随动。测杆 1 的轴向移动使得电位器的值为 $1.5 \sim 9 \text{ k}\Omega$，这样就将套管臂井径的大小及物理变化转换形成拉杆电位器的电阻变化。

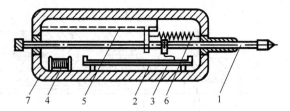

图 8-22 YHD 型拉杆电阻式位移传感器

1—测量轴；2—滑线电阻；3—电刷；4—精密无感电阻；5—导轨；6—弹簧；7 壳体

2. 棱圆外径测量

测量一个工件的外圆尺寸和形状，一般会考虑采取如图 8-23 所示的直接测量外圆外径的方法实现。具体为对棱圆进行角度等分，再测量出相应的直径数值，经数据处理即可获得棱圆的棱数和棱圆度。但从无心磨加工特点可知，棱圆的各个方向直径在加工过程中是被保证的，因而对直径测量是无法反映棱圆形状的。

为了准确地测量棱圆参数，就必须从棱圆的特性来分析。棱圆的外径虽然相同，但它仍然不是一个圆。这是因为在加工中工件的回转中心发生变动而形成的，虽然保证了直径精度，但工件圆度不能保证，要测量出棱圆的参数，就需要工件确定一个圆心旋转，如图 8-24 所示，由于各个方向上的外圆表面到圆心的距离是不同的，因此可通过一个位移测量传感器获取相关数据，经后续信号处理来获得棱圆的参数。

图 8-23 棱圆外径直接测量

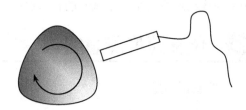

图 8-24 棱圆回转位移测量

为了实现以上测量，测量系统需要包含四个部分。首先，需要一个回转工作台，以实现工件的回转；其次，需要一个位移测量传感器来测量外圆位移的动态数值；第三，提供位移传感器的调理装置；第四，要提供信号处理和显示装置。根据以上分析所设计的一个测量系统框架如图8-25所示。

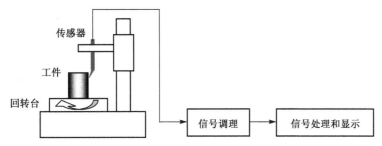

图 8-25　棱圆参数测量系统结构示意图

为了满足棱圆的位移测量，保证磨削加工的工件测量精度为微米级，就必须选用高精度的位移传感器。由于是磨削加工，外圆形状误差不会很大，因此选择小量程即可满足测量要求。另外，因为本测量系统是作为研究而构建的，所以对工件的棱圆度测量确定为非在线方式，低速回转下测量，传感器的频响特性不需要很高，测量方式可选用接触或非接触方式，但要考虑传感器的成本。基于以上考虑，可选用的传感器有：

（1）变面积电容传感器；

（2）电涡流传感器；

（3）差动变压器位移传感器。

变面积电容传感器具有高精度而且灵敏度高，响应速度快，能抵抗高温、振动和潮湿，特别适用于在恶劣环境中进行非接触测量，适应于测位移小量程，因而可以满足以上要求。但由于电容式传感器的位移测量电路较复杂，一般采用调幅电路或调频电路，后续调理相对复杂，增加了系统的复杂性，所以不考虑。

电涡流传感器同样具有灵敏度高，响应快速，非接触测量的特点，常规类型量程为 1～2 mm，但从实际应用上讲，其精度不足。例如，选用高精度型，其量程为 250 μm，分辨率为 0.01 μm，但这种类型成本较高，而且易受工件残余磁场的干扰。

差动变压器位移传感器能提供所需的准确度、精度和可靠性，尽管为接触式测量，但考虑作为研究使用，棱圆测量的工作量不大，而且该测量传感器已成功应用于圆度仪，以作为测量头，因此考虑选用。为此，本例适用的位移检测方法就是使用差动变压器位移传感器，把它直接安装在回转台旁来测量棱圆的外圆回转位移。

8.5　思考题与习题

8-1　常见位移传感器有哪些种类？简述其各自工作原理与应用范围。

8-2　若要测量机床主轴的回转精度，请选用合适的传感器及测试仪器，并画出测试系统框图。

8-3　磁电式绝对振动速度传感器的弹簧刚度 $k = 3200$ N/m，测得其固有频率 $f_0 = 20$ Hz。现欲将 f_0 减为 10 Hz，则刚度应该为多少？可否将此类结构传感器的固有频率降至 1 Hz 或更低？会产生什么问题？

振动与噪声的测量

工程背景

在机械工程领域中，很多机械设备和装置内部安装有做各种运动的零部件。由于各种复杂的原因，这些机械设备在工作时不可避免地存在着振动现象。许多情况下，设备故障的产生就是由于振动过大，从而产生有损机械结构的动载荷。振动严重时，可能使部件产生裂纹，结构强度下降或是造成设备失灵。本章旨在研究振动信号的测量、分析与处理技术，为解决工程中的有害振动问题奠定理论基础。

内容提要

本章主要讲述有关振动的测试原理、振动传感器、振动测试仪器等。还包括振动信号处理的一些基本理论和方法。同时对噪声的测量与信号分析进行简要介绍。

9.1 振动测试原理

机械振动是工业生产和日常生活中极为常见的现象。很多机械设备和装置内部安装有各种各样的运动机构和零件，在运动时，由于负载不均匀、结构的刚度各向不等、表面质量不够理想等原因，使得工作时不可避免地存在着振动现象。如火车、汽车、飞机、轮船及各种动力机械在工作时均产生振动。这些振动包括启动时的冲击振动和平稳工作时的随机振动。在许多情况下，这些振动都是有害的。许多设备故障的产生就是由于振动过大，产生有损机械结构的动载荷，而导致系统特性参数发生变化，严重时可能使部件产生裂纹、结构强度下降或设备失灵，这都将严重影响机器设备的工作性能和寿命，甚至使设备损坏。另外，强烈的振动噪声还会对人的生理健康产生极大的危害。

近些年来，具有大功率、高速度、高效率的大型、复杂机电设备正在飞速发展，而影响这些设备发展的振动问题已涉及机械制造的各个行业，并得到了极大的重视。研究的一方面，是如何减小振动的影响，将振动控制在允许的范围内；研究的另一方面，是如何利用振动现象，使其在夯实、捣固、清洗、脱水、去应力等方面得到有效利用。

机械振动测试，根据不同的目的，大致可以分为下述两类。

1. 寻找振源，减小或消除振动

例如，在车床的切削过程中，对车床的结构与部件进行测试与分析。测量的内容通常是确定关键位置的振动加速度、速度、位移及其频谱，并通过进一步的数据处理与综合分析，以寻找振源，从而为寻找有效的减振策略提供科学的依据。另外，还可以将获得的数据进行分析与处理，并与已有的标准进行比较，以判断系统内部结构是否存在破坏、磨损、松脱等各种故障，确定系统是否能继续运行，以及确定相应的方案来进行预知的维修。

2. 测量结构部件的动态特性，以便进行结构改进与优化

对机械设备或结构进行某种激励，使其产生振动，同时测量输入与输出的振动信号，从而判定被测对象的频率响应，然后进行模态分析、谱分析、相关分析等，求得各阶模态的振动参数，进而可确定被测对象的固有频率、阻尼比、刚度、振型等振动参数。这类测量的目的是为了研究设备或结构的力学动态特性，以便对现有的结构进行改进或优化。

鉴于振动的复杂性，本书只能讨论一些较基本和最常用的振动测试问题。当对实际工程结构进行振动分析时，常对它进行某些简化。最简单的简化是一个单自由度振动系统。表9-1中列出了单自由度系统在质量块受力下和在基础运动下所引起的振动的力学模型、运动微分方程、频率特性以及一些结论。

表9-1 单自由度系统在两种激励下的振动

（续表）

	质量块受激励	基础激励
微分方程	$m\dfrac{\mathrm{d}^2Z}{\mathrm{d}t^2}+C\dfrac{\mathrm{d}Z}{\mathrm{d}t}+kZ=f(t)$	$m\dfrac{\mathrm{d}^2Z_{01}}{\mathrm{d}t^2}+C\dfrac{\mathrm{d}Z_{01}}{\mathrm{d}t}+kZ_{01}=-m\dfrac{\mathrm{d}^2Z_1}{\mathrm{d}t^2}$ $Z_{01}=Z_0-Z_1$ 为 m 相对基础的位移
频率特性	$H(f)=\dfrac{1/k}{\left[1-(f/f_n)^2\right]+j2\xi(f/f_n)}$ $f_n=2\pi\sqrt{k/m},\ \xi=C/(2\sqrt{mk})$	$H(f)=\dfrac{(f/f_n)^2}{\left[1-(f/f_n)^2\right]+j2\xi(f/f_n)}$ $f_n=2\pi\sqrt{k/m},\ \xi=C/(2\sqrt{mk})$
幅频特性图		
相频特性图		
结论	① 当 $f \gg f_n$ 时，$A(f)\to 0$，$\phi(f)\to 180°$，可用于减振设计 ② 当 $f/f_n=0$ 时，总有 $A(f)=1/k$，$\phi(f)=0$，即单位静力使 m 发生静位移 $1/k$ ③ 当 $f \ll f_n$ 时，$A(f)$ 变化平缓，与"静态"激振力引起的位移接近，$\phi(f)<90°$ ④ 当 $f/f_n=1$，且 $\xi\le 1/2^{1/2}$ 时，$A(f)$ 取极大值，发生共振，故常用做 f_n 的估值	① 当 $f \ll f_n$ 时，m 相对于基础的振幅极小，几乎跟随着基础一起运动，这一区域可用于惯性式加速度传感器的设计 ② 当 $f \gg f_n$ 时，$A(f)\to 1$，这说明 m 相对于基础振动的振幅接近于基础振动的振幅，这一区域用于惯性式位移测振仪的设计；这也说明 m 在惯性坐标系中的振动振幅很小，几乎处于静止状态，这一原理可用于指导振动隔离

当然，也可选取基础运动速度或加速度为输入，选取质量块的速度或加速度为输出。这将对应不同的运动微分方程、频率特性和结论。进一步的介绍和推证请参考其他相关著作。

9.2　常用的测振传感器

这里主要讨论目前常用的测振传感器，又称为拾振器。

拾振器的分类方法有：按拾振器是否与测振物接触，可分为接触式和非接触式；按测振物选取的参考坐标，可分为绝对式和相对式；按拾取的振动量，可分为加速度计、速度计和位移计；按工作原理，可分为压电式、磁电式、电动式、电容式、电感式、电涡流式、电阻应变式和光电式等。

这里只讨论压电式和电阻应变式两种拾振器。

压电式和电阻应变式加速度计是用质量块对被测物的相对振动来测试被测物的绝对振动的，因此又称为惯性式拾振器。

1. 惯性式拾振器的力学模型

惯性式拾振器的力学模型如图9-1所示。拾振器内有一个弹簧质量系统，其外壳被固定在

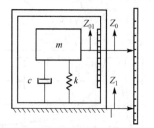

图 9-1　惯性式拾振器的力学模型

被测物上。测振时，拾振器外壳与被测物一起进行相同的绝对振动 Z_1（或速度 Z_1'，或加速度 Z_1''），质量块对外壳的相对振动为 Z_{01}（或速度 Z_{01}'，或加速度 Z_{01}''），图中 Z_0 为质量块的绝对振动。

若以 Z_1 为输入，Z_{01} 为输出，则称为位移拾振器，主要用于低频测试，如地震观测。

若以 Z_1' 为输入，Z_{01}' 为输出，则称为速度拾振器。

若以 Z_1'' 为输入，Z_{01}'' 为输出，则称为加速度计。若再利用压电效应或应变将 Z_{01} 转换成电信号，则分别称为压电式加速度计或电阻应变式加速度计。

位移拾振器的频率特性请参见表9-1。显然，拾振器的固有频率应远小于被测振动的频率。因此，在测多频率成分的振动时，不可避免地存在相位失真。

加速度计的频率特性 $H(f)$、幅频特性 $A(f)$ 和相频特性 $\phi(f)$ 分别为

$$H(f) = \frac{-1/(2\pi f_n)^2}{\left[1-(f/f_n)^2\right] + j2\xi(f/f_n)} \tag{9-1}$$

$$A(f) = \frac{1/(2\pi f_n)^2}{\sqrt{\left[1-(f/f_n)^2\right]^2 + \left[j2\xi(f/f_n)\right]^2}} \tag{9-2}$$

$$\phi(f) = \pi - \arctan\left[\frac{2\xi(f/f_n)}{1-(f/f_n)^2}\right] \tag{9-3}$$

当 $f \gg f_n$ 时，$A(f) \approx 1/(2\pi f)^2 = $ 常数，此时，相对位移 Z_{01} 几乎不随振动频率变化。因此，为了保证有较宽的工作频率，加速度计的固有频率应尽量高些。若取 $\xi = 0.65 \sim 0.70$，保证幅值误差不超过 5% 的工作频率可达 $0.58f_n$，并且此时其相移和频率成线性关系，可以保证测试多频率成分的波形不失真。

惯性式拾振器必须固定在被测物上，只有当拾振器的质量远小于被测物质量时，被测物的振动才不受拾振器质量的影响，即负载效应可以忽略不计。加速度计可以制作得很小，质量一般在 20 g 以下。

2. 压电式加速度计

压电式加速度计结构示意图如图9-2所示。它首先将输入绝对振动加速度 Z_1'' 转换成质量块对壳体的相对位移 Z_{01}，再经"弹簧"将 Z_{01} 转换成与 Z_{01} 成正比的力，最后经压电片转换成电荷输出。因为第二次转换是比例转换，所以压电式加速度计的频率特性主要取决于第一次转换的频率特性。但由于压电片电路的电荷泄漏，因此实际加速度计的幅频特性如图9-3所示，

在小于 1 Hz 的频段中，加速度计的输出明显减小。

压电式传感器有电荷放大器和电压放大器两种前置放大器。目前，电荷放大器使用得较多，并常在其内部增加低通滤波、灵敏度适配和加速度（或速度或位移）输出选择等功能。

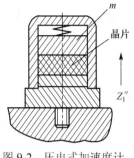

图 9-2　压电式加速度计

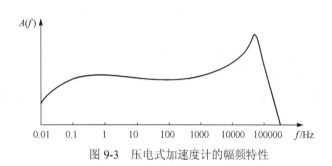

图 9-3　压电式加速度计的幅频特性

随着微电子技术的发展，现已将高阻抗集成放大器装在压电式加速度计壳体内。这种内置集成放大器的加速度计可直接用长信号线与大多数通用分析仪和记录仪相连。

加速度计产品说明书给出的幅频曲线是在刚性连接的情况下得到的。实际使用时，往往难以达到加速度计与被测物的刚性连接，此时加速度计的共振频率和使用上限频率会随之下降。加速度计的安装方法主要有钢螺栓固定、粘接、永久磁铁和手持探针四种方法，如图 9-4 所示。多数厂家配套提供绝缘螺栓、薄云母垫片、永久磁铁片及探针。黏接剂可用 502 胶水和薄蜡等。共振频率与加速度计的固定方式有关。用钢螺栓及硬性粘接固定时，共振频率降低很小，而用永久磁铁固定时，则其降低较大。手持探针法仅能测低于 1 kHz 以下的振动，可方便地随时更换测点，但测试误差较大，重复性差。

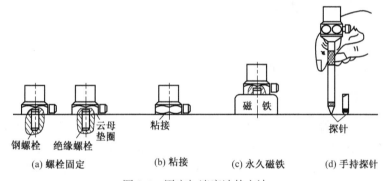

图 9-4　固定加速度计的方法

3. 电阻应变式加速度计

电阻应变式加速度计如图9-5所示。由式(9-2)可知，Z_{01} 与输入加速度 Z_{01}'' 成比例，而粘贴在梁上的应变片将质量块的相对壳体位移 Z_{01} 转换成电阻变化，再经电桥转换成电压输出。电阻应变式加速度计的频率特性主要由加速度计内的弹簧质量系统决定。该类加速度计工作频率较低，为 0～1 kHz，可测试超低频振动。

电阻应变式加速度计常与动态应变仪配合使用。电阻应变式加速度计的安装方法与压电式类似，但应谨防敲击使弹簧质量系统过载而损坏。

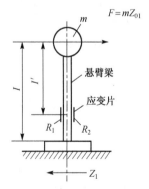

图 9-5　电阻变式加速度计

4. 测振传感器的合理选择

选择测振传感器主要考虑被测量的参数（位移、速度或加速度）、测量的频率范围、量程及分辨率、使用环境和相移等问题。

理论上，位移、速度和加速度三个参数互成积分或微分关系，可通过微积分运算来实现它们之间的转换，但实际测试时很难做到。微分将极大地放大被测信号中的高频噪声，甚至淹没有用信号。对宽频信号（如加速度）积分，往往会因信号的频宽超出积分网络的适用频宽而使信号失真。许多电荷放大器的积分网络，对单频加速度信号，可通过一次积分或二次积分获得速度或位移；但对宽频加速度信号，积分就不适合了。因此，应按直接测取参数来选用测振传感器，尽量避免积分，特别是用微分去间接获得所需参数。对相位有严格要求的振动测试项目，如相关分析、传递函数分析等，还应特别注意传感器及测试系统的相频特性。或对供货商提出要求，或在振动台上实测相差，可对传感器进行筛选或在分析时进行修正。

【工程应用点评9-1】 压电式加速度计的使用技巧

机械振动测试中，压电式加速度计的应用非常广泛。使用中常见一些实际问题，一是被测的对象不能被磁化，如不锈钢材料或其他非金属材料，此时传感器不易安装，需要使用黏接剂；二是被测表面不是平面，而是曲面，此时就要考虑先将非平面转换为平面，才能安装传感器；三是加速度计的选用要正确，主要考虑加速度的量程和频率的量程；四是要注意后接的电荷放大器的可靠性，有的电荷放大器用干电池作为电源，在环境温度很低的情况下，电池的性能差一些，可能会影响到测量。

9.3 振动的激励及激振器

在结构动态特性测试中，常常需要激励试件，使其按测试的要求进行振动。其激励方式主要有稳态正弦激振、瞬态激振和随机激振。

1. 稳态正弦激振

对试件输入一个幅值稳定、单一频率的正弦信号，让试件在稳态强迫振动后再进行测试。若要获得试件在某段频率范围的信息，必须在该频率范围内，以不同频率进行多次激振和多次测试，即频率扫描，因此稳态正弦激振试验周期长。但因其信噪比高，测试精度高，可靠性也较高，测试设备和仪器较简单，故目前仍较多使用它。常用正弦激振器有绝对式和相对式两种。

绝对激振常用电动式激振器。它的激振力来自磁场对通电导体的电动力，激励信号经功率放大后以交变电流流经驱动线圈，线圈将受到与该电流成正比的交变电动力的作用，通过激振杆向试件传递，激励试件振动。激振力幅值由功率放大器控制，实际试验时是按所测试件的振动量来调节功率放大器。不要误认为激振力幅值总与线圈电动力幅值相等。若要测试激振力，可在激振器与试件间连接一个力传感器。

用于绝对激振的电动式激振器，安装时应尽量使激振器的能量用于对试件的激振上。激振器外壳固定在刚性很好的支架或地面上，如图9-6(a)所示，支架或地基的固有频率应大于3倍激振频率。激振器可按说明书规定的最低频率和最大激振力激振试件，它适用于低频激振。

激振器的另一种安装方式，是将外壳用一个软弹簧悬挂，如图9-6(b)所示，并使悬挂系统的固有频率至少低于最低激振频率的1/3。激振时，激振器外壳基本静止，激振力接近于驱动线圈的电动力，它适用于较高频率激振。激振时，为防止激振杆与试件脱离，一般应该用激振杆对试件预加一个静力。这可由激振器自重或另加配重来实现。

　　激振杆与试件间常用一根轴向刚度较大而横向刚度很小的金属细杆连接，既保证传递激振力，又尽量减少对试件回转的约束。

　　电动激振器频率宽，激振力波形良好，操作较方便，但其激振力有限；另外，激振杆等质量不可避免地附加到了试件上，对小质量试件有一定影响。

　　相对激振常用电磁式激振器，其结构如图9-7所示。它直接用电磁力作为激振力，多用于非接触激振。例如，要激励卧式铣床工作台与铣刀杆间的相对振动，激振器铁心部分安装在工作台上，衔铁装在旋转的刀杆上。移动工作台，调整铁心与衔铁间的间隙，即可对励磁线圈输入激励电流。必须指出，为了确保一次激振力的出现，电磁式激振器的铁心必须同时有一个直流励磁和交流励磁线圈。

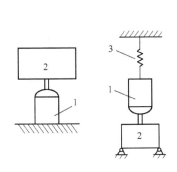

(a) 激振器安装在地面　　(b) 激振器悬挂

图 9-6　绝对激振时激振器的安装

1—激振器；2—试件；3—弹簧

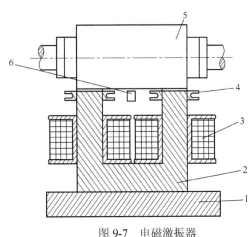

图 9-7　电磁激振器

1—底座；2—铁心；3—励磁线圈；4—力检测线圈；5—衔铁；6—位移传感器

2．瞬态激振

　　瞬态激振是一种宽带激振方法。目前，主要有以下几种瞬态激振方式。

（1）脉冲激振

　　脉冲激振是给试件施加一个脉冲力，试件在脉冲力作用下将产生一个自由振动。若以理想脉冲为输入，系统的输出就是脉冲响应函数，再经傅里叶变换即可获得系统的频率特性。

　　实际测量中常用装有力传感器的脉冲锤（结构如图9-8所示）锤击试件，产生近似半正弦波的脉冲力，如图9-9所示。由该图可知，此脉冲力并非理想的 δ 函数。脉冲持续时间 τ 越短，脉冲力的频带越宽。使用不同的锤头垫材料（如铝、橡皮等）可以得到不同频宽的脉冲。用不同质量配重的锤头和敲击速度，可获得不同大小的脉冲力。若同步记录脉冲力（输入）和振动响应，可经计算获得系统的动态特性。

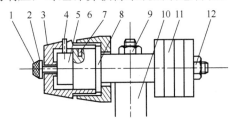

图 9-8　脉冲锤结构

1—锤头垫；2—锤头；3—压紧套；4—力信号引出线；5—力传感器；
6—预紧螺母；7—销；8—锤体；9—螺母；
10—锤柄；11—配重块；12—螺母

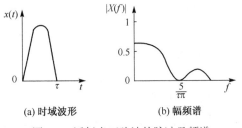

(a) 时域波形　　　　　(b) 幅频谱

图 9-9　近似半正弦波的脉冲及频谱

对一些特大型结构，难以购置大量程力传感器，只对结构的脉冲振动响应信号进行谱分析，也可获得满足工程要求的一些信息（如被测物的固有频率等）。

脉冲激振简便高效，但对激励点、拾振点的选取，锤击方向和轻重均有较高要求。脉冲力是一种随机输入，需要多次锤击并对测试结果平均，以减小随机误差。

（2）阶跃激振

对试件施加一个静力，使它产生弹性变形，然后突然取消该力。这相当于对试件施加了一个负的阶跃激振力，在建筑结构和桥梁的振动测试中，这种激振方法有应用。

（3）快速正弦扫描激振

对在某一频带范围内工作的试件，理想激振力的频谱应是一个矩形，谱幅值在上、下限频率内相等，在上、下限频率范围外为零，犹如一个理想带通滤波器的频谱，而等幅线性频率扫描的正弦力函数可基本满足这一要求。该力函数时域表达式为

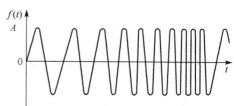

$$f(t) = A\sin 2\pi(at^2 + bt) \qquad (0 < t < T) \qquad (9\text{-}4)$$

$$a = \frac{f_{max} - f_{min}}{T}; \quad b = f_{min} \qquad (9\text{-}5)$$

式(9-4)中，T 为激振力持续时间；f_{min}、f_{max} 为下限和上限的扫描频率。$f(t)$ 的时域波形及频谱如图 9-10 所示。快速频率扫描正弦信号发生器可在几秒钟内产生 $0\sim20\ kHz$ 的恒幅的线性扫描正弦函数，f_{min}、f_{max}、T 和力幅值 A 均可设定。这种快速激振法可有较大的激振能量，测试精度也较高。

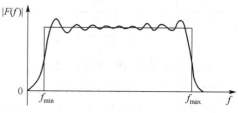

图 9-10　快速正弦扫频信号及其频谱

【工程应用点评 9-2】 脉冲锤的使用技巧

机械振动测试中，常使用脉冲锤进行敲击实验，但要注意一些问题。一是拾振点的合理选择，通常对易引起振动的位置或将构件的重要和关键位置选为拾振点。二是敲击点的选择，应尽量仿照实际工况进行敲击或对易引起振动的位置进行敲击。三是锤击方向、速度和力度的要求。一般要求锤击的方向与加速度计的测量方向一致，要求敲击出一个比较尖锐的脉冲，力量不可过小，否则部分频率成分不能被激励出来。四是激励信号的平均问题。脉冲锤敲击产生的脉冲力是一种随机输入，需要多次敲击并对测试结果进行平均，才能有效地减小随机误差。一般在同一位置敲击并拾振 3～5 次，再对测量数据进行平均。

3. 随机激振

许多设备或结构是在随机振动的环境下工作的，如路面对车辆的激励、风浪对海洋钻井平台的激励、风或地震引起的建筑物振动等。用实验模拟真实的随机振动环境，对结构或试件进行动强度、动刚度或性能等试验，无疑具有重要的意义。此外，随机激振也可用于试件动态特性的识别。

为了模拟工况的随机振动环境，必须先对工况的随机激励进行大量的实测和统计，也可利用道路、地震和海浪等方面已有的统计资料。一旦确定了工况的随机信号，还需要模拟该随机激励。目前，多由微机经数模转换器、功率放大器和激振器，最后输出模拟的随机激振信号。

9.4　振动测试的工程应用

1. 金属切削机床的振动试验

按国家标准及相应规范，金属切削机床样机应进行多种振动试验，作为评定机床等级的主要指标之一。

（1）绝对振动及相对振动试验　如外圆磨床，要求测试磨床空运转时砂轮架及头架沿水平方向的绝对振动速度、砂轮架与头架间沿水平方向的相对振动位移峰峰值。绝对振动拾振器可选用压电晶体加速度计或磁电式速度计，相对振动拾振器可选用电涡流式位移计。

（2）激振试验　如对机床主轴（在夹持的轴状零件悬置端）进行激振试验，如图9-11(a)所示，获得机床主轴在激振点的动柔度曲线；在卧式铣床主轴与工作台间进行相对激振试验，如图9-1(b)所示，获得主轴与工作台间的相对动柔度曲线。

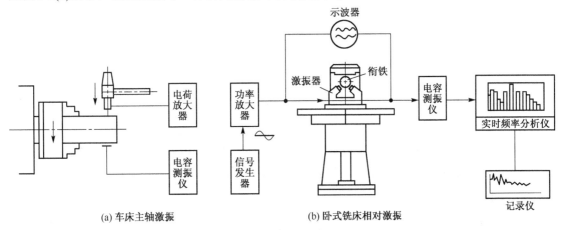

(a) 车床主轴激振　(b) 卧式铣床相对激振

图 9-11　机床振动试验

（3）抗震性切削试验　按机床设计性能选择各种刀具、被加工材料和不同的切削用量进行切削加工。在振动敏感位置安装绝对式拾振器来监测振动。一般以产生颤振的极限切削宽度作为机床抗震性指标。

2. 振动监测及诊断

在机械设备故障诊断技术中，振动监测仍是最常用的方法之一。

对燃气轮机、压缩机等转轴组件，或测试机组壳体、基础处的绝对振动，或测试转子对机壳间的相对振动，并进行专门分析，可以发现转子失去平衡、装配件松动或失落、轴承烧伤、基座变形和转轴裂纹等多种故障。

对滚动轴承测振（一般在轴承座上安置加速度计）并进行分析，可对轴承滚动体或滚道表面剥落、点蚀、划痕、裂纹及保持架严重磨损或断裂等失效原因进行判断。

拾取齿轮箱敏感部位的振动并分析，可对各个齿轮的齿面剥落、齿面裂纹、齿尖断裂、齿面点蚀、擦伤等故障进行判断。

3. 查找振源及识别振源传递路径

例如，某大型水电站在某一个发电工况下，其厂房产生强烈振动。按理论分析和经验估计，振源可能来自水轮机或发电机的机械振动，或来自流道某一部分（如引水管、涡壳、导叶、尾水管）的水体振动。为了查找振源及振源向厂房传递的路径，在水轮发电机组和厂房的多处安置拾振器，在流道多处安置压力传感器。试验时，同步记录近百个测点的振动及压力波动。试验完后，对记录的信号进行分析，查找出强振振源来自导叶与尾水管间的局部水体共振。

【工程应用点评9-3】 机械振动的多角度理解

机械振动是工程技术中普遍存在的现象，几乎每一种设备及工程都与振动有关。一方面，在许多情况下，机械振动会造成危害，影响精密仪器设备的功能，降低加工零件的精度和表面质量，加剧构件的疲劳破坏和磨损，甚至导致损坏，造成事故；另一方面，也可利用振动来做有益的事情，如清洗、脱水、时效等振动机械，超声振动切削等。

9.5 噪声测量基础

随着现代工业的发展，噪声已成为主要公害之一。90 dB 以上的噪声将使听力受损，长期受强噪声刺激（一般指 115 dB 以上），将导致听力损失，引起心血管系统、神经系统及内分泌系统等方面疾病。我国已制定了环境噪声限制和测量标准，也对许多机械、设备制定了相应的噪声标准。

声音是振动在弹性介质中传播的波。一个声学系统的主要环节是声源、传播途径和受者。工程中许多噪声都由机械振动所致，噪声测试与机械振动测试密切相关。

为了正确评价各类机械、设备及环境的噪声，研究噪声对环境污染和对人类健康的影响，寻找噪声源及传播途径以控制噪声，都需要进行噪声测试。

9.5.1 噪声的度量

噪声的主要感受者是人。人耳可以感受到声音的强弱和频率高低，但感受程度因人而异。由于声音传播的复杂性，因此需要用多种参数来度量和评价噪声。

用声压级、声强级和声功率级来表示噪声的强弱，用频率或频谱来表示噪声的高低。

1. 声压和声压级

声压指声波引起介质压力的波动量。例如，无声时大气有一个静压力，有声时大气在静压上又叠加一个波动压力。这个由声波传播引起的波动压力就是声压。一般用 p 表示，单位是 Pa。

声压是随时间而波动的函数，常用均方根值来衡量其大小。声压比大气压力小得多，正常人耳刚刚能听到的 1000 Hz 纯音的声压为 $2×10^{-5}$ Pa，称为听阈声压，该值被规定为基准声压，记为 p_0。人耳所能承受的最大声压大约是 20 Pa，称为疼阈声压。疼阈声压与听阈声压之比为 $10^6:1$，相差 100 万倍。用声压的绝对值表示声音的强弱极不方便，因此，常用声压级 L_p（单位为 dB）来表示声压强弱，它的定义为

$$L_p = 20\lg(p/p_0) \tag{9-6}$$

2. 声强和声强级

声音的强弱也可用能量来表示。在某点垂直于声音传播方向的单位面积上，单位时间通过的声能量称为声强。正向平面波的声强为

$$I = \frac{p^2}{\rho c} \tag{9-7}$$

式中，ρ 为媒质密度；c 为声速。I 的单位为 W/m^2。

显然，声强是矢量，其方向沿声能的传播方向。基准声强 I_0 取为 10^{-12} W/m^2。声强级 L_1 定义为

$$L_1 = 10\lg(I/I_0) \tag{9-8}$$

3．声功率和声功率级

声功率是声源在单位时间内发射出的声能量。通过垂直于传播方向上面积 A 的平均声功率为

$$W = IA \tag{9-9}$$

基准声功率 W_0 取为 10^{-12} W，因此，声功率级 L_W 定义为

$$L_W = 10\lg(W/W_0) \tag{9-10}$$

4．声压级、声强级和声功率级的关系

将式(9-7)代入式(9-8)得

$$L_1 = 10\lg\frac{p^2}{I_0\rho c} = L_p + 10\lg\frac{p_0^2}{I_0\rho c} \tag{9-11}$$

令 $a = 10\lg\dfrac{I_0\rho c}{p_0^2}$，它是一个取决于环境空气和气温的常数。温度为 20℃时，一个标准大气压下的空气 $\rho c = 415$ $N\cdot s/m^2$，$a \approx 0.16$ dB。因此，在噪声测试中，对自由行波可认为

$$L_1 \approx L_p \tag{9-12}$$

将式(9-9)代入式(9-10)得

$$L_W = 10\lg(I/I_0) + 10\lg(A/A_0) = L_1 + 10\lg(A/A_0) \tag{9-13}$$

式中，A_0 为取得基准声功率 W_0 时的面积，即 $W_0 = I_0 A_0$。

当被测面积 $A = A_0$ 时，则

$$L_W = L_1 \tag{9-14}$$

将式(9-11)代入式(9-13)得

$$L_W = L_p - a + 10\lg(A/A_0) \tag{9-15}$$

略去 a，当 $A = A_0$ 时，则

$$L_W = L_p \tag{9-16}$$

可见，若测出声压级，那么声功率级和声强级可通过换算得到。

各种典型声源的声压级和声功率级如图9-12所示。

声压级、声强级和声功率级都是无量纲的相对量，在运算时要特别注意。例如，两个声源同时引起某点声压，其合成声压级（或声强级）不应简单地等于各个声源引起的声压级相加。又如某声源的声功率减小了 50%，则其声功率级减小了 3 dB，而不是减小了原声功率级的 50%。

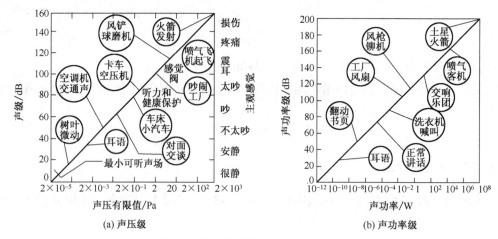

图 9-12　典型声源的声压级和声功率级

5．噪声的频谱

声音的高低主要与其频率有关。实际上噪声极少是单频率的。噪声的频谱可反映出该噪声在不同频率范围内强度的分布状况。

当对噪声进行频域分析时，通常取多个较宽的频带来分析噪声的声级（声压级、声强级和声功率级），最常用的频带宽度是倍频程和 1/3 倍频程。目前，可闻声音各频带的标准中心频率见表 9-2。

表 9-2　倍频程和 1/3 倍频程的频带宽度（单位：Hz）

倍频程频率范围		1/3 倍频程频率范围			
中 心 频 率	频 率 范 围	中 心 频 率	频 率 范 围	中 心 频 率	频 率 范 围
31.5	22.4～45	25	22.4～28	800	710～900
63	45～90	31.5	28～35.5	1000	900～1120
125	90～180	40	35.5～45	1250	1120～1400
250	180～355	50	45～56	1600	1400～1800
500	355～710	63	56～71	2000	1800～2240
1000	710～1400	80	71～90	2500	2240～2800
2000	1400～2800	100	90～112	3150	2800～3550
4000	2800～5600	125	112～140	4000	3550～4500
8000	5600～11 200	160	140～180	5000	4500～5600
16 000	11 200～22 400	200	180～224	6300	5600～7100
		x0	224～280	8000	7100～9000
		310	280～355	10000	9000～11 200
		400	355～450	12500	11 200～14 000
		500	450～560	16000	14 000～18 000
		630	560～710		

9.5.2　噪声的主观评价

噪声与人的主观感觉之间的关系十分复杂，各国学者为此提出了许多主观评价标准。这里只介绍噪声的频率计权网络及声级。

频率计权网络是为了模拟人耳对不同声压和频率声音有不同感觉而设置的，主要有 A、C、D 四条计权网络，其中最常用的是 A 计权网络。它们的频率特性曲线如图9-13所示。多数噪声经 A 计权网络滤波后，与入耳的感觉有较好的相关性。

频率计权是在测试时将所测噪声信号经模拟滤波或数字滤波而实现的。经计权网络后测得的声压级称为声级，并按不同计权网络分别称为 A 声级（L_A）、B 声级（L_B）、C 声级（L_C）和 D 声级（L_D），其单位也分别称为 dB(A)、dB(B)、dB(C)、dB(D)。经计权网络测得的声强级、声功率级也需特别注明，如 A 声强级、A 声功率级等。目前，许多通用机械及城市环境的噪声等级多采用 A 声级来评定。

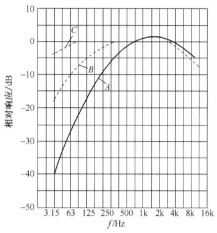

图 9-13　计权网络频率特性曲线

9.6 噪声测试传感器与仪器

常用的噪声测试仪器有传声器、声级计、磁带记录仪、校准器和频谱分析仪。按不同的测试要求，可单独用声级计或用多种仪器组合。下面主要讨论传声器和声级计。

9.6.1 传声器

传声器是噪声测试的传感器，通常用膜片将声波信号转换成电信号。

1. 传声器的压力响应和自由场响应

对于传声器，除具有一般传感器性能外，还要具有高的声阻抗、小的声发射和绕射对声场的影响、低电噪声、平坦幅频特性、输出电信号与声压间极小的相移等性能。

传声器置于声场之中，由于反射和绕射现象，会干扰原来的声场，通常会使传声器膜片的声压增大。这种干扰与声波波长、声波入射方向、传声器的尺寸和形状有关。通常用压力响应及自由场响应来描述不同声场中传声器的特性。压力响应是指传声器的膜片上受到均匀声压时，其输出与声压之比。这相当于尺寸很小的传声器正对着一个自由平面行波呈现的响应，没有干扰声场。

自由场是指只有直达声而没有反射声的声场，实际上是指反射声与直达声相比可以忽略的声场。例如，消声室是人工模拟的自由场实验室。传声器在自由场中的输出与原（假设传声器不在时）声压值之比称自由场响应。某典型传声器的压力响应和自由场响应（入射角为 0°）的幅频特性曲线如图 9-14(a)所示，读者可从图中分析传声器对不同频率声波的影响。为减小传声器放入声场而产生的干扰，有的传声器振膜具有适当的阻尼，以补偿高频段所产生的压力增量对输出的影响。在传声器的说明书上同时附有压力响应曲线和自由场响应曲线，以便使用时进行修正。

自由场响应还与声波的入射角（如图 9-14(b)所示）有关，并且在高频段更明显。因此，测试时应尽可能使传声器正对声源。图 9-14(c)所示的是某传声器不同入射角的自由场响应与压力响应的比值曲线。

2. 电容式传声器

按转换原理分类，传声器有电容式、压电式和动圈式等。精密测试中最常用的是电容式传声器。某电容式传声器的原理如图 9-15 所示，由振膜和固定的背极组成可变电容。振膜可近似地看成一个单自由度振动系统，它在声压作用下产生振动，从而改变电容器的电容。

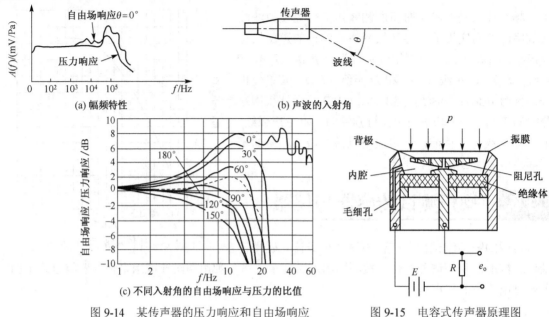

图 9-14　某传声器的压力响应和自由场响应　　图 9-15　电容式传声器原理图

9.6.2　声级计

　　声级计集传声器、衰减放大、显示、计权网络、模拟或数字信号输出为一体。它体积小，携带方便，既可以独立测量、读数，又可以将所测信号接入磁带记录仪或分析仪或外接滤波器构成频谱分析系统。声级计是噪声测试中最常用的仪器，其方框图如9-16所示。

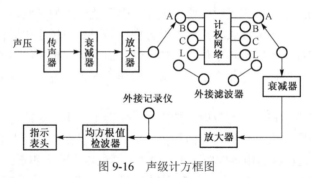

图 9-16　声级计方框图

　　噪声测试一般都选用精密声级计，测试误差小于 1 dB。精密声级计的传声器多为电容式。有些声级计设有峰值和最大有效值（均方根值）保持器，可测试冲击噪声。

　　声级计必须定期校准。某些行业噪声测量标准规定，每次测试前后都必须对测试装置进行校准，且前后两次校准读数的差值不得大于 1 dB，否则测试结果无效。工业上常用活塞发声器校准声级计。

9.7　声强测量与声源辨识

　　当一个空气微粒偏离其平衡位置时，就有一个压力的临时增加。压力增加表现为两种方式：使微粒恢复其原始位置，将扰动传递给下一个微粒；压力增加和降低的周期像声波一样

传播。在传播过程中有两个重要参数：空气微粒的压力和速度围绕固定位置震荡。声强是压力和微粒速度的乘积，即

$$声强 = 压力 \times 微粒速度 = \frac{力}{面积} \times \frac{距离}{时间} = \frac{能量}{面积 \times 时间} = \frac{功率}{面积}$$

在一个主动场中，压力和速度同时变化，并且压力和微粒速度是同相的。只有在这种情况下，强度的时间平均值才不等于零。声强可以定义为

$$I_r = \frac{1}{T} \int_0^t p v_r \mathrm{d}t \qquad (9\text{-}17)$$

式中，p 为某一点的瞬时压力；v_r 为 r 方向上的空气微粒速度；T 为平均时间。

某一点的空气微粒速度可以根据该点的压力梯度表示为

$$u_r = -\frac{1}{\rho} \int_{-\infty}^t \frac{\partial p}{\partial r} \mathrm{d}t = -\frac{1}{\rho} \int_0^t \frac{(p_B - p_A)}{\Delta r} \mathrm{d}t \qquad (9\text{-}18)$$

式中，ρ 为空气质量密度；Δr 为点 A 和点 B 的距离；p_A, p_B 为点 A 和点 B 各自的瞬时压力。

声强用双麦克风方法测定。这两个麦克风面对面地放置，用一个隔离器隔离开距离 Δr，如图 9-17(a)所示。图 9-17(b)表示的是声强测量系统的方向特性。需要注意的是，如果角度 θ 为 90°，则声强分量是零，因为被测的压力信号之间没有差别。这一个特征使这种测量在定位复杂声场中的噪声源时非常有用。

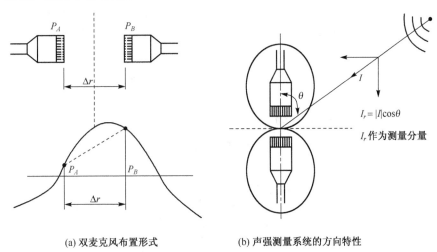

(a) 双麦克风布置形式　　　(b) 声强测量系统的方向特性

图 9-17　声强测量系统

声强分析系统由一个双麦克风探测器系统和一个分析器组成。麦克风探测系统测量两个压力 p_A 和 p_B，而分析器进行集成以得出声强。

上海安锐自动化仪表有限公司生产了一种商用声强测量系统，名称是 GS—4 型便携式声强测量分析系统。系统由笔记本计算机、精密测量系统、声强探头、Windows 平台的声强测量分析软件组成，总质量不到 5 kg。可以依据 ISO 9614—1 和 ISO 9614—2 在普通声学环境中准确地测定声源和各种设备的声功率，从而节约大笔建造消声室的费用，并且可以完成诸多在消声室内使用声压法无法完成的测量工作。其主要技术参数是：

（1）测量声级范围：30～120 dB；

（2）最高有效频率：10 kHz；示波频率范围：0～25 kHz；

（3）程控放大倍数：$1\sim1.7\times10^4$；增益误差：小于 0.01 dB；

（4）系统相位误差：1 kHz 内小于 0.1°；全频带小于 0.3°（不包括传声器），校正后小于 0.1°。

9.8　声发射测试技术

9.8.1　概述

材料中局域源快速释放能量产生瞬态弹性波的现象称为声发射（Acoustic Emission, AE）。声发射是一种常见的物理现象，大多数材料变形、断裂或摩擦时都有声发射发生，但许多材料的声发射信号强度很弱，几乎不能直接听到，一般需要灵敏的电子仪器才能检测出来。用仪器探测、记录、分析声发射信号和利用声发射信号推断声发射源的技术，称为声发射技术。

现代声发射技术的开始，是以 20 世纪 50 年代初 Kaiser 在德国的研究工作为标志的。他观察到铜、锌、铝、铅、锡、黄铜、铸铁和钢等金属和合金在形变过程中都有声发射现象。材料形变声发射具有不可逆效应，即"材料被重新加载期间，在应力值达到上次加载最大应力之前不产生声发射信号"。现在人们称材料的这种不可逆现象为"Kaiser 效应"。Kaiser 同时提出了连续型和突发型声发射信号的概念。

如图9-18所示，声发射信号的频率达到兆赫兹级，属于超声波范围（超过 20 kHz）。在初期研究的岩体测量中，采用了几千赫兹频率范围的加速度计。随着金属材料用途的扩大，频率范围随之扩大到兆赫兹的频带，测量的波形其频率成分复杂，包含几千赫兹到几兆赫兹的频率成分。

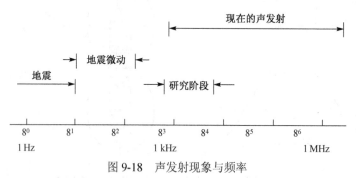

图 9-18　声发射现象与频率

材料存在突发型和连续型两种声发射波形。对于金属材料，声发射衰减小，持续时间长，塑性变形时发生持续声发射，观察到的不是突发的而是连续的声发射波；对于混凝土、岩石等材料，声发射衰减大，一般可以观察到突发型声发射波。

通过测量物体声发射波，可以确定结构中的损伤或缺陷的位置，并对损伤程度进行有效的评估。

9.8.2　声发射测量传感器

最普遍的声发射传感器是压电式传感器，它们大多数具有很小的阻尼，在谐振时具有很高的灵敏度，使用时可根据不同的检测目的和环境条件进行选用，按原理分主要有以下几种。

1．谐振式传感器

谐振式高灵敏度传感器是声发射检测中使用最多的一种。单端谐振式传感器结构简单，如图 9-19 所示。将压电元件的负电极面用导电胶粘贴在底座上，另一面焊出细引线与高频插座的芯线连接。不加背衬阻尼，外壳接地。

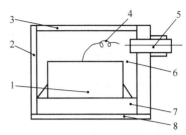

图 9-19　单端谐振式传感器

1—压电元件；2—外壳；3—上盖；4—导线；
5—高频插座；6—吸收剂；7—底座；8—保护膜

2．宽频带传感器

传感器的幅频特性与压电元件的厚度有关，它可由多个不同厚度的压电元件组成，也可采用凹球形或楔形压电元件来达到展宽频带的目的。假如凹球面压电元件厚度不变，则球面深度直接影响频率特性。

3．差动传感器

差动传感器由两个正负极差接的压电元件组成。输出为相应变化的差动信号。信号因叠加而增大。差动传感器结构对称，信号正负对称，输出也对称，所以抗共模干扰能力强，适合噪声来源复杂的现场使用。差动传感器对两个压电元件的性能要求一致。

4．电容传感器

电容传感器是一种直流偏置的静电式位移传感器。由于这种传感器在很宽的频率范围内具有平坦的响应特性，因此，可用于声发射频谱分析和传感器标定。为了取得良好的检测效果，传感器安装表面必须平整，以保证有效耦合。安装面上的污垢与锈斑必须清洗干净。

9.8.3　声发射测量仪器

声发射测量仪器包括以下几个部分，如图 9-20 所示。

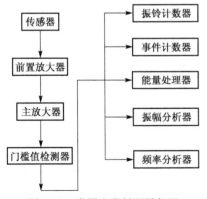

图 9-20　常用声发射测量仪器

1．传感器

传感器将感受到的声发射信息以电信号的形式输出，其输出值的变化范围通常在 10 μV～1 V。实践表明，大部分声发射传感器的输出值在上述范围较低的一端。因此，处理声发射信号的仪器必须能够对小信号有响应，并且具有很低的内部噪声，同时应该能够处理较大的信号而不发生畸变。

2．前置放大器

前置放大器一方面进行阻抗变换，降低传感器的输出阻抗，以减小信号的衰减；另一方面又能提供 20 dB、40 dB 或 60 dB 的增益，以提高抗干扰特性。

前置放大器后设置带通滤波器，通常工作频率为 100 kHz～300 kHz，以便信号在进入主放大器前将大部分噪声滤除。

3. 主放大器

该部分由放大器与滤波器构成，主放大器最大增益可达 60 dB。经过前置放大和主放大以后，信号总的增益可达 80～100 dB。

4. 门槛值检测器

该装置是一种幅度鉴别装置，用于消除低于门槛值的信号（通常大部分是噪声），而将大于门槛值的信号变成一定幅度的脉冲，提供给后面的计数装置。

5. 振铃计数器

对门槛值检测器送来的信号进行计数，获得声发射计数值。

6. 事件计数器

将一个完整的振荡信号变成一个计数脉冲，进行计数。

7. 能量处理器

将放大后的信号经平方电路检波，然后进行数值积分，得到反映声发射能量的数据。

8. 振幅分析器

由振幅探测仪和振幅分析仪组成。振幅探测仪用来测量声发射信号的振幅，具有较宽的动态范围。振幅分析仪的作用是将声发射信号按幅度大小分成若干个振幅带，然后进行统计计算，并按要求给出事件分级幅度分布或事件累计幅度分布。

9. 频率分析器

用来建立频率与幅度之间的关系。一般采用 A/D 转换器将声发射信号送入计算机进行分析处理。

9.9　振动测试的工程实例

本节通过金属切削机床的激振实验来说明振动信号的测试过程。如图 9-21 所示，该机械装置是一个模型机，用来模拟卧式铣床的结构。其中零件 A 是一个质量偏心轮，在电动机的带动下做旋转运动，模拟铣刀的旋转运动。B 位置是模型机的端部。当零件 A 旋转时，模型机出现振动，实验发现 B 点的振动比较大。

为了解该模拟机的振动特点，设计了如图 9-22 所示的激振实验装置。该实验装置主要包括：

A：激振器，激振频率是 1～200 Hz。激振器的作用是在如图 9-21 所示的 B 点位置，对模型机施加上、下方向的稳态正弦激振。

B：加速度传感器，其安装位置与激振位置非常接近。

C：电荷放大器，可将加速度传感器输出的电荷信号进行放大。

D：数据分析仪，用来记录和处理来自电荷放大器的交流电压信号。

实验开始后，由激振器 A 产生 1～200 Hz 的连续正弦激励。由数据分析仪 D 完成记录与频谱分析工作。加速度数据的分析结果如图 9-23 所示，可以看出在 5.97 Hz、15.92 Hz、90.3 Hz 处有较明显的峰值。其中在 5.97 Hz 处峰值最大，它代表了该模型机的低频共振频率。依据实验得到的数据，在设置模型机的工作转速时，应尽量避开这些易引起强烈振动的频率，从而使得机械装置工作更平稳、可靠。

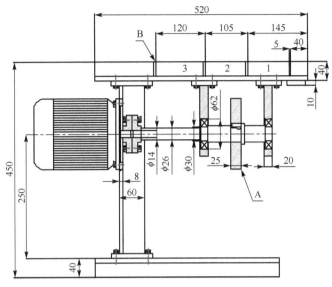

图 9-21 卧式铣床的模型机简图

图 9-22 振动敲击实验装置图

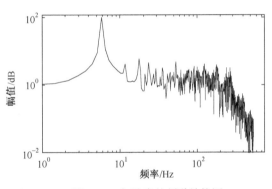

图 9-23 加速度的频谱结构图

9.10 思考题与习题

9-1 在稳态正弦振动中，是否可以只测量位移，再对位移进行微分，求得振动的速度与加速度？或只测量振动加速度，再对其进行积分以求得速度和位移？为什么？

9-2 论述压电式加速度计的工作原理。

9-3 选择测振传感器的主要原则是什么？

9-4 简述声发射的特点，声发射测量仪器主要应包括哪几种？

9-5 用一个声级计测量发动机噪声的声压级，读数为 120 dB。安装消音器后，同一个声级计的读数为 90 dB，求：（1）安装消音器前的均方根声压；（2）使用消音器时，均方根声压幅度的缩减百分比。

9-6 某地点周围有 5 台机器，它们在该点产生的声压级分别为 95 dB、90 dB、92 dB、88 dB 和 82 dB。求：（1）5 台机器在该点产生的总声压级；（2）比较第 1 号机器停机和第 2、3 号机器同时停机这两种情况对降低该点总声压级的效果。

温度的测量

工程背景

在工业生产过程中，温度的测量与控制涉及非常广的应用领域。例如，金属零件的热处理工艺中，退火炉的炉温控制系统，就是一种比较复杂的控制系统。无论是燃油退火炉还是燃气退火炉，炉体内必须合理地布置温度传感器，以实时测量炉内温度。对于电力设施，由于电接触不良会引起局部区域温度升高，因此在这种场合就需要非接触式的温度传感器进行温度的测量，完成设备的检查与故障诊断工作。总之，温度测量在很多领域都非常重要，本章将对这方面的知识予以详细介绍。

内容提要

本章主要讲述有关温度测量的一些基本理论和方法。重点介绍的有热电阻、热电偶、热辐射温度传感器。最后，通过井温测试的例子对温度信号的获取与处理进行简要介绍。

10.1 概述

温度是一个基本物理量。温度的测量是测试技术中一个重要组成部分。目前，温度测量技术已经发展成了一门学科。对于一些已经研制或生产出的先进测温仪器，它们具有较高的精确度；具有较宽的量程，能进行从接近绝对零度到高达数千度或上万度的温度测量；具有较高的灵敏度与快速响应特性，能测量变化速度快同时变化量较小的温度信号；具有先进的数据处理功能。

对于许多新技术，如红外、激光、光导纤维、遥感、计算机技术，都被用于温度的测量。温度的测量与研究领域正向着更高的精度、超高温、超低温、快速响应及智能化方向发展。

从我国古代高超的冶炼技术、精美的陶瓷产品可看出，丰富的温度测量与控制手段在我国很早就得到了应用。目前，国内已具备研制较为复杂和高水平的温度测量传感器及相关仪器、设备的能力，研究水平在许多领域已经达到或接近世界先进水平。

温度的测量是一个复杂的问题，会随着测试对象、测试环境的不同而有所变化。要解决实际的测温问题，应从三个方面考虑：一是深入研究被测对象的特点和要求，明确要解决问题的性质；二是选择正确的测温方法，其中包括测温传感器和显示仪表；三是分析测温误差来源并提出校正方法。

10.2 温度测试方法

测温的方法很多。仅从测量体与被测物体接触与否来分，有接触式测温和非接触式测温两大类。接触式测温是基于热平衡原理的。测温敏感元件必须与被测介质接触，使两者处于同一热平衡状态，具有同一温度，如水银温度计、热电偶温度计等。非接触式测温利用的是物质的热辐射原理。测温敏感元件不与被测介质接触，而是通过接收被测物体发出的辐射热来判断温度，如辐射温度计、红外温度计等。目前，工业上常用的温度计及其测量原理、测量范围、使用场合如表 10-1 所示。

表 10-1　工业上常用的温度计

测温方法	温度计分类	测温原理	测温范围/℃	特　点
接触式	膨胀式温度计： ● 固体膨胀式（双金属片式） ● 液体膨胀式（玻璃温度计）	利用固体或液体受热时体积产生膨胀的原理	固体膨胀式： −200～700 液体膨胀式： 0～300	使用简单、方便，但玻璃温度计易损坏
	压力式温度计： ● 液体式 ● 气体式	利用封闭在固定体积中的气体、液体受热时其体积或压力变化的性质	0～300	耐振动，坚固，用于测量易爆、有振动处的温度
	电阻温度计 金属热电阻半导体热敏电阻	利用导体或半导体材料受热后电阻变化的性质	−200～500	体积小，响应快，精度与灵敏度高，但要注意环境温度的影响
	热电偶温度计	利用物体的热电性质	0～2000	结构简单，适应性强，价格低，必须注意寄生热电势及动圈式仪表电阻对测量结果的影响
非接触式	辐射式高温计 光学高温计 辐射高温计 比色温度计	利用物体辐射能的性质	700～3500	不干扰被测温度场，应用简单，适用于测量火焰、钢水等高温场合

通常，接触式温度测量简单、可靠，且测量精度高。但因为测量元件需要与被测介质接触后进行充分的热交换才能达到热平衡，所以会产生滞后现象。另外，由于受到耐高温材料的限制，接触式测温不能应用于很高温度的测量。对于非接触式测温，由于测温元件不与被测介质接触，因此测温范围很广，其测温上限原则上不受限制，测温速度也较快，且可对运动体进行测量。在非接触测量中，由于受到物体发射率、测量距离、烟尘、水汽等干扰，一般测量误差比较大。

在工业温度测量中，热电阻、热电偶温度计的精度高，信号也便于远距离传输，因此这两种传感器得到了广泛的应用。

10.3 热电偶

热电偶是工业上最常用的一种测温元件，是一种能量转换型温度传感器。在接触式测温仪表中，它的测量信号易于传输和变换，测温范围宽，测温上限高。在机械行业中，这种温度传感器主要用于 500℃～1500℃ 范围内的温度测量。

10.3.1 热电偶的工作原理

把两种不同的导体或半导体连接成图 10-1 所示的闭合回路。如果将它们的两个接点分别放置在温度为 T 和 T_0 的热源中，则在该回路内就会产生热电动势，这种现象称为热电效应。在图 10-1 所示的热电偶回路中，所产生的热电动势由接触电动势和温差电动势两部分组成。

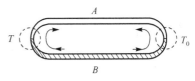

图 10-1 热电偶回路

温差电动势是在同一导体的两端因其温度不同而产生的一种电动势。假设在图 10-1 中，温度 T 大于 T_0，则高温端的电子能量比低温端的电子能量大，故高温端运动到低温端的电子数多于低温端运动到高温端的电子数，使得高温端带正电而低温端带负电，从而在导体两端形成一个电位差，这就是温差电动势。

当热电偶的材料一定时，热电偶的总热电动势 $E_{AB}(T, T_0)$ 成为温度 T 和 T_0 的函数差，即

$$E_{AB}(T, T_0) = f(T) - f(T_0) \tag{10-1}$$

如果使冷端温度 T_0 固定，则对于一定材料的热电偶，其总热电动势就只与温度 T 成单值函数关系，即

$$E_{AB}(T, T_0) = f(T) - C = \varphi(T) \tag{10-2}$$

式中，C 是由冷端温度 T_0 决定的常数。

关于热电偶回路，有以下特点：

（1）若组成热电偶的回路的两种导体相同，则无论两个接点温度如何，热电偶回路中的总热电动势为零。

（2）若热电偶两个接点温度相同，则尽管导体 A 和 B 的材料不同，热电偶回路中的总热电动势也为零。

（3）热电偶 AB 的热电动势与导体材料 A 和 B 的中间温度无关，而只与接点温度有关。

（4）当在热电偶回路中接入第三种材料的导线时，只要第三种材料的导线两端温度相同，则第三种材料的接入不会影响热电偶的热电动势。

10.3.2　热电偶的分类

根据热电效应，只要是两种不同性质的任何导体都可配制成热电偶。因为还要考虑到灵敏度、准确度、可靠性、稳定性等条件，所以作为热电极的材料，一般应满足如下要求。

（1）在同样的温差下，产生的热电势大，且其热电势与温度之间呈线性或近似线性的函数关系。

（2）材料的耐高温性能好，能在较宽的温度范围内保持稳定的化学、物理性能。

（3）电导率高，电阻温度系数和比热容要小。

（4）制造工艺性好，价格低廉。

目前，在我国有以下几种热电偶被广泛使用。

（1）铂铑-铂热电偶（分度号 S）：正极为铂铑合金丝（由 90% 铂和 10% 铑冶炼而成），负极为铂丝。在 1300℃ 以下范围可长时间使用，也可短期测量 1600℃ 左右的高温。

（2）镍铬-镍硅热电偶（分度号 K）：正极为镍铬合金，负极为镍硅合金。可长时间测量 900℃ 以下的温度，也可短期测量 1200℃ 左右的温度。

（3）镍铬-康铜热电偶（分度号 E）：正极为镍铬合金，负极为康铜（铜、镍合金冶炼而成）。可长时间测量 600℃ 以下的温度，也可短期测量 800℃ 左右的温度。

（4）铂铑 30-铂铑 6 热电偶（分度号 B）：正极由 70% 的铂和 30% 的铑冶炼而成，负极由 94% 的铂和 6% 的铑冶炼而成。可长时间在 1600℃ 左右的环境中使用，区间也可短期测量 1800℃ 左右的温度。

（5）钨铼热电偶：该型热电偶在高温测量方面具有良好的性能。正极为钨铼合金（95% 钨和 5% 铼冶炼而成），负极也为钨铼合金（80% 钨和 20% 铼冶炼而成）。可长时间在 2800℃ 左右的环境中使用，也可短期测量 3000℃ 左右的温度。

【工程应用点评 10-1】　热电偶温度传感器的应用与注意事项

热电偶温度传感器的特点是测量范围广，响应速度快。目前，它的使用范围越来越广。例如，在热处理行业中，可用于退火炉的温度测量。在道路施工中，涉及沥青的拌料与摊铺，通常也是选用热电偶来实时测量沥青混合料的温度。在食品加工中，可用它测量面粉发酵过程中其内部的温度变化。使用中要注意一些细节：一是传感器的测头很小，不可因碰撞而造成损坏；二是当传感器的热补偿线较长时，应检查整根线有无破损，避免两根补偿线短路；三是传感器的热补偿线通常是由耐高温的石棉织物包裹的，在现场操作时，应注意避免石棉材料刺激皮肤、口、鼻、眼等。

10.4　热电阻

热电阻是利用电阻随温度变化的特点制成的温度传感器。按性质可分为金属热电阻和半导体热电阻两大类。热电阻由电阻体、绝缘套管和接线盒等部件组成，其中电阻体是热电阻最主要的部分。

10.4.1　金属丝热电阻

一般金属导体具有正的电阻温度系数，电阻率随着温度的上升而增加，在一定的温度范围内电阻与温度的关系为

$$R_t = R_0 + \Delta R_t \tag{10-3}$$

对于线性较好的铜电阻或一定温度范围内的铂电阻可表示为

$$R_t = R_0 \left[1 + \alpha(t - t_0) \right] = R_0(1 + \alpha t) \tag{10-4}$$

式中，R_t 为温度为 t 时的电阻值；R_0 为温度为 0℃时的电阻值；α 为电阻温度系数。

常用的标准化测温电阻有铂热电阻、铜热电阻等。铜电阻的线性很好，但测量范围不宽，一般为 0～150℃。铂电阻的线性稍差，但其物理化学性能稳定，复现性好，测量精度高，测温范围宽，因而应用广泛。

当采用热电阻作为测温元件时，会将温度的变化转化为电阻的变化，因此对温度的测量就转化为对电阻的测量。要测量电阻的变化，一般是以热电阻作为电桥的一个臂，通过电桥将电阻的变化转化为电压的变化。图10-2所示的是一种热电阻测温传感器的结构形式。

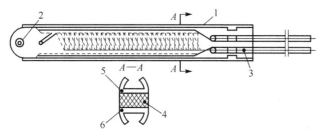

图 10-2　铂热电阻测温传感器

1—铂丝；2—铆钉；3—银导线；4—绝缘片；5—夹持件；6—骨架

10.4.2　热敏电阻

热敏电阻是由金属氧化物（NiO，CuO，TiO 等）的粉末按一定比例混合烧结而成的半导体，其电阻值随温度而变化。热敏电阻一般具有负的电阻温度系数，即温度上升而阻值下降。

热敏电阻与金属电阻比较有如下特点。

（1）由于电阻温度系数比较大，所以灵敏度很高，目前可测到 0.001～0.0005℃微小温度的变化。

（2）热敏电阻元件可做成片状、柱状、珠状等，直径可小到 0.5 mm，由于体积小，热惯性小，响应速度快，时间常数可小到毫秒级。

（3）热敏电阻的电阻值可达 1 Ω～700 kΩ。当远距离测量时，导线电阻的影响可不考虑。

（4）在 −150～350℃温度范围内，具有较好的稳定性。热敏电阻的主要缺点是阻值分散性大，复现差，非线性大，老化较快。

目前，热敏电阻已经广泛地用于测量仪器、自动控制、自动检测等装置中。通常，热敏电阻可与其他固定电阻组成电桥，将电阻的变化转化为电压的变化进行测量。

10.5　热辐射测温

物体受热后将有一部分热能转变为辐射能。辐射能以电磁波的形式向四周辐射，物体的温度越高，向周围空间辐射的能量就越多。我们研究的对象主要是物体能吸收又能把它转化为热能的那些射线，其中最显著的是可见光和红外线，即波长为 0.4～40 μm 的辐射，对应于这部分波长的能量称为热辐射能。

辐射式温度计是利用受热物体的辐射能大小与温度的关系来确定被测物体的温度的。辐射式测温的优点是：非接触式测量，具有很高的测温上限，响应快，输出信号大，灵敏度高。其缺点是：结构复杂，测量的准确度不如接触式温度计高。

辐射式温度计有全辐射高温计、光学高温计、光电高温计、比色高温计和红外辐射测温仪等。本节将简要介绍红外辐射测温仪。

10.5.1　红外辐射测温仪

根据普朗克定律所绘制的黑体辐射强度与波长、温度的关系曲线如图 10-3 所示。可见，在 2000 K 以下峰值辐射波长已不是可见光而是在红外光区域。对这种不可见的红外光，需要用红外敏感元件来检测。红外探测仪的敏感元件是红外探测器，它的主要特性参数如下所述。

1．响应率

输出电压与输入的红外辐射功率之比，称为响应率。响应率表示为

$$R = \frac{S}{P} \tag{10-5}$$

式中，S 为红外探测器输出电压；P 为辐射到红外探测器上的功率。

2．响应波长范围

红外探测器的响应率与入射辐射的波长有一定关系。如图 10-4 所示，子图(a)表示，在测量范围内，响应率与波长无关。子图(b)表示，两者有一定的关系，并存在一个最大的"响应峰"，对应的波长为 λ_p，响应峰值为 R_p。峰值一半的幅值对应的波长为 λ_c，称为截止波长，或称为响应的"长波限"。

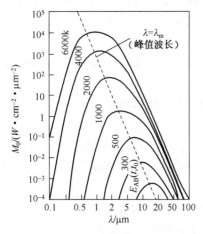

图 10-3　黑体辐射强度与波长、温度的关系曲线

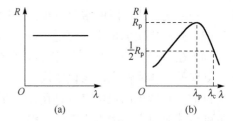

图 10-4　红外探测器典型光谱响应曲线

3．噪声等效功率

若投射到探测器上的红外辐射功率所产生的输出电压正好等于探测器本身的噪声电压，则这个辐射功率就称为噪声等效功率，即它对探测器所产生的效果与噪声相等。噪声等效功率是一个可测量的量。设入射辐射功率为 P，测得的输出电压为 S，然后除去辐射源，测得探测器的噪声电压为 N，则按比例计算，要使 $S = N$ 的辐射功率就是

$$NEP = \frac{P}{S/N} = \frac{N}{R} \tag{10-6}$$

4．探测率

红外探测器的 NEP 都与探测元件的面积 A 的平方根成正比，与放大器带宽 Δf 的平方根成正比。因而，$NEP/\sqrt{A \cdot \Delta f}$ 应当与 A 和 Δf 没有关系，探测率 D^* 用下式表示为

$$D^* = \frac{\sqrt{A \cdot \Delta f}}{NEP} \tag{10-7}$$

它表示当探测器探测元件具有单位面积，放大器带宽为 1 Hz 时，单位功率辐射所获得的信噪比。

5．响应时间

当一定功率的辐射突然照射到探测器的敏感面上时，探测器的输出电压要经过一定的时间才能上升到与这个辐射功率相对应的稳定值。当辐射突然去除后，输出电压也要经过一定的时间才能下降到辐射照射之前的原有值。一般来说，上升或下降所需要的时间是相等的，称为探测器的"响应时间"。

10.5.2　SMART 牌 AR300 红外测温仪简介

AR300 红外测温仪是手持式的非接触式测温仪，其产品外观如图10-5所示。该测温仪仪器结构紧凑，响应速度快，可发射激光束以辅助指向。在测量温度时，将仪器的测头指向被测物体，然后按工作键即可获得被测物温度。测量时，应当考虑测量距离与测量区域之间的比例关系，如图10-6所示。另外，在温度测量时，还要确保被测目标的外形尺寸大过仪器的有效测量区域。当被测目标越小时，仪器与被测目标间的距离应越近。若要进行精确的测量，则要保证被测目标至少比测量区域大过一倍以上。

图 10-5　AR300 型红外测温仪

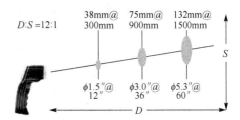

图 10-6　测温距离与测温区域的比例关系

有关该仪器的规格说明，见表 10-2。

表 10-2　AR300 测温仪产品的规格

测量温度范围	−32～300℃	环境工作温度	0～40℃
测量精度	25～300℃为 ±2%	相对湿度	10%～95%，不冷凝
重复性	1%的度数，或1℃	存储温度	−20～60℃
响应时间	500 ms	使用电源	9 V 碱性电池
响应波长	8～14 μm	距离与测点比例	12:1
发射率	0.95（预设）	—	—

【工程应用点评 10-2】 热辐射温度传感器的应用与特点

　　因为热辐射温度传感器的量程大，响应快，与被测对象不接触，所以得到了广泛的应用。例如，对于电气设施，接触不良或其他电气故障通常会造成其局部温升较高，可采用非接触的热辐射温度计来测量关键零件的温度变化情况。在医疗领域，对发烧病人的体温测量也可用非接触的热辐射温度计，这样可有效地避免恶性传染病的传播。在使用热辐射温度计时，一定要注意测温距离与测温区域的比例关系，否则稍不注意，就会造成很大的测量误差，甚至无法使用。

【工程应用点评 10-3】 温度传感器的选用

　　热电偶的测头可以做得很小，因而可以很方便地放置到测温区域，进行温度测量。当金属热电阻作为测温元件时，是以热电阻作为电桥的一个臂，通过电桥将热电阻的阻值变化转化为电压的变化。其测量的稳定性和复现性好。热辐射温度传感器的量程大，响应快，可实现非接触测量。但在使用时，常常会因为测温距离与测温区域的比例关系控制不好，而造成很大的测量误差，需要一定的使用技巧。

10.6　温度测量的工程实例

　　本节通过一个井温测试系统的例子来说明如何正确地确定测试的方案，组建测试系统。

10.6.1　问题的提出

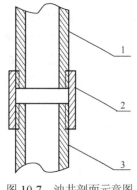

图 10-7　油井剖面示意图
1，3—油管；2—节箍

　　随着油田开发的深入和生产测井技术的发展，温度测井资料已被广泛应用，使用温度资料可以找漏、找窜、了解聚合物注入剖面、找水、堵水，以及评价堵水与压裂的效果。所有这些应用均需要给出深度-温度曲线，用温度梯度曲线与异常变化曲线进行对比，以达到上述目的。

　　为了获得深度-温度曲线，需要测井下温度和测试点的深度。在对深度进行校核时，还需要测试油管的接箍位置，而且要求使用单芯电缆。温度要求的精度为 0.1℃，深度要求的精度为 0.02 m，不允许漏测节箍，最大测井深度为 3000 m。被测井的油管剖面图如图10-7所示。油井的油管是像图10-8那样一节一节地连接起来直至井底的。每节油管的长度为 9 m。

10.6.2　测试系统的建立与实现

1．测试方法的确定

　　如图10-8所示，当绞车收放时，温度传感器、节箍传感器和相应的处理电路组成井下仪器。井下仪器可随着电缆在井筒中上下运动。随着电缆以一定的速度下放，计算机每采集一个深度值就记录一个温度值和一个节箍值，将它们存储在计算机内存的测井文件中，从而得到温度-节箍-深度曲线，达到测试的目的。

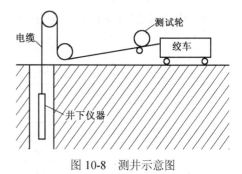

图 10-8　测井示意图

确定了上述的方法之后，需要考虑如下问题：

① 传感器如何选择；

② 被测信号的频谱；

③ 井下仪器所处的环境；

④ 信号如何用单芯电缆传到地面；

⑤ 信号如何进入计算机进行处理。

2．传感器的选择

根据所讲述的传感器的选用原则，温度传感器选用金属热电阻 Pt-100 铂电阻。铂电阻用钢铠封装起来。

节箍传感器用磁电式传感器，其原理如图10-9所示。当井下仪器随电缆下放时，节箍传感器与油管会产生相对运动，此时在线圈中产生感应电动势 e。当遇到节箍时，由于磁通的改变导致线圈中感应电动势的改变，从而得到节箍信号。

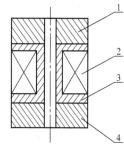

图 10-9 节箍传感器原理图
1，4—高能磁钢；2—线圈；3—铁心

如图 10-10 所示，当绞车收放时，井下仪器随电缆在井筒中上下运动，测试轮也随电缆转动，于是在测试轮上安装的光电编码器会产生脉冲输出。测试轮的半径为 164.3876 mm，每转动一周相当于电缆运动 1 m，光电编码盘（器）每周产生 4000 个脉冲，即每个脉冲代表电缆运动了 0.25 mm。因此只要将脉冲个数 n 记录下来，就可以得到深度值 $h = 0.25$ mm。下面以增量式光电编码盘为例简单介绍光电编码盘的原理。

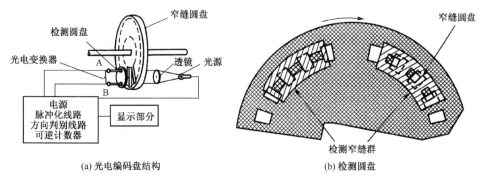

(a) 光电编码盘结构　　　　　(b) 检测圆盘

图 10-10 光电式增量码盘的结构原理

增量式编码盘结构原理如图10-10(a)所示。固定在转轴上的窄缝圆盘均匀地刻有许多径向直线，刻线宽度与两根刻线之间的间隔宽度相等。经铬蒸镀处理后，刻线不透光，而刻线间的间隙透光。玻璃制成的检测圆盘不动，并与窄缝圆盘相隔一个很小的间隙。检测圆盘沿径向有两个小的刻线区，每个小刻线区内的刻线情况与窄缝圆盘的刻线相同，两个小刻线区之间错开了 1/2 刻线宽度（即 1/4 周期），其目的是使两个光电池输出信号的相位相差 90°。检测圆盘与窄缝圆盘的配置如图10-10(b)所示。当窄缝圆盘随轴一起转动时，光源发出的光投射到窄缝圆盘与检测圆盘上。当窄缝圆盘上的刻线正好与检测圆盘上的间隙对齐时，光线被全部遮住，光电变换器输出电压最小；当窄缝圆盘上的刻线正好与检测圆盘上的刻线对齐时，光线全部通过，光电变换器输出电压最大。窄缝圆盘每转过一个刻线周期，光电变换器将输出一个近似的正弦波电压,且光电变换器 A、B 的输出电压相位差为 90°。经逻辑电路处理就可以测出被测轴的相对转角和转动方向。

至此,可以对测试系统原理进行如下设想。如图10-11所示,随着电缆的下放和上提,温度传感器感受井筒内的温度,使铂电阻的电阻值发生变化。电阻的变化和温度的变化成正比,处理电路又将电阻的变化转化成与之成正比的电压的变化,而后通过处理电路中的电压/频率转换器再将电压的变化转换成频率的变化。节箍传感器产生的节箍信号通过处理电路转换成电流的变化,与反映温度变化的频率信号通过单芯电缆送到地面处理电路,通过地面处理电路将温度信号和节箍信号还原,分别送到计算机的频率记录模块和 A/D 转换模块。测试轮随电缆的运动转动,装在测试轮上的光电编码器产生脉冲输出,光电编码器产生的深度信息送入计算机的频率记录模块。通过计算,处理软件可绘出温度-节箍-深度曲线,将其显示在计算机的屏幕上,并以文件的形式存盘,同时用热敏绘图仪绘制出纸张记录的曲线。

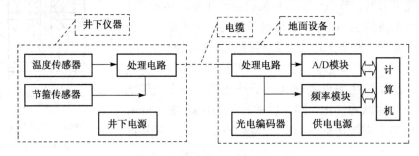

图 10-11　温度测试系统原理框图

3. 传感器信号调整与井下电源

（1）节箍信号调整电路

如图10-12所示,L 为线圈,当节箍传感器随电缆下放时,会产生感应电动势,感应电动势的大小与电缆的下放速度有关。当遇到节箍时,感应电动势会发生变化,这个信号会通过三极管 VT_1 及周围元件组成的电路转换成电流信号送到 E_0 端。E_0 为地面电源对节箍传感器的供电电源,其值为 DC 40～70 V。

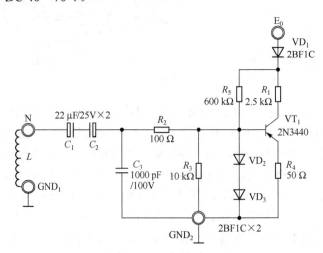

图 10-12　节箍传感器信号调理电路

（2）温度信号调理电路

如图10-13所示，铂电阻 R_x 为温度传感器，电压变换电路采用单电源四运放 LM124，接成差动输入形式。该电路可以避免由于器件造成的零点漂移。运算放大器 LM124 的正输入端（3，5）接有 V/F 变换器 A/D537 第 4 端提供的标准 1 V 电压，则 LM124J 的第 8 端电压 U_A 可由下式计算：

$$U_A = (R_x - R_t)/100 \tag{10-8}$$

式中，R_x 为 Pt-100 的电阻值；$R_t = W_2 // 100 + 68\ \Omega$。

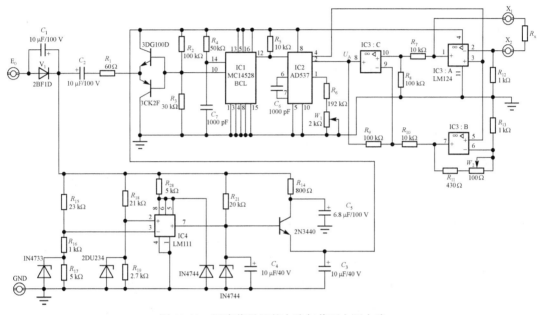

图 10-13　温度信号调整电路与井下电源电路

表 10-3 为铂热电阻的分度表（分度号为 Pt-100），该表反映了电阻变化与温度变化的关系。

表 10-3　铂热电阻的分度表（分度号为 Pt-100）

温度/℃	0	10	20	30	40	50	60	70	80	90
	电阻值/Ω									
−100	60.25	56.19	52.11	48.00	43.37	39.71	35.53	31.32	27.08	22.80
−0	100.00	96.09	92.16	88.22	84.27	80.31	76.32	72.33	68.33	64.30
0	100.00	103.90	107.79	111.67	115.54	119.40	123.24	127.07	130.89	134.70
100	138.50	142.29	146.06	149.82	153.58	157.31	161.04	164.76	168.46	172.16
200	175.84	179.51	183.87	186.32	190.45	194.07	197.69	201.29	204.88	208.45

通过式(10-8)，可以计算出温度与电压之间的关系。温度与电压之间的关系如表10-4所示。

表 10-4　温度与电压的关系

温度/℃	0	100	150
电压/V	0.07	0.46	0.66

图10-13中AD537是 V/F 变换器，它的作用是将模拟量转换为频率输出 f。关于 V/F 变换，下面对其进行简单介绍。

将模拟电压转换成频率的方法很多，这里介绍一种常见的电荷平衡式 V/F 转换方法及其相应的集成芯片。

典型的电荷平衡式 V/F 转换器的电路结构如图10-14所示。

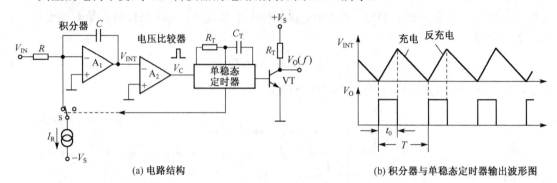

(a) 电路结构   (b) 积分器与单稳态定时器输出波形图

图 10-14   电荷平衡式 V/F 转换

A_1 和 RC 组成积分器。A_2 为零电压比较器。I_R 恒流源与模拟开关 S 提供积分器以反充电回路。每当单稳态定时器受触发而产生 t_0 脉冲时，模拟开关 S 接通积分器的反充电回路，使积分电容 C 充入一定量的电荷 $Q_C = I_R t_0$。

整个电路可视为一个振荡频率受输入电压 V_{IN} 控制的多谐振荡器，其工作原理如下：当积分器的输出电压 V_{INT} 下降到 0 V 时，零电压比较器发生跳变，触发单稳态定时器，使之产生一个 t_0 宽度的脉冲，使 S 导通并保持 t_0 时间，由于电路设计成 $I_R > V_{INmax}/R$，因此，在 t_0 期间积分器一定以反充电为主，使 V_{INT} 线性上升到某一正电压；t_0 结束时，由于只有正的输入电压 V_{IN} 作用，使积分器负积（充电），输出电压 V_{INT} 沿斜线下降；当 V_{INT} 下降到 0 V 时，比较器翻转，又使单稳态定时器产生一个 t_0 脉冲，再次反充电，如此反复进行下去，振荡不止，于是，在积分器输出端和单稳态定时器输出端产生了如图10-14(b)所示的波形。

根据反充电电荷量与充电电荷量相等的电荷平衡原理，可以得出

$$I_R \cdot t_0 = \frac{V_{INT}}{R} \cdot T \tag{10-9}$$

因此，输出振荡频率为

$$f = \frac{1}{T} = \frac{V_{INT}}{I_R R t_0} \tag{10-10}$$

即输出电压频率 f 与输入模拟电压 V_{IN} 成正比。显然，要精确地实现 V/F 转换，要求 I_R、R 及 t_0 必须准确而稳定。一般选积分电阻 R 作为调整刻度系数的环节，以满足 V/F 的标称传递关系。

图10-14(a)所示的电路是一种自由振荡器。它不仅使振荡频率随 V_{IN} 变化而变化，而且积分器输出锯齿波的幅值大小和形状也随之改变。积分器输出的最大电压 V_{INTmax} 可用下式计算：

$$V_{INT\,max} = \frac{I_R \cdot t_0}{C} \tag{10-11}$$

因此，也可以根据此式来确定积分电容的数值。

目前，为了满足大量的用户要求，各公司竞相推出了不少 V/F 集成电路芯片。其中有 Analog Device 公司的 ADVFC32、AD578、AD537、AD650、AD651，National Semiconductor 公司的 LMl31、LM231、LM331，Burr-Brown 公司的 VFC32、VFC42/52、VFC62、VFC100、VFC320 等。

在温度测试系统的设计中，选用 A/D537SD 作为 V/F 变换器，它的输出频率 f 可由下式计算：

$$f = \frac{V_A}{10(R_{W1} + R_6)C_6}$$　　　　　　(10-12)

计算结果见表 10-5。

表 10-5　温度与频率的关系

温度/℃	0	100	120
频率/Hz	1600	10 600	12 400

将电压转换成频率的目的有两个：一是模拟电压想通过单芯电缆传送到地面容易受到各种干扰，从而产生测试失真；二是如果采用模拟电压的传送方式，那么井下仪器的电源供给和节箍信号就失去了传送的通道。

通过 V/F 变换后的频率脉冲信号的占空比为 1/2，非常不利于信号的传送，因此采用 MC14528 为单稳态触发器，将占空比为 1/2 的方波信号转变为宽度为 t_T 的等宽度脉冲序列，t_T 由电阻 R_4 和电容 C_7 决定，即

$$t_T = 0.7 \times R_4 C_7$$　　　　　　(10-13)

脉冲宽度应根据单芯电缆的传输特性而定。本例中的脉冲宽度为 35 μs。

（3）井下电源

如图 10-13 所示，地面电源通过单芯电缆加到 E_0 端，三极管 2N3440、比较器 LM111、二极管 1N4744 以及周围的阻容元件组成了井下电源。从三极管 2N3440 的发射极输出 14.3 V 的直流电压保证电路的正常工作。在图中 C_1、C_2 用来隔离直流电压的同时给等脉宽的温度信号提供了上传的通道。

（4）功率放大电路

如图 10-13 所示，功率放大电路由三极管 3DG100D、3CK2F 及电阻 R_1、R_2、R_3 组成，其作用是提高等脉宽的温度信号的驱动能力，保证信号能够传送到地面。

4．温度、节箍信号分析

根据前面分析可知，在电缆上有两个被测信号和直流电源 V_z（如图 10-15 所示）在传送。那么温度信号和节箍信号的最大频率成分是多大呢？

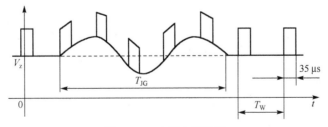

图 10-15　电缆上的波形

根据井温测井标准，绞车的下放速度不得大于 600 m/h；为了便于分析节箍信号的最大频率成分，假设测井速度为 600 m/h，因此，井下仪器相当于每隔 9 m/(600 m/h) = 0.015 h = 54 s 经过一个节箍。节箍信号可以被看成是图 10-15 中以 54 s 为周期的周期信号，即图中曲线部分。曲线部分的波形宽度 T_{JG} 由测井速度和节箍的长度决定，节箍的长度一般为 250 mm，则

$$T_{JG} = \frac{0.25 \text{ m}}{600 \text{ m/s}} = 1.5 \text{ s}$$

在中国大部分地区，地温梯度是 3℃，即每下降 100 m 温度升高 3℃。本例要求的测试范围为 3000 m，假定地面温度为 25℃，那么这样温度的变化范围是 0～120℃。根据前面计算可知，120℃时的频率为 12 400 Hz。于是，可以将温度信号描述为：频率为 1600～12 400 Hz，脉冲宽度为 35 μs 的脉冲序列。

根据实际分析，可以得出温度信号的主要频率成分在 1600～30171 Hz 之间；节箍信号的主要频率成分低于 0.67 Hz，而起决定作用的频率成为 0.02 Hz。

5．地面处理电路和供电电源

地面处理电路的作用是分离温度和节箍信号，并送到频率模块和 A/D 模块。依据滤波器的基本知识，可以做这样的设想：让节箍信号通过低通滤波器，而让温度信号通过高通滤波器；通过上面的分析知道，节箍信号起决定作用的频率成分为 0.02 Hz，温度信号的最低频率成分为 1600 Hz，也就是说，可以选择低通滤波器的上限频率为 200 Hz，选择高通滤波器的下限频率为 1300 Hz，就可以达到分离信号的目的。井下仪器的信号经过电缆的传输和滤波之后有很大的衰减，因此必须经过放大，才能被频率模块和 A/D 模块所接收。

基于上述分析，可设计出如图 10-16 所示的电路。该图中对供电电源的要求如下：供电电源应从 30～120 V 连续可调。这是因为图 10-12 和图 10-13 所示电路的耗电总和约为 50 mA，若本系统配接的电缆电阻为 100 Ω，那么将在电缆上产生 50 V 的压降，为了配接不同的电缆，故要求电源连续可调。

在图 10-16 中，电感 L 的作用是允许直流通过而阻断温度和节箍信号。R_2、R_3、R_4、C_2 与 LM741 组成低通滤波放大电路，允许节箍信号通过而不允许温度信号通过；R_5、R_6、R_7、C_3 与 LM741 组成高通滤波放大电路，允许温度信号通过而不允许节箍信号通过；R_1 起阻抗匹配作用。

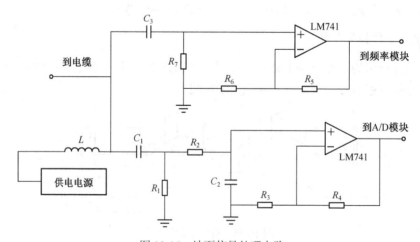

图 10-16　地面信号处理电路

6．A/D 模块和频率模块

节箍信号进入 A/D 模块之后转换为数字量为计算机所记录；温度信号进入频率模块，计算机记录温度信号对应的频率值就可以得到所对应的温度；另外，计算机还要记录光电编码器发出的脉冲个数才能反映井下仪器所处的深度。下面分别介绍这两种模块的选用。

（1）A/D 模块

A/D 模块选用华远自动化系统有限公司生产的 HY-1232AD/DA 数据采集卡，其原理如图10-17所示。HY-1232 板是一种低价格的 IBM-PC XT/AT 总线兼容 A/D、D/A 板，它可以直接插入到与 IBM-PC XT/AT 总线兼容的微型计算机内的任意一个总线扩展槽中，构成微机数据采集控制系统。

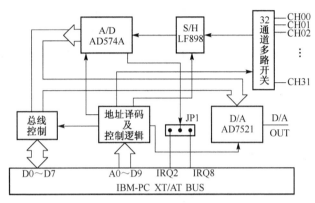

图 10-17 HY-1232 原理框图

该板提供有 32 路单端模拟输入通道，可将 ±5 V 范围内的模拟电压信号转换成 12 位数字量（A/D）。该板卡采用 12 位的 AD574 为主芯片，A/D 转换精度可达 ±0.03%，同时该板具有 1 路模拟输出通道，用于将数字量转换成模拟电压输出（D/A），输出电压范围可以是 ±5 V 或 0～+5 V。

A/D 转换触发工作方式采用软件触发方式，转换结果的传输方式有两种：① 查询 A/D 完成位，然后再读取数据；② A/D 转换完成后发中断申请，然后由中断服务程序读取数据。

HY-1232 板卡性能及技术指标如下：

① 模拟输入通道数：32 路单端输入

② 模拟输入电压范围：±5 V

③ 模拟输入阻抗：>100 MΩ

④ 采样保持时间：5 μs

⑤ A/D 转换部分技术指标

- 分辨率：12 位
- 精度：优于 ±0.03%（满量程）
- A/D 转换时间：25 μs（典型值）
- 通过率：12 kHz（通过率考虑了软件时间和采样/保持电路时间）
- 非线性误差：±1 LSB
- 中断申请级别：IRQ2 或 IRQ3 硬件选择
- 中断申请信号有效电平：高电平有效
- 中断申请信号电平特性：TTL 兼容

⑥ D/A 转换部分技术指标

- 输出通道数：1

- 输出电压范围：±5 V 或 0～+5 V 硬件选择
- 分辨率：12 位
- 建立时间：<10 μs
- 输出电流：最大值为 10 mA
- 模拟输入电压范围：±5 V

HY-1232 输入板卡的 32 路模拟电压信号通过输入输出插座分别接到 32 选 1 的模拟输入多路开关上，在软件操作下，选通某一输入通道，将该通道模拟输入信号送至采样保持器，然后再通过单稳电路启动 A/D 转换开始。当 A/D 转换完成时，板卡转换完成位寄存器被置为"1"。用软件查询方式查询 D7 位，当查询到这个状态位为"1"时，即可将 12 位数据读入到计算机内存中。若使用中断方式，则在 A/D 转换完成后自动向计算机发出中断请求信号。在中断服务程序控制下，将 12 位的数据读入计算机内存。

HY-l232 板卡的通过率是在综合考虑了软件操作时间、采样保持时间、A/D 转换时间等的时序配合后计算出的。通过编程，向 HY-l232 的 D/A 电路分别写入低八位和高四位数据后，HY-1232 板卡将输出与之相对应的模拟电压信号。当开机或复位计算机时，D/A 电路自动清零。

因此，只要选择 HY-l232 板卡的 32 路 A/D 中任意一个通道就可以完成对节箍信号的采集。

（2）频率模块

频率模块选用 HY-6210。HY-6210 是华远自动化系统有限公司生产的一款 IBM-PC XT/AT 总线兼容的可编程定时/计数和数字量输入/输出板卡。该板卡可直接插入 IBM-PC XT/AT 总线兼容计算机的任意一个 ISA 扩展槽中使用，实现脉冲量计数、定时控制、现场开关量状态监测及控制执行机构工作等功能。

在 HY-6210 板卡上有两片可编程芯片：一片 8253 可编程定时/计数器和一片 8255 数字量输入/输出芯片。8253 芯片为用户提供三个可编程 16 位定时/计数器，8255 芯片为用户提供 24 路可编程数字量输入/输出。

该板卡上 8253 芯片的定时/计数器 1 和定时/计数器 2 被连接成同步计数，输入时钟可选择板上时钟或外部时钟；定时/计数器 0 可选择接板卡内时钟定时/计数，还可以选择与定时/计数器 1 级连使用；三个定时/计数器均可选择内部门控或外部门控。定时/计数器的内部门控由 8255 芯片的 C 口输出。板卡上 8255 芯片的 A 口和 B 口均给用户作为 16 路数字量输入或输出。8255 芯片的 C 口作为定时/计数器的内部门控和数字量输入/输出或中断申请允许控制。

要采集光电编码器输出的深度信息，只要将其接入该板卡上 8253 芯片的定时/计数器 1 和定时/计数器 2 即可记录。温度信息接到该板卡上 8253 芯片的定时/计数器 0，使之工作在方式 0，完成对频率的采集。下面介绍一下时间和频率测试的原理。

时间是国际单位制中七个基本物理量之一，单位是秒（s）。时间有两种概念：时刻与时间间隔。如图 10-18 所示，t_1、t_2 分别代表时刻，$\Delta t = t_1 - t_2$ 表示时间间隔。时间测量主要是时间间隔的测量，如振荡周期的测量。

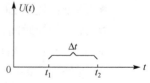

图 10-18　时间与时间间隔

频率也是测试技术中一个最基本的参量，它定义为单位时间内周期性振荡的次数，单位是赫兹（Hz）。频率 f 与周期 T 之间的关系是 $f = 1/T$。

由此可见，频率的测量与时间的测量是紧密联系的。

对时间或频率进行数字化测量的基本方法是：把被测时间 T_x（或频率 f_x）与作为量化单位的标准时间 T_0（或标准频率 f_0）进行比较，得到取整后的数字 N，即

$$N = \frac{T_x}{T_0} \quad \text{或} \quad N = \frac{f_x}{f_0} \tag{10-14}$$

考虑到 T_x（或 f_x）与 T_0（或 f_0）不同步的情况，结果可能有 ±1 的量化误差，故式(10-14)也可写为

$$T_x = (N \pm 1)T_0 \tag{10-15}$$

或

$$f_x = (N \pm 1)f_0 \tag{10-16}$$

由此可见，作为量化单位的时标或频标的频率高低和精度将直接影响时间或频率测量的分辨率和精度。

用一个门电路（常称为主门或闸门）和计数器就可以实现时间或频率的量化比较，即时间或频率的测量。如图 10-19 所示，主门有两个输入端和一个输出端。将时标 T_0 作为计数脉冲信号 T_A，被测量 T_x 作为计数时间控制 T_B，便可以实现时间的测量；反之，将频标 f_0 作为门控信号，被测量 f_x 作为计数脉冲信号，便可以实现频率的测量。

HY-6210 中的 8253 可以完成这一个功能，从而完成对温度和深度的测试。

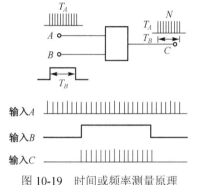

图 10-19　时间或频率测量原理

7. 系统标定

系统组建完成之后，只要编制相应的应用软件就可以进行实际的测试任务。在实际测试之前，必须对整个系统进行标定。具体的标定步骤可分为两步：第一是静态标定，第二是动态标定。

静态标定的方法是：将井下仪器放入油浴中，对油浴进行加热，将仪器所测的结果与标准水银温度计的读数进行对比来完成静态标定。

动态标定采用阶跃信号输入系统，记录温度随时间的变化情况（即系统的输出）来实现动态标定。

8. 测试环境的考虑

至此，前面给出的井温测试问题已经基本得到解决，但考虑到本系统的井下仪器是工作在 3000 m 下的油井中，地下 3000 m 的温度可达 120℃，环境的压力可达 30 MPa，因此必须考虑仪器在高温高压环境下工作的稳定性。为了使仪器能够稳定可靠地工作，设计时将电子线路放在能耐 30 MPa 的钢铠之中，电子线路必须能够耐住 120℃ 的环境温度。因此，所用元器件必须高可靠性的器件，仪器还应经过高温实验，这样测得的数据才能是准确可靠的。图 10-20 中给出了温度测试系统测出的一条实际曲线，图中 1 为温度曲线，2 为节箍信号曲线，3 为电缆速度信号曲线。

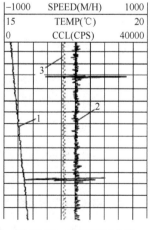

图 10-20　实际测试曲线

10.6.3 实际测试时应注意的问题

通过上述温度测试系统的例子，使我们了解了面对一个具体的测试问题时组建测试系统的大体步骤。现将实际测试时应考虑的问题总结如下。

1．测试方法的确定

面对具体的问题首先应根据具体问题的学科领域进行具体的分析，确定用什么样的物理原理反映被测量，利用现有的仪器设备能否解决问题，如果不行，则需要自己研制相应的设备；其次，测试技术涉及的学科广泛，要多参考各种学科领域知识，以确定最佳的测试方法。

2．传感器的选择

传感器的选择可根据第 4 章所述的传感器选用原则进行。

3．被测信号的频谱分析

对被测信号的频谱分析是测试成败的关键，通常可根据傅里叶分析的方法对数据进行分析；如果对被测信号的了解很少，则只能按照现有仪器设备的情况选用频带宽度最大的仪器设备组成测试系统。

4．信号的处理与传输

传感器输出的信号可能很弱，不能带动后面的记录设备，此时根据后续设备的性能进行相应的信号处理。处理电路可能是放大、滤波、电平的转换，这时要考虑组成测试系统的各环节串联之后的频带宽度情况，看是否满足无失真测试的条件。实际测试时不可能从理论上满足无失真测试条件，因此测试的精度应该予以考虑。

5．信号如何记录方式与输出方式

面对实际的测试问题有各种各样的记录设备可供选择，如笔式记录仪、磁带机、光线示波器、瞬态记录仪等。在计算机广泛应用的今天，依靠计算机记录成为首选。这时，应根据信号是模拟量还是数字量来选择采用 A/D 转换还是频率记录，此时应考虑信号数字化所带来的问题。所测得的信号采用计算机记录之后，还应考虑如何形成纸质的曲线或数据，此时可以选择打印机、热敏绘图仪等。

6．系统的标定

一般来说，系统组建完毕之后，应进行静态和动态标定，从而确定测试系统的静态和动态性能指标，以便对测试数据进行分析，同时也是评定测试数据可靠性的依据。

7．数据处理

测试的结果应该经过分析提交给相应的设计人员，以直观、明了地了解被测对象。数据处理的方法请读者参考有关专著。

8．测试系统所处的环境

有时，测时系统所在的环境能够决定测试的成败，比如上面所述的温度测试系统的例子，如果仪器的钢铠不能承受 30 MPa 的压力，则井下仪器将失去功能，就谈不上准确的测试了。

10.7　思考题与习题

10-1　在食品加工行业中，需要检测面团在发酵过程中其内部的温度变化情况。请提出一种实现温度测量的方案。

10-2　某计算机工作不稳定，若运行时间稍长，则易出现花屏或蓝屏症状。初步怀疑其主板上的显卡工作不稳定，可能有温度过高的情况。请提出对计算机显卡进行温度检测的方案。

第11章 转速与功率的测量

工程背景

转速是表征机械动力性能的重要指标。大多数机械的功率与转速有关，如压缩机的轴功率、发动机的输出功率以及车床的切削功率等，都与转速有直接关系。转速的测量是机械性能测试的重要内容。转速表是机械行业必备的仪器之一，用来测定电机或者转动部件的转速，常用于电机、电扇、造纸、塑料、化纤、洗衣机、汽车、飞机、轮船等制造业。

功率是表征机械动力性能的另一个重要指标。转速与扭矩的测量是功率测量的基础，有了转速和扭矩的测量数据，经过变换可以得到功率值。功率的测量方法依赖于转速和扭矩的测量，不同的转速和扭矩测量方法的组合，可以形成不同的功率测量方法。

内容提要

本章首先介绍了转速测量的几种主要方法的工作原理、特点和使用范围，然后介绍了常用功率测量方法，重点是水力测功机、电涡流测功机和电力测功机的工作原理和结构特点。

11.1　转速测量概述

转速测量的方法很多，测量仪表的形式多种多样，其使用条件和测量精度也各不相同。表 11-1 中列出了常见的转速测量方法及其特点和适用范围。根据转速测量的工作方式不同，转速测量可分为两大类：接触式测量和非接触式测量。接触测量在使用时必须与被测轴直接接触，如离心式转速表、磁性转速表及测速发电机等，这类接触式测速装置在测量时需要着重考虑与被测设备连接和安装问题。非接触测量在使用时不必与被测轴接触，安装和使用通常比接触式方便，如光电式、磁电式和霍尔式转速传感器和闪光测速仪等。

表 11-1　转速测量的方法

类　型	测试方法	使用范围	特　点
磁电式	测速发电机：直流或者交流	低速不适用	有交流和直流两类
	磁电脉冲计数	低速不适用	结构复杂
光电式	光电脉冲计数：光栅式或编码式	可用于低速测量	无扭矩损失
同步闪光式	利用已知频率的闪光测出同步的频率	低速不适用	无扭矩损失
旋转编码盘	把码盘中反映转轴位置的码值转换成电脉冲输出	低、中、高速	无扭矩损失，数字输出，精度高
霍尔式	利用霍尔元件获得计数脉冲	低速不适用	无扭矩损失
机械式	利用转动产生的离心力测转速	低速不适用	精度低，有扭矩损失

11.2　常用转速测量方法

11.2.1　测速发电机

测速发电机是输出电动势与转速成比例的微特电机。测速发电机的绕组和磁路经精确设计，其输出电动势和转速成线性关系。当改变旋转方向时，输出电动势的极性就会相应改变。在被测机构与测速发电机同轴连接时，只要检测出输出电动势，就能获得被测机构的转速，故又称为速度传感器。测速发电机有直流和交流两种。由于直流发电机的整流子容易产生干扰信号，也较易出毛病，故常采用交流测速发电机。测速电机在使用时容易受环境温度、湿度及电方面的干扰，其误差约为 1%～2%，测速范围在 10 000 r/min 以下，并且要吸收掉一部分被测轴的旋转功率，在一般稳定转速测量中用的不多，但在瞬变转速的测量中却有反应快、信号易于采集记录等优点。

为了保证电机性能可靠，测速发电机的输出电动势具有斜率高，特性成线性，无信号区小或剩余电压小，正转和反转时输出电压不对称度小，对温度敏感低等特点。此外，直流测速发电机要求在一定转速下输出电压交流分量小，无线电干扰小。交流测速发电机要求在工作转速变化范围内输出电压相位变化小。

直流测速发电机有永磁式和电磁式两种，其结构与直流发电机相近。永磁式采用高性能永久磁钢励磁，受温度变化的影响较小，输出变化小，线性误差小。电磁式采用他励式，不仅复杂且因励磁受电源、环境等因素的影响，输出电压变化较大。

用永磁材料制成的直流测速发电机还分有限转角测速发电机和直线测速发电机。它们分别用于测量旋转或直线运动速度，其性能要求与直流测速发电机相近，但结构有些差别。

交流测速发电机包括空心杯转子异步测速发电机、笼式转子异步测速发电机和同步测速发电机。

空心杯转子异步测速发电机结构原理如图 11-1 所示，主要由内定子、外定子及在它们之间的气隙中转动的杯形转子所组成。励磁绕组、输出绕组嵌在定子上，彼此在空间相差 90°。杯形转子是由非磁性材料制成的。当转子不转时，励磁后由杯形转子电流产生的磁场与输出绕组轴线垂直，输出绕组不感应电动势；当转子转动时，由杯形转子产生的磁场与输出绕组轴线重合，在输出绕组中感应的电动势大小正比于杯形转子的转速，而频率和励磁电压频率相同，与转速无关。反转时输出电压相位也相反。杯形转子是传递信号的关键，其质量好坏对性能起着很大作用。由于它的技术性能比其他类型交流测速发电机优越，结构不很复杂，同时噪声低，无干扰且体积小，是目前应用最为广泛的一种交流测速发电机。

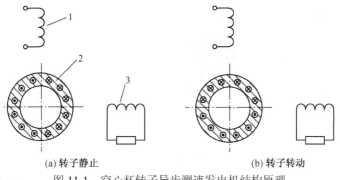

(a) 转子静止　　　　　　　　　　(b) 转子转动

图 11-1　空心杯转子异步测速发电机结构原理

1—励磁绕组；2—空心杯；3—输出绕组

笼式转子异步测速发电机与交流伺服电动机相似，因输出的线性度较差，仅用于要求不高的场合。

同步测速发电机以永久磁铁作为转子的交流发电机。由于输出电压和频率随转速同时变化，又不能判别旋转方向，使用不便，在自动控制系统中用得很少，主要供转速的直接测量用。

11.2.2　磁电式传感器测转速

转速测量中使用的磁电式传感器主要是变磁阻式磁电传感器。图 11-2 所示的是变磁阻式磁电传感器测转速的典型结构图，其中永久磁铁和线圈均固定。在转动过程中，转子上的齿轮与永久磁铁之间气隙发生变化，磁路磁阻变化引起磁通变化在线圈中产生感应电势。

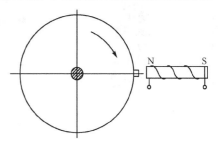

图 11-2　变磁阻式磁电传感器测转速

当齿轮的转动轴旋转时，每移过一个齿，在线圈中就感应出一个脉冲信号。如果将单位时间内的脉冲数除以齿数，即可得到转速。

这类磁电式传感器对转轴有一定的阻力矩，如果驱动力矩比较小，测速时驱动传感器的阻力矩会影响轴的转动，测速误差会比较大，而且当轴的转速较低时感应出的电信号较弱，所以也不适合低转速的测量。

11.2.3　光电式传感器测转速

光电式传感器通过安装在被测轴上的多孔圆盘，来控制照在感光元件上（如光电池、光电二极管、光电三极管、光敏电阻等）光通量的强弱，从而在感光元件上得到与被测轴转速成比例的电脉冲信号，只要计算出单位时间内的脉冲数即可得出相应的转速值。常用的转速传感器有反射式和透射式两种。图 11-3 所示的是反射式光电传感器的结构示意图。当被轴旋转时，光源所发出的光束照到有黑白相间条纹的轴上。当光束恰好与转轴上的白色条纹相遇时，光束被反射到感光元件上；而当光源照射到转轴上的黑色条纹时，光线被吸收而不反射回来，没有光束反射到感光元件上，由此感光元件可以输出与转速成比例的电脉冲信号，其脉冲频率正比于转轴的转速和黑白条纹的数目。

图 11-4 所示的是透射式光电传感器的结构示意图。当多孔圆盘随转轴旋转时，光源透过小孔交替照射感光元件，在感光元件上产生交替变换的光电动势，从而形成与转速成比例的电脉冲信号，其脉冲信号的频率正比于轴的转速和多孔圆盘的透光孔数。

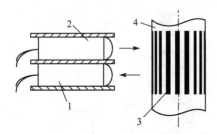

图 11-3　反射式光电传感器

1—感光元件；2—发光元件；3—反光条；4—轴

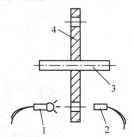

图 11-4　透射式光电传感器

1—光源；2—感光元件；3—轴；4—多孔圆盘

【工程实例 11-1】　便携式数显光电式转速表

图 11-5 所示的是一种常用的便携式光电转速表，可通过测量转轴上光标的反射信号来获取转轴的转速。整个结构体积很小，便于携带，使用方便，适用于工作现场机械转速的测量。测量的结果直接显示在数字面板上，能够自动记忆测量结果的最大值、最小值或者最后测量值。

图 11-5　光电式转速表

- 显示位数：5 位；
- 测试范围：2.5～99 999 r/min
- 分辨力：0.1 转/分钟（2.5～999.9 r/min），1 r/min（1000 r/min 以上）
- 测量准确度：±（0.05%+1 个字）
- 采样时间：0.8 s（60 r/min 以上）
- 有效测量距离：50～500 mm（激光光源）
- 量程选择：自动切换
- 电源规格：3 × 1.5 V，UM-3 电池
- 仪表尺寸：160 mm × 76 mm × 40 mm

11.2.4　霍尔式转速传感器

利用霍尔元件测量速度的方案较多，其典型方案如图 11-6 所示。传感器由与转轴相连的触发叶片、霍尔元件、永磁体、铁心、衔铁等部件构成。其霍尔元件上通有恒定电流，霍尔元件固定在衔铁上，若干个均布的触发叶片随着旋转轴一起旋转。

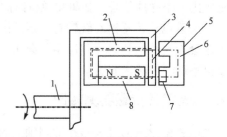

图 11-6　霍尔元件测转速的典型方案

1—轴；2—铁心；3—触发叶片；4—叶片内的磁路；5—衔铁；
6—衔铁内的磁路；7—霍尔元件；8—永磁体

随着轴的转动，当触发叶片进入永磁体、铁心和霍尔元件之间的空隙时，霍尔元件上的磁场被触发叶片旁路（或称为隔磁），这时由于霍尔元件上没有磁场，故不产生霍尔电压；当触发叶片离开气隙时，永久磁铁的磁通便穿过霍尔元件，此时由于霍尔元件上同时通过电流和磁场，所以产生霍尔电压。每当触发叶片转至气隙位置时，霍尔元件便输出一个脉冲，于单位时间内的脉冲数便可以表示被测旋转体的转速。

11.2.5　频率计的原理

频率计又称为频率计数器，是一种专门对被测信号频率进行测量的电子测量仪器。其最基本的工作原理为：当被测信号在特定时间段 T 内的周期个数为 N 时，被测信号的频率 $f = N/T$，如图 11-7 所示。

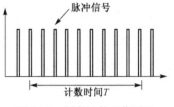

图 11-7　频率计的工作原理

【工程应用点评 11-1】　数字频率计的设计思路

> 频率测量有两种方法：测频法和测周期法。测频法是在单位定时时间内对被测信号脉冲进行计数，适用于测量频率较高的信号。测周期法是在信号周期内，对基准频率脉冲进行计数，该方法对低频信号的测量效果较好。

11.2.6　闪光测速仪

闪光测速仪基于视觉暂留原理。所谓"视觉暂留"就是人的眼睛在很短的时间内（大约为 $1/15 \sim 1/20$ s），有保持已经从视野中消失了的物体形象的能力。

根据这个原理，如用一个闪光频率可调的闪光灯，照射一个旋转的圆盘，并在圆盘上预先做明显的标记，那么当圆盘转速与闪光灯频率相等或成一个倍数时，圆盘上的标记每次都转到同一个部位，闪光灯才发光照亮圆盘。这个标记在视觉中就会呈现出静止不动的状态，这样就可以根据发光频率的大小确定出被测转速。因此，闪光测速仪的核心电路是一个频率可调并可显示其读数的振荡电路，该电路用来触发气体闪光管连续闪光。在测量中，可以在转动轴端布置一个圆盘，在上面做明显的条纹或点状标记，也可直接在轴上做标记，如图 11-8(a) 所示。

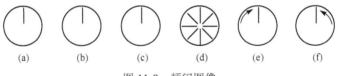

图 11-8　频闪图像

测量时，使光照射在圆盘上，并逐渐调节闪光频率，直到闪光频率与转速 n 同步，此时可看到一条明显的条纹，如图 11-8(b) 所示，这种状态称为单定像。应当注意，当闪光频率等于转速的 $1/N$ 数值时，同样会出现上述的单定像，只是该条纹的光亮度要小于同步时的亮度，且 N 越大，亮度越低，如图 11-8(c) 所示。另一种情况，当闪光频率等于转速的 N 倍，条纹数也就由一条变为 N 条，见图 11-8(d) 所示，称这种情况为 N 重定像。另一个有趣的现象是，当 $n > f$ 时，条纹旋转方向与轴的转动方向相同，如图 11-8(e) 所示；当 $n < f$ 时，旋转方向与轴转动方向相反，如图 11-8(f) 所示。

闪光测速仪的特点是：不接触测量物体，测量精度高，量程范围宽，可完成每分钟几百至几十万转的转速测量。

【工程应用点评 11-2】 闪光测速仪原理

闪光测速仪是利用眼睛的视后效应，采用观察旋转体成像的办法来测得转速值的。它实际上是一个频率可控的频闪灯，当灯的闪光频率与旋转体转动频率一致时，人们便可观察到稳定的像，此时只需要读取闪光频率便可求得旋转速度。闪光测速仪分成控制部分和频闪灯两大部分，根据功率大小，可以做成分体式或者便携的一体式。闪光测速仪主要用来测量转速。如果频闪与转速一致，闪光成像是静止的，可以清楚地观察高速旋转体的表面状态，例如是否有东西松动，损坏等，所以闪光测速仪在工程上也不一定都是用于测速。

11.2.7 机械式转速表

常用的机械式转速表有离心式和钟表式。离心式转速表具有结构简单、使用方便、价格便宜等优点，所以尽管测量精度低，目前仍广泛使用。但由于它的测量方法为接触式，在测量中会消耗轴的部分功率，因而使用范围受到一定的限制。

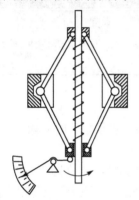

离心式转速表是利用旋转质量 m 所产生的离心力 F，与旋转角速度成比例的原理制成的测量仪表，其结构如图 11-9 所示。测量时，旋转轴随被测轴一起旋转，质量 m 所产生的离心力 F 的大小由下式决定：

$$F = mr\omega^2 = mr\left(\frac{2\pi n}{60}\right)^2 \tag{11-1}$$

式中，m 为旋转体的质量（kg）；r 为重块 m 的重心至转轴中心的距离（m）；ω 为旋转角速度（1/s）；n 为旋转轴的转速（r/min）。

图 11-9　圆锥形离心转速表原理

由式(11-1)可知，离心力 F 的大小与转速的平方成正比，所以转速的测量实质就是离心力 F 的测量。

在图 11-9 中，当重块在转轴的带动下旋转时，在离心力的作用下就向外散开，并使滑块向上移动，带动指针转动，与此同时向上运动的滑块压缩弹簧，直至弹簧的反作用力与拉杆受离心力沿轴的轴向分力相平衡时，指针才停止转动。根据指针转过的角度，可以指示出转速的大小。指针的位置与转轴的旋转速度一一对应。因此，可在经过标定的刻度盘上直接读出被测轴转速的大小。这种转速表测量范围为 30～20 000 r/min，测量误差为 ±1%。使用中，只要将转速表旋转轴顶在被测轴旋转面上，靠摩擦力的带动即可。离心式转速表准确、直观、可靠、耐用，其缺点是结构比较复杂。

钟表式转速表的工作原理是利用在一定时间间隔内，如 3 s、6 s 等，记录下旋转轴转过的圈数来测量转速。它所测量的是某段时间内的平均转速值，这种转速表的测量范围可达 10 000 r/min，测量精度为 ±0.1%～0.5%。它的使用方法与离心式转速表相同。

【工程实例 11-2】　**离心式转速表**

图 11-10 所示的是一种便携离心式转速表，头部是一个锥形转子。用户只需手握转速表，将探头锥面轻轻地抵触转轴，让转轴带动锥形转子，就可以直接在显示器上读取转速的测量结果。换上附属的圆周测速环，还可以作为圆周线速表使用，可以测量单位为 m/min 或 mm/s 的圆周线速度。通过量程选择，测量范围宽达 1.5～10 000 r/min。只要按住开关不放，每隔

1 秒就会刷新一次测量数据，并自动反复测量。 具有数据保持功能，最终测量值可保持连续显示 1 分钟。

- 测量范围：低量程，则 1.5～2000.0 r/min；选择高量程，则 15～10 000 r/min
- 测量精度：选择低量程，则当 1.5～1249.9 r/min 时，为 ±0.1 r/min，当 1250.0～2000.0 r/min 时，为 ±0.2 r/min；选择高量程，则当 15～10 000 r/min 时，为 ±1 r/min
- 使用温度范围：0～+40℃
- 保存温度范围：−10℃～+60℃
- 电源：7 号干电池（1.5 V）3 节，可连续使用约 50 小时
- 外形尺寸：123 mm（W）×23 mm（H）×58 mm（D）
- 重量：约 200 g（包括电池）

图 11-10　离心式
转速表实例

11.3　功率测量

11.3.1　功率测量概述

功率是表征机械动力性能的一个参数。多数情况下，对不同的机械，其功率的含义不同。如机床的功率一般是指切削功率，即各切削分力消耗功率的总和；内燃机和涡轮机的功率是指单位时间输出的功；而压缩机和风机的功率是指单位时间所吸收的功。功率的测定方法应根据具体机械类型来确定。

发电装置往往通过测量电机的电功率来确定其输出功率，即

$$P = KIV \tag{11-2}$$

式中，K 为功率系数；I 为输出电流；V 为输出电压。

机床等加工机械切削功率的测量则通过切削力 F 和切削速度 v 的乘积而获得的，即

$$P = Fv \tag{11-3}$$

式中，F 为切削力；v 为切削线速度。

切削力可通过测力仪测出，如机械式测力仪、油压式测力仪和电测力仪等。目前，使用较多的是电测力仪，如电阻应变式、压电式等。

而对于大多数以轴作为输入和输出装置的动力机械来说，其轴功率一般由输出扭矩和角速度的乘积获得，即

$$P = M\omega \tag{11-4}$$

式中，M 为扭矩；ω 为角速度。

只要采用前面所述的各种转速和扭矩测量方式测出轴的扭矩和转速就可以计算出功率。

测功机也称为测功器，主要用于测试发动机的功率，也可作为齿轮箱、减速机、变速箱的加载设备，用于测试它们的传递功率。测功机主要分为水力测功机、电涡流测功机、电力测功机几种。水力测功机是利用物体在水中运动所受到的阻力来对输出功率的动力机械施加反扭矩，从而吸收功率。电涡流测功机利用电涡流制动原理工作，它通过对转子的制动达到吸收原动机输出能量的目的。电力测功机利用电机测量各种动力机械轴上输出的转矩，并结

合转速以确定功率的设备。因为被测量的动力机械可能有不同转速，所以用做电力测功机的电机必须是可以平滑调速的电机。目前用得较多的是直流测功机、交流测功机和涡流测功机。

常用的测功机按耗能方式的不同可以分为功率吸收型和功率传递型两大类。功率吸收型测功机是指测功机加载器为制动器的一种测功机。制动器对原动机产生制动转矩，吸收被测原动机输出的能量，一般转换为热能，如水力测功机、电涡流测功机等。这类测功机的优点是结构简单，转矩的调节控制方便。由于原动机的输出能量全部转换为热能消耗掉，因此测功机体积较大，或者需要庞大的水冷却设备来转移热量。功率传递型测功机，如电力测功机等，将被测动力机械传递的能量转换成电能，通过负载电阻消耗或整流逆变回馈电网，可以降低测功机本体的发热，提高测功机的测试功率。

【工程应用点评 11-3】 机械设备功率测量的基本方法

功率可以表述为力与速度的乘积，或者扭矩与转速的乘积。大多数机械设备是以转动形式工作的，测出轴的扭矩和转速就可以知道功率。不同的测量扭矩方法与不同的测量转速方法的组合，就可以产生不同的功率测量方法，甚至也可以通过测量电压和电流计算电功率，然后间接获得机械功率。机械设备的功率测量方法十分多样，在不同的设备上，采用的功率测量方法可以有很大不同。

11.3.2 水力测功机

水力测功机因其单位转动惯量的扭矩吸收能力强，长期以来成为大功率内燃机试验优先采用的设备。目前，主要有定充量水力测功机和变充量水力测功机。定充量水力测功机的吸收腔内始终充满具有一定压力的水，通过调节测功机转子与定子间的工作面积来改变测功扭矩大小。这类测功机稳定性好，但结构复杂。变充量水力测功机又称为水涡流测功机，它是通过进、出水阀来调节水力测功机腔体内水量的多少，以达到改变其制动扭矩大小的目的。变充量水力测功机工作时水压高，噪声大，在转速高、制动扭矩小的区段几乎不能稳定工作。目前主要采取如下措施解决其工作不稳定的问题：① 采用闭环控制发动机的油门或风门来控制发动机的转速；② 采用闭环控制测功机水门来控制测功机的制动扭矩；③ 采用水力测功机的工作介质与冷却介质分离的方法（双介质法）。把前两种方法结合起来，采用双闭环控制测功系统转速和扭矩是水力测功机比较好的控制方法。

1. 工作原理

水力测功机的主体为水力制动器，制动器由转子和外壳组成。图11-11所示的是水力测功机工作原理的结构简图。水流通过进水口 1 进入水力测功机水腔中，转子轴上固定有动搅棒 2，壳内设有定搅棒 3，搅棒的作用是增加水对旋转轴的阻力。被测动力设备如发动机、减速器的输出轴通过联轴器 5 与测功机转子轴相连，当转子随发动机一起旋转时，在离心惯性力的作用下，水被甩向水腔外缘，形成一个水环，水环带着可以摆动的外壳 4 转动，被测动力设备的输出扭矩通过转子轴和水环传给了可以摆动的外壳。由于弹簧 10 的作用，外壳的摆动角度与水环的驱动力矩成正比，通过测量表 7 可以测得与摆动壳体固结的杠杆 8 的摆动量，从而得到壳体的摆动角度，由此获得被测动力设备的驱动力矩。为了获得驱动功率，还需要测量转子的转速。多数测功机是在壳体外面的转子轴上安装一个专门用于测速的齿轮 11，用电感式传感器 9 测量齿轮的转速。

当水环和弹簧给外壳的作用力平衡时，测功机对被测动力设备的旋转轴所施加的阻力矩 M（或称为制动力矩）等于被测动力设备的输出扭矩，即

$$M = FR \tag{11-5}$$

式中，F 为弹簧力；R 为弹簧 10 在杠杆上作用点距转子轴心的距离。

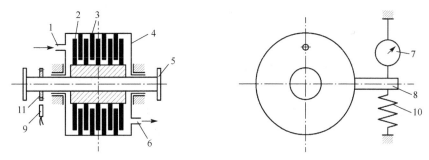

图 11-11　水力测功机工作原理结构简图

1—进水口；2—动搅棒；3—定搅棒；4—可动外壳；5—联轴器；6—出水口；7—测量表；8—杠杆；9—传感器；
10—弹簧；11—测速齿轮

将式(11-5)代入式(11-4)中，得

$$P = FR\omega \tag{11-6}$$

在实际的测功机结构中，力臂不是简单的一根杠杆，而是一套由齿轮、杠杆等部件组合的复杂的磅秤机构。通过这套机构可以从测功机上的测量表指针直接读出所测的力矩值。有些水力测功机采用压力传感器来感受力 F，测量精度得到了提高，且易于实现电控。

测功机相对于被测动力设备是一个负载，在转速一定的条件下，要改变负载力矩的大小，即吸收功率的大小，需要调节测功机中水流对转子的阻力大小。不同类型的水力测功机，水流阻力的具体调节方式不同，基本的原则是调节定子和转子之间水层厚度，即定子与转子之间的水量。水层厚度大，水的阻力大，测功机吸收的功率大；水层厚度小，水层阻力小，吸收的功率小；没有水的时候，水层厚度为零，定子跟转子之间就只能通过空气流动传递力矩，测功机吸收的功率最小。被测动力设备的输出功率传递给测功机后，在测功机内部由水的涡流将机械能转变成热能，引起水温上升。如果水温过高，则会在水中产生气泡，这样将使得测功机工作不稳定，一般要求水力测功机的排水温度不超过 70℃。为了保证测功机的工作温度不超出限定值，无论哪种类型的水力测功机都要保证一定的出水流量，以便将生成的热量及时带走，避免测功机温升超过上限。

2．特性曲线

水力测功机的特性曲线就是它的工作范围曲线，该曲线给出了在不同转速条件下，水力测功机所能吸收的功率范围。图11-12所示的是水力测功机的特性曲线，图中的封闭曲线由五个线段组成，各线段所表示的含义如下。

OA 段：最大水层厚度线。它表明测功机在最大水层厚度时吸收功率随转速的变化，这是一条三次方曲线，在低转速时，吸收功率很小。

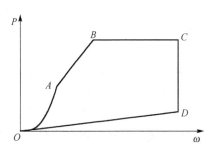

图 11-12　水力测功机的特性曲线

AB 段：最大制动扭矩线。最大制动扭矩受测功机中转动部件强度的限制。沿着 *AB* 线，若要通过提高转速来增大其吸收功率的能力，则必须减小测功机内水层厚度。

BC 段：等功率曲线。它表明水温达到最高允许值时，测功机所能吸收的功率。沿着 *BC* 线，减小水层厚度可以增加转速。

CD 段：最高转速线。它受测功机转动部件离心力负荷的限制。

DD 段：空载线。此时水力测功机中水层厚度为零，该线由空气阻力及转动部件轴承的摩擦阻力所决定。

凡是被测动力设备的特性曲线完全落在图 11-12 中封闭曲线所包围的范围内，均能在该型号测功机上进行功率测量试验。用户选用测功机时，必须注意被测动力设备的测试点是否在该型测功机的特性曲线范围内，并尽可能避开曲线边缘，越靠近封闭区域的中间位置越好。

水力测功机具有结构简单、工作可靠、价格便宜、功率储备大、使用方便等特点，但由于水力测功机在低速时的吸收功率同转速的三次方成正比，因而当发动机转速较低时制动力矩比较小，这是它的一个缺点。通常为了测量较低转速的发动机输出功率，往往选用水力测功机的最大吸收功率要大大超过发动机的额定功率。

11.3.3 电涡流测功机

电涡流测功机利用电涡流对转子制动，吸收被测动力设备的输出能量。电涡流测功机主要由旋转部分的感应盘和摆动部分的电枢和励磁绕组组成。感应盘形状犹如直齿轮，产生涡流的地方是冷却室壁。当给励磁绕组通上直流电后，围绕励磁绕组产生一个闭合磁通。当感应盘被被测动力设备拖动旋转时，气隙磁通随感应盘的旋转而发生周期变化，由此，在冷却室壁的表面及一定的深度范围内将产生涡流。涡流产生的磁场又与气隙磁场相互作用，从而产生制动转矩。电涡流测功机具有低惯量、高精度、高稳定性和结构简单、维修方便等特点，适用于操作控制的自动化，并且功率范围也较宽，转速较高，响应速度较快，测试工艺比较成熟，性能可靠，是目前各内燃机制造厂主要使用的测功机之一。由于其良好的控制性、可调性及负载稳定性，电涡流测功机较合适用于发动机的设计开发和性能试验。此外，它也适用于发动机零部件的开发研究试验，汽车风阻、变速器、后轮轴的模拟试验及完整的传动系统模拟实验等。电涡流测功机是各种中小功率动力机械自动化试验台首选的能量吸收装置。但是，传统的电涡流测功机控制与测试技术水平偏低，而且与水力测功机一样，电涡流测功机只能吸收被测动力设备的功率，将其转化为热能而不能回收，因此，测功机体积虽小，但需要庞大的配套冷却设施，不利于节能。

1. 工作原理

电涡流测功机有盘式和柱式两种形式，虽然结构不同，但是工作原理是相同的。图 11-13 所示的是电涡流测功机原理图。电涡流测功机产生制动力的原理是：当励磁线圈通以直流电时，磁力线便由铁心、空气隙、转子形成闭合回路。在磁力线回路中，铁心和转子均由高导磁材料制成，磁阻很小，因此整个磁路中磁阻的大小主要取决于空气隙厚度的变化。由于转子的外圆制成齿状，转动时铁心与转子之间的空气气隙会不断变化，从而使磁通密度也随之变化，在转子表面便产生涡电流。由于转子材料电阻的存在，电能被转化为热能，实现了机械能到热能的转化。涡电流自身也会产生磁场，这个涡电流的磁场与励磁线圈产生的铁心中的磁场在空气隙中反向，相互之间产生推斥力。图 11-13 中的铁心实际上是固定在外壳上的，

转子给铁心的作用力传递到外壳上，用与水力测功机相同的
测力机构可以测出作用力的大小。与水力测功机相比，电涡
流测功机的制动力矩大小不是由流体阻力产生，而是由转子
与定子之间依靠涡流产生的电磁力产生。电磁作用力的大小
除了与转子相对定子的相对转速有关外，还与定子线圈的励
磁电流大小有关。只要能提供比较大的励磁电流，就可以产
生较大的制动力矩。因为这个原因，电涡流测功机的制动力
矩比水力测功机大，控制也更容易。为了测出功率，还需要
测出转速，转速的测量也可以跟水力测功机一样，通过转子
轴上专门的测速齿轮用涡流传感器测出。电涡流测功机吸收
的机械能都在内部转化成热能，靠冷却水将热量带走。测功

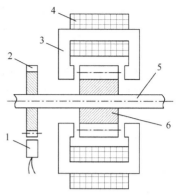

图 11-13　电涡流测功机原理图

1—传感器；2—测速齿轮；3—铁心；
4—线圈；5—转子轴；6—转子

机在工作时，必须通入一定压力的冷却水，而且必须保证冷
却水的管路畅通。冷却水水压越高，水温升高越慢；冷却水水压越低，水温升高越快。当水压
低于最低水压时，报警电路动作，确保测功机在正常温度下工作。

2．特性曲线和控制

电涡流测功机的特性曲线同水力测功机特性曲线的不同之处在于，它所施加的制动力矩
与转速和激磁电流呈现非线性的关系。图11-14所示的是电涡流测功机的扭矩特性图。当激磁
电流 I 比较小而且保持不变时，转速 ω 提高到一定程度后扭矩 M 便几乎不发生变化了，我们
称这种现象为扭矩饱和现象。同样，当转速 ω 不变，激磁电流 I 上升到某一值后，磁路饱和，
磁场强度不再显著提高，扭矩也几乎没什么变化了。同水力测功机一样，图11-15中由 $OABCDO$
所包围的面积便是电涡流测功机的工作范围。

OA 段：励磁电流最大时，功率 P 随转速 ω 上升的曲线，该线取决于激磁线圈的额定值。

AB 段：最大制动扭矩线。

BC 段：受冷却条件所限的最大功率曲线。

CD 段：最高转速线，决定于转子等机械部件的强度。

DO 段：空载线，激磁电流为零时的最小制动功率线。

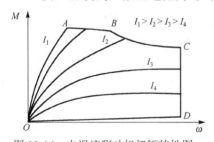

图 11-14　电涡流测功机扭矩特性图

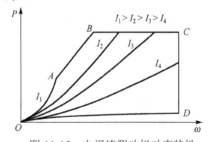

图 11-15　电涡流测功机功率特性

上面所介绍的两种特性曲线，是电涡流测功机的基本特性，也称为电流控制特性。电涡
流测功机的这种控制方式对于实验来说也有不便之处。从图11-14可以看出，这种曲线有等扭
矩的特点，即扭矩曲线在较宽的转速范围内可以几乎不变化，若想通过电涡流测功机中唯一
可调节的励磁电流大小来使转速保持定值就比较困难，而定转速调节是发动机负荷特性实验
中所要求的。因此除了上面的电流控制特性外，还需要在电路方面采取一些措施，以便可以
得到电涡流测功机的另外两种特性：定转速控制特性和综合控制特性。

定转速控制特性是通过一套自动控制系统，利用转速的微小变化信号来控制激磁电流，以达到稳定转速的目的。如图 11-16 所示，制动力矩 M 与转速 ω 之间的关系几乎是垂直的直线，制动力矩的波动只会带来转速的微小变化，控制系统可以较好地稳定转速。反过来，也可以认为由于控制系统的作用，制动力矩 M 对转速 ω 的波动十分敏感，转速的微小波动都会导致力矩的显著变化。当对被测动力设备等速运转、不同制动力矩下的工作过程进行测试时，可以通过微调转速来改变力矩，实现近似等速运转、不同制动力矩的各种工况。但是，这种制动力矩 M 对转速 ω 波动的敏感性在另外一些性能实验中又会带来不便之处，例如，在内燃机特性实验中，我们希望测功机对发动机所施加的制动力矩随着转速的增加有适当的增加，增加量过大或过小都会给调节带来不便。图 11-16 所示的定转速控制特性无法满足这种要求。图 11-17 所示的是电涡流测功机的综合控制特性曲线，力矩与转速的关系比图 11-16 中的平缓。转速的波动可以导致力矩有明显的波动，反过来，力矩的波动也会导致转速的明显变化。综合控制特性将定电流控制和定转速控制特性综合起来，对发动机所施加的制动力矩随转速的增加只有适当的增加，可以满足内燃机各项动力性能测试的实验要求，并可以在测功机工作范围内的某一转速下，方便地获得与发动机输出扭矩相平衡的稳定的制动力矩。

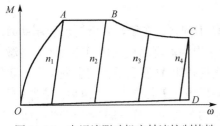 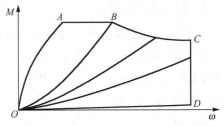

图 11-16　电涡流测功机定转速控制特性　　　　　图 11-17　电涡流测功机电流控制特性

目前，国内生产的电涡流测功机均配有控制柜，可以提供定转速控制特性和综合控制特性，以供使用时选择。

11.3.4　电力测功机

电力测功机系统由基本结构和普通电机类似的测功电机及其控制系统组成。按转矩的测量方式不同，可以分为普通电力测功机和平衡式电力测功机。其中，普通型与一般电机结构相同，通过专用的转矩传感器测量动力机械输出转矩；平衡式电力测功机与前述电涡流测功机类似，定子及其外壳不是固定在电机支座上，而是通过滚动轴承浮动支撑在支座上，可以小角度自由摆动。根据电机电磁转矩平衡的原理，被测动力设备输出轴的转矩可以通过连接定子机壳与支座的拉力传感器测出，故称为平衡式电力测功机。

电力测功机可以分为直流电力测功机和交流电力测功机两大类。电力测功机目前大都采用直流测功机，这是因为直流电机的调速性能好，控制简单，但直流电机由于换向器的影响，不适于高速运行，因此在转速很高的情况下，往往采用机械减速装置，使系统复杂且噪声增大。交流测功机是一种新型的机电一体化测功机，适合各种不同类型的电机性能测试。交流测功机不存在换向器问题，结构简单，可靠性高，近几年来随着电机控制技术和电力电子技术的发展，交流传动系统在动、静态性能上得到了显著提高，因此对于交流测功机的研究成为主流趋势。电力测功机既可用做发电机吸收发动机的输出功率，完成对其输出功率的测量，又可作为电动机用于驱动发动机。在作为吸收式功率测量时，直流电力测功机的转子随着发动机一起旋转，电枢绕组切割定子绕组所组成的磁场，在电枢绕组中产生相应的感应电势和感应电流，即将发动机所发出的动力转变成发电机的电能。该电能一般通过电路中的负载电阻而消耗掉。在测功机作为电动机使用时，电枢绕组有电流流过，此时，它在磁场中将受到电磁力的作用而转动，产生驱动力矩，带动发动机运行。

交流电力测功机可以将测功机发出的电能回收而加以利用，因此常用于大功率发动机长时间实验，如耐久实验。直流电力测功机由于结构方面的限制，其功率容量均较小，只能满足中小功率发动机实验，且在一般情况下测功机发出的电能消耗在负荷电阻上而不加以利用。

电力测功机与水力测功机相比有许多优点。特别是在低速时，其制动力矩与转速的平方成正比，因此在低速运行时有较大的制动力矩，故测量精度高。另外，它还可以作为电动机倒拖发动机，这在发动机性能测试中很有意义。因为利用这种方式可以进行发动机的冷磨合和启动，并且可以很方便地测定发动机的机械效率。

1. 直流电力测功机

直流电力测功机控制简单，调速平滑，性能良好，一直占据电力测功机的主导地位。然而，直流电力测功机结构上存在机械换向器和电刷，因此具有一些无法克服的固有缺点，如造价偏高，维护困难，寿命短，单机容量、最高电压和最高转速都受到一定的限制等，导致直流电力测功机在大容量、高速测功系统中难以广泛应用。

直流电力测功机一般采用平衡式的工作方式。图11-18是平衡式直流电力测功机的结构简图。它与普通发电机或电动机的主要区别在于，定子外壳不与机座 1 固结，而是被支撑在摆动的轴承上，可以绕轴线摆动。在定子外壳上固定有杠杆 7，它与测量表和弹簧构成的机械式测力机构相连，用以测定扭矩。与前述的水力测功机和电涡流测功机相同，转速的测量则多用测速发电机。

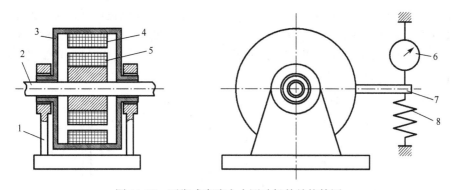

图 11-18　平衡式直流电力测功机的结构简图

1—机座；2—转轴；3—机壳；4—定子线圈；5—转子线圈；6—测量表；7—杠杆；8—弹簧

定子线圈是直流励磁绕组，当直流电力测功机的转子作为被测动力设备的负载被驱动时，转子线圈切割定子线圈所形成的磁场，在转子线圈中产生的感应电势 E 为

$$E = C_s \phi \omega \tag{11-7}$$

式中，C_s 为常数；ϕ 为磁极的磁通量；ω 为电枢转速。

当转子线圈中有感应电流流过时，转子线圈中会产生与定子线圈相反的磁场，转子与定子之间产生相互推斥的电磁力。此时测功机作为发电机使用，转子与定子之间的电磁力就是一个制动力矩。该力矩传递给机壳，使机壳产生一个与力矩大小成比例的转动量，该阻力矩的大小即可用杠杆上的测量表测出。反过来，如直流电力测功机作为电动机使用，除了要给定子线圈供电外，还需要给转子线圈供电，转子与定子之间的电磁力驱动转子转动，可以用来启动与测功机相连的被测发动机的启动或者倒拖实验。如果测功机不能作为电动机使用，就需要另外安装被测发动机的启动设备和倒拖设备。

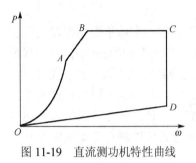

图 11-19　直流测功机特性曲线

使用直流电力测功机，需要向测功机的转子和定子线圈提供直流电，还要有大功率的负载电阻吸收电功率。在有些情况下，若希望对电能回收，还要考虑将测功机输出的直流电转为交流电反馈回电网，因此其设备费用比较昂贵。

直流测功机特性曲线如图 11-19 所示，各曲线段含义如下。

OA 段：最大励磁电流和最小负载电阻线，是一条二次曲线。

AB 段：最大制动扭矩线。它受电机转子线圈中的最大允许电流限制，在保持测功机扭矩为最大值时，随着转速的变化，测功器所能吸收的最大功率线。

BC 段：最大功率线。由电机的功率容量来决定，主要受电机发热量限制。

CD 段：最高转速线。由转子线圈所能允许的最大离心负荷的转速决定。

DO 段：空载线。此时励磁电流和转子线圈中的电流均为零，该线由空气阻力及转动部件轴承的摩擦阻力所决定。

2．交流电力测功机

交流电力测功机可以分为交流同步电力测功机和交流异步电力测功机两大类。

交流同步电力测功机系统原理图如图 11-20 所示。测功机系统中采用绕线式异步电机，由发动机直接驱动测功电机在发电机状态下运行。当 K_1、K_3 断开，K_2 闭合时，可控整流器提供直流励磁电流给测功机转子，由被测发动机驱动，作为同步发电机运行，定子发电产生电能由电阻 R 负载消耗或由整流、逆变系统回馈电网。当 K_2 断开，K_1、K_3 闭合时，测功机可作为三相绕线式异步电动机运行，用于发动机冷磨合试验。转矩控制可以通过调节励磁电流和负载电阻来实现，测功机本体发热较低，功率范围较大，操作简单，使用方便。由于具有电刷、滑环及其绕线式的转子结构，测功机运行速度受到限制。

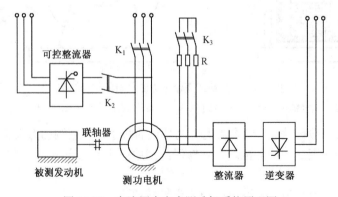

图 11-20　交流同步电力测功机系统原理图

交流异步电力测功机系统原理图如图 11-21 所示。测功电机采用绕线式或鼠笼式异步电机，定子三相绕组和三相变频电源连接，当三相变频电源驱动电机转子的转速与转向与被测动力设备相同时，被测设备输出接近空载。当三相变频电源降低频率，旋转磁场同步转速低于测功机转子转速时，测功机工作于发电机状态，产生的电磁转矩方向与被测设备输出转矩方向相反，即向被测试设备施加负载。此时，测功机将被测试设备输出的能量转换成电能，通过大功率电阻耗散掉或者通过回馈逆变器回馈电网。图11-22所示的是交流异步电力测功机在不同转速下的工作状态图，横轴是测功机转速，纵轴是测功机力矩，ω_0 是被测动力设备的转速，也称为临界转速，ω_{max} 是测功机旋转磁场的最高转速。

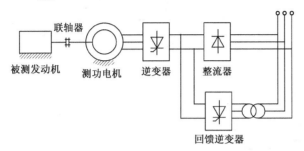

图 11-21　交流异步电力流测功机系统原理图

与水力测功机及电涡流测功机相比，交流电力测功机测功范围宽，可在测定性能参数的同时，还以发电的形式将吸收的能量回馈给电网，电能回收率可达 80%。与水力测功机相比，它无须庞大的配套冷却设备，试验场地干净，转矩控制响应迅速，测量精度高。与直流电力测功机相比，结构简单，占用空间小，易保养，成本低，转速高。在发动机、汽车底盘、电动机、汽车变速箱、减速器和其他传动装置的性能测试中都有着广泛的应用。

由于绕线式异步电机和传统的同步发电机采用的都是绕线式的转子结构，转子绕组通过集电环与外部装置连接，结构较复杂，不适宜在高转速情况下运行。鼠笼式异步电机结构简单，牢固可靠，成本较低，维修方便，高速性能好。随着变频器技术的发展与成熟，极大地提高了异步电机的调速性能，使得交流异步电力测功机逐渐成为电力测功机中的主流产品，广泛应用于发动机、电动机、变速箱等设备的性能测试中。

测功机的低速制动力矩是评价测功机的一个重要指标。图10-23中给出了三种测功机低速制动力矩的比较。由该曲线可知，电涡流测功机最佳，其次是电力测功机，最差的是水力测功机。

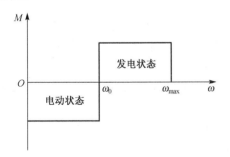

图 11-22　异步测功机工作状态图

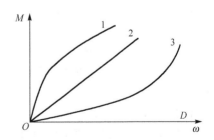

图 11-23　三种测功机低速制动力矩的比较

1—电涡流测功机；2—电力测功机；3—水力测功机

目前，上述各种类型的测功机在工业、科研、教学中都有使用。表11-2 中列出了各种常见测功机的特点和选用原则。

表 11-2　功率测量的方法比较

测功机类型	综合结构尺寸	功率范围	测量精度	转速范围	安装操作要求	成本	低速制动力矩	工作稳定条件	其他
水力测功机	中	各种功率	1%～2%	中等转速	安装保养简单,操作方便	低	小	进水压头平稳	—
电涡流测功机	小	各种功率	普通级 2% 精密级 0.5%～1%	中高速	冷却水和转子轴承精度等级要求较高,要求精细保养	高	大	电网电压稳定	易于实现自动控制
电力测功机	大	中小功率	0.5%～1%	中等转速	安装简单,保养级别高,操作方便,调节精细	高	中	电网电压稳定	可以回收能量
扭矩仪	最小	各种功率	0.25%～1%	低、中、高速	安装要求高	较高	—	—	不吸收功率,用于现场测量

11.4　思考题与习题

11-1　下列技术措施中,哪些可以提高磁电式转速传感器的灵敏度:

(1) 增加线圈匝数;(2) 采用磁性强的磁铁;(3) 加大线圈的直径;(4) 减小磁电式传感器与齿轮外齿间的间隙。

11-2　采用磁电式传感器测速时,一般被测轴上所安装齿轮的齿数为 60,这样做的目的是什么?

11-3　如图 11-24 所示,三种传感器均可用于转速测量,试分析它们的工作原理。对前两种传感器列出其脉冲频率与转速之间的关系。

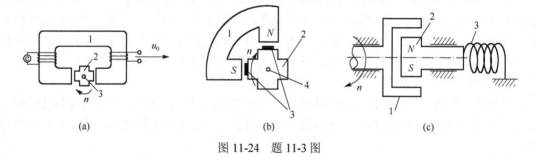

图 11-24　题 11-3 图

11-4　在测量一台计算机电源冷却风扇的转速时,应选择下述方案的哪一种并提出具体测量方案:

(1) 机械式转速表;(2) 光电式转速传感器;(3) 磁电式转速传感器;(4) 闪光测速仪。

11-5　某些安装了旋转机械的厂房不允许使用日光灯照明,试解释其原因。

11-6　为什么对扭矩仪的安装质量要求很高,在安装扭矩仪时应注意哪些地方,不适当的安装会引起什么问题?

11-7　试述应变式扭矩仪及相位差式扭矩仪的工作原理及优缺点。

11-8　比较所学过的各种测功机的特点、性能指标及应用范围。

11-9　在电力测功机中吸收功率的器件是大功率电阻器。有人认为,我们可以很精确地测量该电阻器端的电压和流过的电流,并计算出该电阻器消耗掉的功率,这样就可完成测量原动机输出功率的目的。请问:这种方案可行吗?为什么?

流体参量的测量

工程背景

压力和流量是流体测量的两个重要参量。现代工业生产过程中，压力是一个非常重要的工艺参数，例如化学工业生产过程中容器内的流体压力既影响化学反应的平衡关系，也影响反应速率，只有按工艺条件的规定保持一定的压力才能保证化学反应正常进行。在研制一些新产品时，例如工业汽轮机、内燃机、航空发动机等，必须测出流体压力与其他参数之间的关系，才能确定其性能。因此，压力测量仪表的应用非常广泛。

流量计是工业测量中重要的仪表之一，广泛应用在天然气、炼油、化工、钢铁、发电和制药等行业。目前，工业中使用的流量计已超过100种。

内容提要

本章主要讲述压力和流量这两类流体参量的测量方法。重点介绍了用于流体压力测量的几种常用传感器的结构、工作原理、使用范围，然后介绍了几种常用流量计的工作原理。

12.1　压力的测量

流体垂直作用于单位面积上的力，在物理学中称为压强，而工程上则习惯称为压力。

压力有绝对压力、大气压力、差压、表压力、负压之分。绝对压力是以绝对真空的压力（绝对零压力）作为零参照点所测得的压力，是介质所受的实际压力。大气压力是指介质受大气作用的压力。差压也称为压差，是两个压力之间的相对差值。表压力也称为表压，是绝对压力高于大气压力时，绝对压力与大气压力之差。负压也叫真空表压力，是当绝对压力小于大气压力时，大气压力与该绝对压力之差。压力测量装置大多采用表压或负压作为指示值，而很少采用绝对压力。

在国际单位制中，压力是质量、长度和时间三个基本量的导出量，其单位为 Pa，$1\ Pa = 1\ N/m^2$。

作用在确定面积上的流体压力能够很容易地转换成力，因此压力测量和力测量有许多共同之处。通常用来测量压力的方法有三种，即液柱法、弹性变形法和电测法。液柱法是利用液柱所产生的压力与被测压力平衡，并根据液柱的高度或高度差来确定被测压力的大小，常用的有 U 型管压力计等。这种测压方法一般适用于测量低压、负压或压力差。弹性变形法是当被测压力作用于弹性元件时，弹性元件便产生相应的弹性变形，根据变形的大小可测知被测压力值。电测法是通过传感器把被测压力变换为电信号。

12.1.1　弹性压力敏感元件

弹性元件在流体压力的作用下，将产生相应的机械变形。这种机械变形可通过各种放大杠杆或齿轮副等转换成指针的偏转，指示被测压力的大小；也可通过各种位移传感器、应变传感器经过相应的测量电路转换成电量输出。感受压力的弹性敏感元件是压力计和压力传感器的核心。

通常采用的弹性压力敏感元件有波登管、膜片和波纹管三类，如图12-1所示。

1．波登管

波登管也叫弹簧管，是大多数指针式压力计的弹性敏感元件，同时也被广泛用于压力变送器（用于稳态压力测量，其输出量为电量的压力测量装置）中。图 12-1(a)所示的是各种结构形式的波登管，其横截面都是扁的空心金属管。当这种弹性管一侧通入一定压力的流体时，由于内外侧的压力差，迫使管子截面的短轴伸长、长轴缩短，由扁截面向圆截面变化。这种截面形状的变化会导致波登管的自由端产生较大位移，而对于扭转型波登管来说，其输出运动则是自由端的角位移。

虽然采用波登管作为压力敏感元件，可以得到较高的测量精确度，但由于它尺寸较大，固有频率较低以及反应不够快，一般不作为动态压力传感器的敏感元件。

2．膜片与膜盒

膜片是用金属或非金属制成的圆形薄片，如图 12-1(b)所示。断面是平的，称为平膜片。断面呈波纹状的，称为波纹膜片。两个膜片边缘对焊起来，构成膜盒。几个膜盒连接起来，组成膜盒组。平膜片比波纹膜片具有更高的抗震、抗冲击能力，在压力测量中用得较多。

中、低压压力传感器多采用平膜片作为敏感元件。这种敏感元件是周边固定的圆形平膜片，固定方式有周边机械夹固式、焊接式和整体式三种。尽管机械夹固式的制造比较简便，但由于膜片和夹紧环之间的摩擦要产生滞后等问题，故较少采用。

以平膜片作为压力敏感元件的压力传感器，一般采用位移传感器来感测膜片中心的变形或在膜片表面粘贴应变片来感测其表面应变。

当被测压力较低时，使用平膜片作为敏感元件产生的变位过小，不能达到所要求的最小输出。这时候通常采用图 12-1(b)所示的波纹膜片和膜盒。一般波纹膜片中心的最大变位量约为直径的 2%，它用于稳态低压（低于几个兆帕）测量或作为流体介质的密封元件。

3. 波纹管

如图 12-1(c)所示，波纹管是壁面呈褶皱状波纹的薄壁管，一端开口，另一端封闭。使用时开口端固定，封闭端处于自由状态。在通入一定压力的流体后，有褶皱的波纹管将伸长，在一定压力范围内其自由端伸长量与压力成正比。

波纹管由于壁面呈波纹状，轴向刚度较低，在较低的压力下可以得到较大的变位。它可测的压力较低，对于小直径的黄铜波纹管，最大允许压力约为 1.5 MPa。无缝金属波纹管的刚度与材料的弹性模量成正比，而与波纹管的外径和波纹数成反比，同时刚度与壁厚成近似的三次方关系。

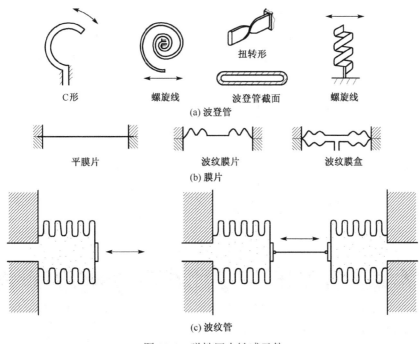

(a) 波登管

(b) 膜片

(c) 波纹管

图 12-1　弹性压力敏感元件

12.1.2　常用压力传感器

1. 应变式压力传感器

常用的应变式压力传感器大多数是在前述弹性压力敏感元件的基础上制造出来的。主要形式有平膜片式、圆筒式和组合式几种。其共同特点是利用粘贴在弹性敏感元件上的应变片测量其受压后的局部应变而获知流体的压力。

（1）平膜片式压力传感器

平膜片式压力传感器是利用粘贴在平膜片表面的应变片，检测膜片表面在流体压力作用下的局部应变，从而确定被测压力值的大小。

对于周边固定、两侧存在压力差的平膜片，若膜片变形很小，可近似地认为膜片的应力或应变与被测压力成线性关系。

平膜片式压力传感器的优点是结构简单，体积小，质量小，性能价格比高；缺点是输出信号低，抗干扰能力差，精度受工艺影响大。

（2）圆筒式压力传感器

图 12-2 所示的是圆筒式压力传感器的工作原理。它一端密封并具有实心端头，另一端开口并有法兰，可通过法兰固定薄壁圆筒。当压力从开口端进入圆柱筒时，薄壁将产生较大应变，顶部实心部分的应变与薄壁部分相比可以忽略。圆筒的外表面总共粘贴有 4 个应变片，R_1 和 R_2 对称粘贴在薄壁中间处，R_3 和 R_4 则粘贴在实心一端，组成一个半桥双臂电路。当筒内外压力相同时，4 个应变片电阻相等，输出电压为零。当筒内压力大于筒外压力时，R_1 和 R_2 阻值增大，R_3 和 R_4 基本不变，电桥输出电压可以反应桶壁的应变大小。R_3 和 R_4 的作用是用来平衡温度的影响。当环境温度变化时，可以认为 4 个应变片的温度是同时、同向变化的，即同时升高或者降低。温度导致的 4 个应变片电阻也是同时增大或者减小的，而电桥的输出不反映温度的变化，提高了测量系统抵抗温度变化的能力。另外，由于使用 R_1 和 R_2 两个应变片测量桶壁的应变，相对于使用一个应变片的方式，测量精度也有较大提高。这种圆柱形应变筒式压力传感器适合测量比较高的压力。当压力不高时，桶壁的应变很小，输出电压较低，容易受到干扰，降低测量精度。

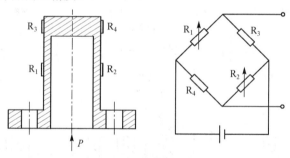

图 12-2　圆筒式压力传感器工作原理

【工程应用点评 12-1】　应变片的粘贴方法

（1）试件表面处理：贴片处先用打磨机打磨平整，然后用砂纸打磨出刻痕，接着用酒精棉球或丙酮液体反复擦洗贴处，直到棉球无黑迹为止。

（2）在应变片基底上挤一小滴 502 胶水，轻轻涂抹均匀，立即放在应变贴片位置，然后用塑料薄膜覆盖在应变片上，压挤，把气泡挤出来，否则会影响测量结果的准确性。

（3）焊线：用电烙铁将应变片的引线焊接到应变片的两对固定端子上，再用电烙铁将导引线焊接到靠外的一对固定端子上。分别固定引线和导线避免了拉动导线时同时影响到应变丝，从而影响测量结果的准确性。

（4）用兆欧表检查：应变片与试件之间的绝缘组织，应大于 500 MΩ；两根导线的末端电阻应等于应变片阻值（120 Ω）。

（5）应变片保护：用 704 硅橡胶或 AB 胶覆于应变片上，防止受潮。

（3）组合式压力传感器

与前两类传感器不同，组合式压力传感器中的应变片不直接粘贴在压力感受元件上，而采用某种传递机构将感压元件的位移传递到贴有应变片的其他弹性元件上，间接导致应变片产生变形，如图12-3所示。图12-3(a)中，利用膜片 1 和悬臂梁 2 组合成弹性系统，在压力的作用下，膜片 1 产生位移，推动悬臂梁 2 变形，悬臂梁 2 上的应变片输出电压信号。图12-3(b)中，利用波登管 4 在压力作用下自由端产生的拉力，使悬臂梁 2 变形，通过梁上的应变片检测梁的应变，应变的大小反应了波登管内外的压力差。图12-3(c)中，利用波纹管 5 在内外压差的作用下产生的轴向力，使梁 6 变形，梁的变形通过应变片 3 检测。

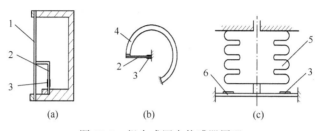

图 12-3　组合式压力传感器原理

1—膜片；2—悬臂梁；3—应变片；4—波登管；5—波纹管；6—梁

2．压阻式压力传感器

如图12-4所示，压阻式压力传感器敏感元件是在某一个晶面的单晶硅平膜片上，沿一定的晶轴方向，通过扩散工艺形成的一些长条形电阻。硅膜片的加厚边缘烧结在有同样膨胀系数的玻璃基座上，以保证温度变化时硅膜片不受附加应力。当膜片两侧的压力存

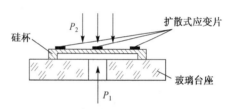

图 12-4　压阻式压力传感器

在压差时，膜片变形，内部产生应力变化，从而使扩散在其上的电阻的阻值发生变化。它的灵敏度一般要比金属材料应变片高 70 倍左右。这种压阻元件一般只在膜片中心的变形量远小于其厚度的情况下使用。

为了保护经过特殊处理的单晶硅膜片，有些传感器使用隔离膜片，将被测流体与硅膜片隔开。隔离膜片和硅膜片之间充填硅油，用硅油来传递被测压力。

压阻式压力传感器由于采用了集成电路的扩散工艺，尺寸可以做得很小。例如，有的直

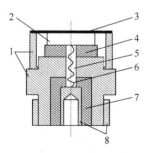

图 12-5　膜片式压电压力传感器

1—壳体；2—压电元件；3—膜片；4—绝缘圈
5—真空管；6—引线；7—绝缘材料；8—电极

径只有 1.5～3 mm，这样就可用来测量局部区域的压力，并且具有较好的动态特性（工作频率可从 0 到几百千赫兹）。由于电阻直接扩散到膜片上，没有粘贴层，因此零漂小，灵敏度高，重复性好。

3．压电式压力传感器

图12-5所示的是膜片式压电压力传感器中比较常见的一种结构。当承压膜片 3 两侧的压力存在压差时，膜片变形，导致膜片对压电晶体的压力发生变化，进而使得压电晶体的输出信号发生变化。由于膜片的质量很小，而压电晶体的刚度又很大，所以传感器有很高的固有频率（可高达 100 kHz 及以上），适

合动态压力测量。这种结构的压力传感器有较高的灵敏度和分辨率，体积也比较小。缺点是压电元件的预压缩应力是通过拧紧壳体施加的，这使得膜片向外凸出，导致传感器的线性度和动态性能变坏。当环境温度变化使膜片变形时，压电元件预压缩应力将会变化，导致输出不稳定。

为了克服压电元件在预加载过程中引起膜片的变形，可采用预紧筒加载结构，如图 12-6 所示。预紧筒 8 是一个薄壁厚底的金属圆筒，通过拉紧预紧筒对压电晶片组施加预压缩应力。在加载状态下用电子束焊将预紧筒与芯体焊成一体。感受压力的膜片是后来焊接到壳体上去的，它不会在压电元件的预加载过程中发生变形，可避免图 12-5 所示结构在施加预压缩应力时膜片过度凸出变形导致线性度变差的问题。预紧筒外的空腔内可以注入冷却水，一方面可以保证传感器在较高的环境温度下正常工作，也可以让传感器在恒定的温度下工作，保持压电元件有恒定的预压缩应力。图 12-6 中采用多片压电元件层叠结构是为了提高传感器的灵敏度。

图 12-7 所示的是一种活塞式压电压力传感器的结构图。它利用活塞将压力转换为集中力后直接施加到压电晶体上，使之产生相应的电荷输出。这种结构的优点是可以利用活塞产生较大的集中力，压电压力传感器可以测量几百帕到几百兆帕的压力，并且外形尺寸可以做得很小（几毫米直径）。活塞式压力传感器和压电加速度计及压电力传感器一样，需要采用有极高输入阻抗的电荷放大器作为前置放大，其可测频率下限由电荷放大器决定。

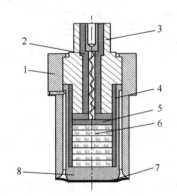

图 12-6　多片层叠膜片式压电压力传感器

1—壳体；2，4—绝缘体；3，5—电极；6—压电片堆；

7—膜片；8—预紧筒

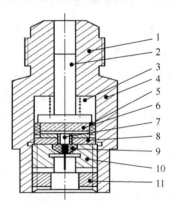

图 12-7　活塞式压电压力传感器

1—壳体；2—活塞；3—弹簧；4，6—晶片；5，9—绝缘套；

7—电极；8—压块；10—压紧螺母；11—紧固螺母

由于压电晶体有一定的质量，故压电压力传感器在有振动的条件下工作时，自身惯性会产生与振动加速度相对应的一个附加的输出信号，并叠加在由于膜片压力产生的输出信号上，从而造成压力测量误差。特别是当测量压力较低或要求较高的测量精确度时，该影响不能忽视。图 12-8 所示的是带加速度补偿的压力传感器。在传感器内部设置一个附加质量和一组极性相反的补偿压电晶体，在振动条件下，附加质量能够给补偿压电晶片一个作用力，从而产生一个附加的电荷输出。这个附加的电荷输出与测量压电晶片因自身质量在振动中产生的电荷相互抵消，从而达到补偿目的，提高了测量精度。

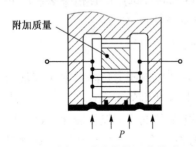

图 12-8　带加速度补偿的压力传感器

【工程应用点评 12-2】　压电材料的种类与性质

　　压电传感器中主要使用的压电材料包括石英、酒石酸钾钠和磷酸二氢胺。其中石英（二氧化硅）是一种天然晶体，压电效应就是在这种晶体中发现的。在一定的温度范围之内，压电性质一直存在，但温度超过这个范围之后，压电性质完全消失（这个高温就是所谓的"居里点"）。由于随着应力的变化电场变化微小（也就说压电系数比较低），所以石英逐渐被其他压电晶体所替代。虽然酒石酸钾钠具有很大的压电灵敏度和压电系数，但是它只能在室温和湿度比较低的环境下才能够应用。磷酸二氢胺属于人造晶体，能够承受高温和相当高的湿度，所以已经得到了广泛的应用。现在压电效应也应用在多晶体上，比如现在的压电陶瓷，包括钛酸钡压电陶瓷、PZT、铌酸盐系压电陶瓷、铌镁酸铅压电陶瓷等。

4．电容式压力传感器

　　图12-9所示的是一种电容式压力传感器的结构示意图。感压元件是一个全焊接的差动电容膜盒。玻璃绝缘层内侧的凹球面形金属镀膜作为固定电极，中间被夹紧的弹性测量膜片作为可动电极，与两边的固定电极组成一个差动电容。被测压力 P_1、P_2 分别作用于左右两片隔离膜片上，通过硅油将压力传递给测量膜片。在压差的作用下，中心最大位移为 ± 0.1 mm 左右。当测量膜片两边硅油的压力不一致时，在差压作用下向一边鼓起，与两个固定电极间的电容一个增大一个减小，测量这两个电容的变化，便可知道差压的数值。这种传感器结构坚实，灵敏度高，过载能力大，精度高，其精确度可达 ± 0.25 %～± 0.05%，压力测量范围可以在 0～0.000 01 MPa 或 0～70 MPa。

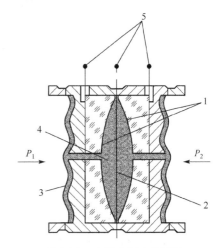

图 12-9　电容式压力传感器
1—固定电极；2—测量膜片；3—隔离膜片；
4—硅油；5—电容引出线

5．霍尔式压力传感器

　　霍尔式压力传感器由两部分组成，一部分是弹性元件（波登管、膜盒等），用来感受压力并把压力转换成位移量，另一部分是霍尔元件和磁路系统。通常把霍尔元件固定在弹性元件上，当弹性元件在压力作用下产生位移时，就带动霍尔元件在均匀梯度的磁场中移动，从而产生霍尔电势。图12-10所示的是霍尔式压力传感器的结构原理图。霍尔元件 3 位于上下两个磁铁之间并与波登管 1 的自由端固结。波登管的固定端通入被测流体。当波登管内外存在压差时，波登管的自由端带着霍尔元件在磁场中运动，利用霍尔元件把波登管自由端位移转换成霍尔电势输出。霍尔式压力传感器结构简单，灵敏度较高，抗干扰能力强。

6．电感式压力传感器

　　电感式压力传感器有两部分，一部分是弹性元件，用来感受压力并把压力转换成位移量，另一部分是由线圈和衔铁组成的电感式传感器。这类传感器可分为自感型和差动型。图12-11所示的是这两种类型的结构原理图。图12-11(a)所示的是膜盒与变气隙式自感传感器构成的电感式压力传感器，流体从入口处进入膜盒。如果膜盒内外存在压力差，膜盒会发生变形，推动固定在膜盒自由端的衔铁移动引起线圈的电感变化。图12-11(b)所示的是膜盒与差动变压器构成的微压力传感器，衔铁固定在膜盒的自由端，被测流体从入口进入膜盒。当膜盒内外无压力差时，衔铁在差动变压器线圈的中部，输出电压为零；当膜盒内外存在压力差时，膜盒变形推动衔铁移动，差动变压器的电感发生变化，输出正比于位移量的电压。

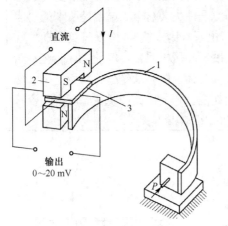

图 12-10　霍尔式压力传感器
1—波登管；2—磁铁；3—霍尔元件

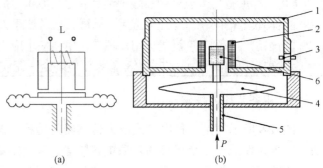

图 12-11　电感式压力传感器
1—外壳；2—差动线圈；3—插座；4—膜盒；5—入口；6—衔铁

7. 光电式压力传感器

如图 12-12 所示，利用弹性元件和光电元件可以组成光电式压力传感器。当被测压力 P 作用于膜片时，膜片中心处位移引起两个遮光板中的狭缝一个变宽，一个变窄，导致折射到两个光敏元件上的光强度一个增强，一个减弱。把两个光敏元件接成差动电路，差动电路的输出电压可设计成与压力成正比。

光纤式压力传感器也是一种光电压力传感器。在压力测量中，微压及微差压力的传感技术一直是一个难题，特别是为获得与其相应的灵敏度及可靠性方面存在一些难点。采用光纤传感器技术可得到较好的效果。图 12-13 所示的是一种光纤式压力传感器的结构原理图。入射光从光纤 1 的入射端进入后会照射到反射镜 3 上，反射镜反射回光纤的光线强度取决于反射镜与光纤之间的间隙大小，承压膜片两侧压力差的发生变化会引起膜片变形，连在膜片上的反射镜与光纤之间的间隙变化，反射进入光纤的光强变化，光敏传感器 2 接收到的光强也跟着变化，输出信号的强弱即可反应膜片两侧压差的变化。

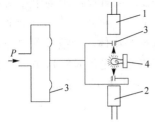

图 12-12　光电式压力传感器
1，2—光电传感器；3—膜片；4—光源

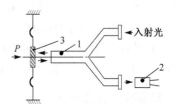

图 12-13　光纤式测压传感器
1—光纤；2—光敏元件；3—反光镜

8. 振频式压力传感器

振频式压力传感器利用感压元件本身的谐振频率与压力的关系，通过测量频率信号的变化来检测压力。有振筒、振弦、振膜、石英谐振等多种形式。

图 12-14 所示的是一种振筒式压力传感器的结构示意图。该图中的感压元件是一个薄壁圆筒，圆筒本身具有一定的固有频率。当被测压力引入筒内后，在筒内外压差作用下，筒壁刚度发生变化，固有频率相应改变。在一定压力作用下，变化后的振筒频率可以近似表示为

$$f_P = f_0 \sqrt{1 + \alpha P} \qquad (12\text{-}1)$$

式中，f_P 为受压后的振筒频率；f_0 为固有频率；α 为结构系数；P 为被测压力。

传感器内部设有激振线圈1使薄壁圆筒6振动，筒内的检测线圈7则用来检测筒的振动情况，得到筒的振动频率。通过比较测压前后筒的振动频率，依据式(12-1)即可得到筒内外压差。

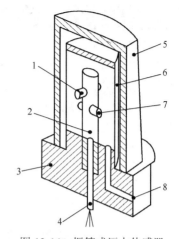

图 12-14　振筒式压力传感器

1—激振线圈；2—支柱；3—底座；4—引线；5—外壳；
6—振动筒；7—检测线圈；8—压力入口

9. 力平衡式压力传感器

前述各种传感器都是开环系统。为了提高精度，可采用带反馈的闭环系统，即伺服式压力测量系统。常用的有位置反馈式和力反馈式两类。

图 12-15 所示的是一种力平衡式压力传感器或称反馈式压力传感器的原理图。波纹管 1 的内外压差导致波纹管伸缩变形，推动杠杆 A 点运动，被杠杆放大的运动在 C 点的位移传感器检测到后，位移信号被放大器 3 放大，送到 B 点的线圈，线圈套在永磁体 5 上，在线圈和永磁体间产生阻止杠杆运动的电磁力。当 B 点的电磁力产生的力矩与波纹管在 A 点给杠杆的力产生的力矩平衡后，输出电流正比于被测压力 p，在输出负载 4 上的电压也正比于波纹管内外的压差。由于位移传感器和放大器极其灵敏，杠杆实际上只要产生极微小的位移，放大器便有足够的输出电流，系统的灵敏度极高。

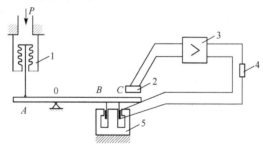

图 12-15　力平衡式压力传感器

1—波纹管；2—位移传感器；3—放大器；4—输出负载；5—永磁体

由上述传感器的工作原理可知，杠杆的平衡不是靠弹性元件的弹性反力来建立的，即杠杆的平衡与否可以与波纹管的弹性大小无关，只要电磁反力矩与波纹管产生的主动力矩平衡即可。当位移传感器和放大器非常灵敏时，杠杆的位移量可以很小。若波纹管的刚度设计得很小，那么弹性反力在平衡状态的建立中可以忽略不计。这样，当波纹管的弹性性质随温度变化很大时，弹件元件的弹性力随温度漂移就不会影响这类传感器的精确度，可以有效地抵抗温度变化对测量的影响。此外，变换过程中由于位移量很小，使得弹件元件有效受压面积能保持恒定，因此线性度较好。位移量小还可以减小弹性迟滞及回程误差。

【工程应用点评 12-3】 MEMS 压力传感器原理与应用

　　MEMS 压力传感器可以用类似集成电路的设计技术和制造工艺，进行高精度、低成本的大批量生产，从而为在消费类电子产品和工业过程控制产品中以低廉的成本大量使用MEMS 传感器创造了条件，使压力控制变得简单、易用和智能化。传统的机械量压力传感器是基于金属弹性体受力变形的。由于是从机械量弹性变形到电量转换输出，因此它不可能如 MEMS 压力传感器那样微小，而且成本也远远高于 MEMS 压力传感器。相对于传统的机械量传感器，MEMS 压力传感器的尺寸很小，信号调理电路也很容易与传感器做成一体，适合大批量生产，相对于传统"机械"制造技术，其性价比大幅度提高。

12.1.3　压力测量工程实例

【工程实例 12-1】 压力测量应用实例——BTA 深孔钻排屑状态监测

　　内排屑深孔钻削系统（简称 BTA 系统）在机械加工中应用广泛，它拥有一个独立的油路系统（如图 12-16 所示）来实现深孔加工中的强制冷却、润滑和排屑。由于深孔加工的孔较深，切屑经过的路线比较长，因此容易发生堵屑现象，造成刀具损坏或钻杆折断等加工故障。在实际加工中，需要对机床的排屑状态进行实时监测，以保证加工过程正常进行。加工经验表明，液压系统油压信号的变化与排屑状态密切相关，通过检测机床加工过程的液压系统油压可判断排屑过程是否发生堵塞。

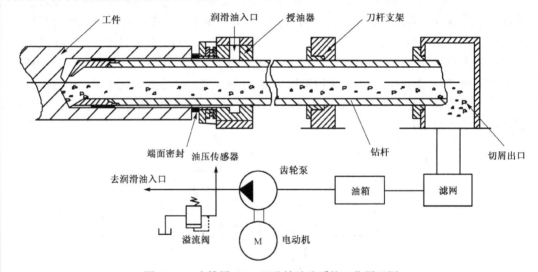

图 12-16　内排屑 BTA 深孔钻油路系统工作原理图

　　利用油压信号监测 BTA 系统排屑状态的工作流程如图 12-17 所示，其中油压传感器采用YCB—30DF 型压力传感器，安装在油泵出口的管道上；监测系统的中央处理单元是具有高速数字信号处理能力的 DSP 处理器 TMS320F2812。油压信号进入 DSP 芯片前首先经过抗混滤波，然后由 DSP 内置 A/D 对油压信号进行采样。由于采集的原始油压信号包含较多的脉冲干扰，应用防脉冲滑动平均滤波技术进行去噪，然后从消噪信号中提取油压变化率作为排屑状态判定指标。如果油压变化率超过阈值，则立即报警，提示操作者停机处理。

图 12-17　BTA 深孔钻排屑状态监测系统框图

　　图 12-18 所示的是采用内排屑 BTA 深孔钻加工深孔时采集的油压信号经过防脉冲干扰滑动平均消噪方法预处理后的波形。实验条件如下：孔径 $D = 18$ mm，主轴转速 $n = 450$ r/min，进给量 $f = 0.0308$ mm/r，钻孔深度 $L = 360$ mm。图12-18中的结果表明，正常钻削状态下，油压随着钻孔深度的增加而缓慢上升，变化率大约在–0.05～0.08 MPa/s 左右；一旦切削过程发生切屑堵塞现象，油压变化率会急剧增加到 0.1～0.4 MPa/s 左右，与正常状态相比上升大约 5～10 倍。由此可见，通过提取消噪油压信号随时间的变化率可实现排屑状态的监测。深孔钻削过程排屑状态监测实验表明该方法具有高的识别精度（50 次监测实验中有 2 次误判，识别成功率为 96%）和较强抗干扰能力。

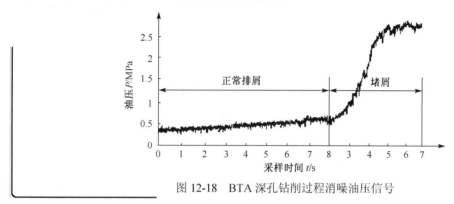

图 12-18　BTA 深孔钻削过程消噪油压信号

12.2　流量的测量

12.2.1　概述

1. 流量

　　流体包括液体和气体。工程上流体的测量主要是液体的测量，如管道中水和石油的流量测量。液体体积流量可用标准容器和计时装置来测量，也就是测量液体充满某一确定容积所需的时间。这种方法只能用来测量稳定的流量或平均流量。由于它在测量稳定的流量时可以达到很高的精确度，因此也是各种流量计静态定度的基本方法。

　　流体在单位时间内通过管道截面的量称为流体的瞬时流量，简称流量。按计量流体数量的不同方法，流量可分为体积流量（单位有 m/s³、m³/h 等）和质量流量（单位有 kg/s、t/h 等），二者满足

$$q_m = \rho q_v \tag{12-2}$$

式中，q_m 为质量流量；q_v 为体积流量；ρ 为流体的密度。

　　瞬时流量的时间累计值，即在某一段时间内流体流过管道截面的总和称为流体的积累流量或总量，计量单位是 m³ 或 kg、t 等。一般把测量瞬时流量的仪表称为瞬时流量计，把测量总量的仪表称为总量计。不论瞬时流量计还是总量计，习惯上都称为流量计，但实际上是有差别的。

2．流量测量方法

流体流量的测量方法很多，一般可分为以下三类。

（1）容积法　用容积法制成的流量计相当于一个具有标准容积的容器，连续不断地对流体进行度量。容积式流量计有椭圆齿轮流量计、腰轮流量计、刮板流量计等不同形式。

（2）速度法　由于流体的平均流速与体积流量成正比，于是与流速有关的各种物理量都可以用来度量流量。这类流量计有差压式流量计、转子流量计、电磁流量计、涡轮流量计和超声波流量计等。

（3）质量流量法　这种方法是测量与流体质量流量有关的物理量如动量、动量矩等，从而直接得到质量流量，具有不受流体的温度、压力、密度、黏度等变化影响的优点，但目前这种流量计比较复杂，价格较贵，尚不普及。

一般工业用或实验室用液体流量计的基本工作原理是通过某种中间转换元件或机构，将管道中流动的液体流量转换成压差、位移、力、转速等参量，然后再将这些参量转换成电量，从而得到与液体流量成一定函数关系的电量输出。

12.2.2　常用的流量计

1．差压式流量计

差压式流量计是在流通管道上设置流动阻力件，当液体流过阻力件时，在它前后形成与流量成一定函数关系的压力差，通过测量压力差，即可确定通过的流量。因此，这种流量计主要由产生差压的装置和差压计两部分组成。产生差压的装置有多种形式，包括节流装置、动压管、均速管、弯管等。其他形式的差压式流量计还有转子式流量计、靶式流量计等。

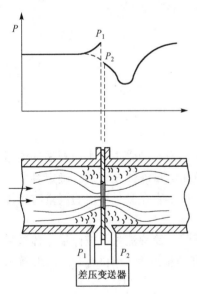

图 12-19　差压流量计原理

（1）节流式流量计　如图 12-19 所示，差压流量计是一种使用孔板作为节流元件的差压式流量计。这种形式的流量计是在管道中插入一片中心开孔的俗称孔板的圆板，当液体流过孔板时，流动截面缩小，流动速度加快，根据伯努利方程，压力必定下降。若在节流装置前后端面处取静压力 P_1 和 P_2，则流体体积流量为

$$q_v = \alpha A_0 \sqrt{\frac{2}{\rho}(P_1 - P_2)} \tag{12-3}$$

式中，q_v 为体积流量（m^3/s）；A_0 为孔板的开口面积（m^2）；ρ 为流体的密度（kg/m^3）；α 为流量系数，是一个与流道尺寸、取压方式和流速分布状态有关的系数，无量纲量。

上面的分析表明，在管道中设置节流元件就是要造成局部的流速差异，得到与流速成函数关系的压差。在一定的条件下，流体的流量与节流元件前后压差的平方根成正比。采用压力变送器测出此压差，经开方运算后便得到流量信号。

上述流量-压差关系虽然比较简单，但流量系数 α 的确定却十分麻烦。大量的实验表明，只有在流体接近充分紊流时，即雷诺数 Re 大于某一临界值（约为 10^5 数量级）时，α 才是与

流动状态无关的常数，否则需要实测不同流动状态下的流量系数 α。使用时，根据具体的流动状态确定 α 的值。

影响流量系数值的因素有很多。除了与孔口对管道的面积比和取压方式有关之外，还与所采用的节流装置的形式有着密切关系。目前常用的节流形式还有图 12-20(a)所示的文杜利管，这种形式的节流元件造成的压力损失较小。图12-20(c)所示的喷嘴也是一种常用的节流形式。除节流形式不同外，节流元件两侧的取压方式也有多种类型。上述孔板式节流器是在孔板前后端面处取压，称为角接取压法。此外，还可以在距离孔板前后端面各 25.4 mm 处的管壁上取压。若取压方式不同，式(12-3)中的流量系数 α 也不同。此外，管壁的粗糙程度、节流元件孔口边缘的尖锐度、流体的黏度、温度以及可压缩性，都对此系数值有影响。由于工业上应用差压流量计已有很长的历史，对一些标准的节流装置做过大量的试验研究，积累了一套十分完整的数据资料。当使用这种流量计时，只要根据所采用的标准节流元件、安装方式和使用条件，查阅有关手册，便可计算出流量系数，无须重新定度。

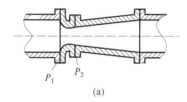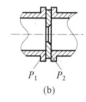

(a)　　　　　　　　　　(b)　　　　　　　　　　(c)

图 12-20　节流的形式

差压流量计是目前各工业部门应用最广泛的一类流量仪表，约占整个流量仪表的 70%。在较好的情况下，测量精确度为 ±1%～±2%。但实际使用时，由于雷诺数及流体温度、黏度、密度等的变化以及孔板孔口边缘的腐蚀磨损程度不同，精确度常远低于 ±2%。

（2）弯管流量计　当流体通过管道弯头时，受到角加速度的作用而产生的离心力会在弯头的外半径侧与内半径侧之间形成差压，此差压的平方根与流体流量成正比。只要测出差压，就可得到流量值。图 12-21 所示的是弯管流量计的结构图。取压口开在 45° 角处，两个取压口要对准。弯头的内壁应保证基本光滑，在弯头入口和出口平面各测两次直径，取其平均值作为弯头内径 D。弯头曲率 R 取其外半径与内半径的平均值。弯管流量计的流量方程式为

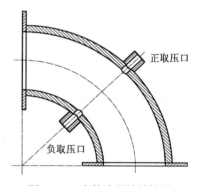

正取压口

负取压口

图 12-21　弯管流量计结构图

$$q_V = \frac{\pi}{4} D^2 k \sqrt{\frac{2}{\rho} \Delta P} \tag{12-4}$$

式中，D 为弯头内径；ρ 为流体密度；ΔP 为内外半径间的压力差；k 为弯管流量系数。

流量系数 k 与弯管的结构参数有关，也与流体流速有关，需要由实验确定。弯管流量计的特点是结构简单，安装维修方便。流体在弯管内流动无障碍，没有附加压力损失，对介质条件要求低；其主要缺点是产生的差压非常小。它是一种尚未标准化的仪表。由于许多装置上都有不少弯头，可用现有的弯头作为测量弯管，所以成本低廉。尤其在管道工艺条件限制情况下，可用弯管流量计测量流量，但是弯管前面连接的直管要求比较长，至少要 10 倍的弯头内径。弯头之间的差异限制了测量精度的提高，其精确度约在 ±5%～±10%，但其重

复性可达 ±1%。有些厂家提供专门加工的弯管流量计，经单独标定，能使精确度提高到 ±0.5 %。

2．转子流量计

在小流量测量中，经常使用图12-22所示的转子流量计。它也是利用流体流动的节流原理工作的流量测量装置。不同的是，这种类型的流量计是把流量转化成位移后，依靠位移传感器的输出来反映流量的大小。结构上与上述差压流量计不同之处是它的压差是恒定的，而节流口的过流面积却是变化的。如图12-22所示，一个能上下浮动的转子被置于圆锥形的测量管中。当被测流体自下向上流动时，由于转子和管壁之间形成的环形缝隙的节流作用，在转子上下端出现压差 ΔP。此压差对转子产生一个向上的推力，克服转子的重量使其向上移动。随着环形缝隙过流截面积的增大，压差下降，转子最终静止在压差产生的向上推力与转子的重量平衡的位置处。锥形测量管中通过的流量不同，转子在锥管中悬浮的位置也就不同。转子上部与测位移的电感传感器的铁心相连，铁心的运动改变线圈的电感，输出信号的变化即可反应转子的悬浮高度，进而确定通过的流体流量。节流口的流量公式仍然可以采用式(12-3)，式中 P_1 和 P_2 为节流口前后的压力。

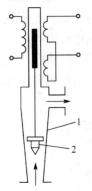

图 12-22　转子流量计原理图
1—锥形测量管；2—转子

若节流口前后的压力差 P_1-P_2、流体密度 ρ 和流量系数 α 均为常数，则体积流量 q_v 与环形节流口的过流面积 A_0 成正比。对于圆锥形测量管，面积 A_0 与转子所处的高度成近似的正比关系，故可采用差动变压器式等位移传感器，按比例将流量转化电量输出。

实际上流量系数 α 是随工作条件变化的。流量计对被测流体的黏度或温度也是非常敏感的，并且有较严重的非线性。当被测流体的物性系数（如密度、黏性）和状态参数（如温度、压力）与流量计标定时的流体不同时，必须对流量计指示值进行修正。

3．靶式流量计

靶式流量计是把流量转换为力，然后通过测量力的大小来确定流量。图12-23所示的是靶式流量计的工作原理图。这种流量计是在管道中装设一个圆靶 B，靶置于管道中央，靶的平面垂直于流体流动方向，以靶作为节流元件。当液体流过时，靶面前后存在压差，靶上受到流体推力的作用，其大小与通过的流量成一定函数关系。通过测量管道外杠杆另一侧 A 处的平衡力大小，即可确定流量值。

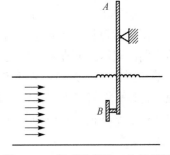

图 12-23　靶式流量计工作原理图

靶式流量计中的流量与检测到的力信号之间的函数关系是非线性的，这就给使用带来很大的不便。并且限制了流量计的测量范围。为此，近年来出现了一种新型的自补偿靶式流量计。它使用测量控制网络和专门的电控元件，使靶上所受到的推力被自动平衡，于是输出的控制电流值与体积流量成线性关系，与力平衡式的压力传感器相似。

4．涡轮流量计

涡轮流量计是把流量转换为涡轮的转速，通过测量转速来确定流量。涡轮流量计的结构如图12-24所示。涡轮转轴的轴承由固定在壳体上的导流器支承，当流体顺着导流器流过涡轮时，推动叶片使涡轮转动，其转速与流量成一定的函数关系，通过测量转速即可确定对应的流量。

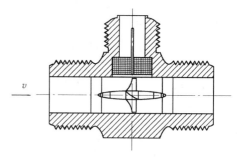

图 12-24　涡轮式流量计

由于涡轮是被封闭在管道中，因此采用非接触式磁电检测器来测量涡轮的转速。如图12-24所示，在不导磁的管壳外面安装的检测器是一个感应线圈，线圈的铁心是永久磁铁，涡轮的叶片是用导磁材料制成的。若涡轮转动，则当叶片每次经过磁铁下面时，都要使磁路的磁阻发生一次变化，从而在线圈中感应输出一个电脉冲。脉冲的频率与转速成正比，测量脉冲频率即可确定瞬时流量。若累计一定时间内的脉冲数，便可得到这段时间内的累计流量。

涡轮流量计出厂时是以水定度的。当以水作为工作介质时，每种规格的流量计在规定的测量范围内，以一定的精确度保持这种线性关系。当被测流体的运动黏度小于$5×10^{-6}\,m^2/s$时，在规定的流量测量范围内，可直接使用厂家给出的仪表常数，不必另行定度。但是在液压系统的流量测量中，由于被测流体的黏度较大，在厂家提供的流量测量范围内上述线性关系不成立（特大口径的流量计除外），仪表常数将随液体的温度或黏度和流量的不同而变化。在此情况下流量计必须重新定度。对每种特定介质，可得到一族定度曲线，利用这些曲线就可对测量结果进行修正。由于这种曲线族以温度为参变量，故在流量测量中必须测量通过流量计的流体温度。当然，也可使用反馈补偿系统来得到线性特性。

就涡轮流量计本身来说，其时间常数约为2～10 ms，因此具有较好的响应特性，可用来测量瞬变或脉动流量。涡轮流量计在线性工作范围内的测量精确度约为0.25%～1.0%。

5．容积式流量计

容积式流量计的工作原理是液体从进口进入，经过一定尺寸的工作容腔，由出口排出，液体的流动推动流量计的转动轴转动。对于一定规格的流量计来说，输出轴每转一周所通过的液体体积是恒定的，称为流量计的每转排量。测量转动轴的转速，可以得到流量值，而累计转轴的转数，即可得到液体的总体积。总体来说，容积式流量计是把流量转换成转速，通过测量转速获知流量。

容积式流量计有椭圆齿轮流量计、腰形转子流量计、螺旋转子流量计等。另外，符合一定要求的液动马达也可用来测量流量。

（1）椭圆齿轮流量计　椭圆齿轮流量计的工作原理如图12-25所示。在金属壳体内，有一对精密啮合的椭圆齿轮 A 和 B，当流体自左向右流动时，在压力差的作用下产生转矩，驱动齿轮转动。例如，齿轮处于图12-25(a)所示的位置时，流体压力 $P_1 > P_2$，只考虑高压一侧的情况，A 轮左侧压力大，右侧压力小，产生的力矩使轮 A 逆时针转动，轮 A 把它与壳体间月牙形容积内的液体排至出口。对于轮 B，由于与轮 A 啮合的原因，左侧上半部分的承压面积大于下半部分，流体给轮 B 的驱动力矩是顺时针方向的，轮 B 的运动与轮 A 的运动吻合。在图12-25(b)的位置上，对于轮 A，从与轮 B 的啮合点开始，左侧上半部分的承压面积小于下半部分，流体给轮 A 的驱动力矩是逆时针的。对于轮 B 的情况也是类似，左侧上部的承压面积大于左侧下部，驱动力矩是顺时针的。与图12-25(a)情况相同，两轮继续转动，并逐渐将液体封入 B

轮和壳体间的月牙形空腔内。当到达图 12-25(c)所示的位置时，与图 12-25(a)的情况类似，由于啮合的关系，轮 A 左侧下半部的承压面积大于上半部，流体给轮 A 的驱动力矩是逆时针方向的，轮 B 受到的流体驱动力矩是顺时针的，两轮继续旋转，并将轮 B 月牙形容积内的液体排至出口。如此继续下去，椭圆齿轮每转两周，向出口排出四个月牙形容积的液体。检测齿轮转动的圈数，便可知道流过的流体总量。测定一定时间间隔内通过的液体总量，便可计算出平均流量。

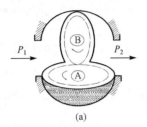 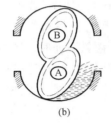 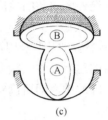

图 12-25　椭圆齿轮流量计原理

由于椭圆齿轮流量计是由固定容积来直接计量流量的，故与流体的流动状态及黏度无关。当然，黏度变化在实际结构中要引起泄漏量的变化，从而影响测量精确度。椭圆齿轮流量计只要加工精确，配合紧密，并防止使用中出现腐蚀和磨损，便可得到很高的精确度。一般情况下测量精确度为 0.5%～1%，较好的可达 0.2%。

应当指出，当通过流量计的流量为恒定时，椭圆齿轮在一周内的转速是变化的，但每周的平均角速度是不变的。在椭圆齿轮的短轴与长轴之比为 0.5 的情况下，转动角速度的脉动率接近 0.65。由于角速度的脉动，测量瞬时转速并不能表示瞬时流量，而只能测量平均转速来确定平均流量。

椭圆齿轮流量计的外伸轴一般带有机械计数器，由它的读数便可确定通过流量计的液体总量。有些椭圆齿轮流量计的外伸轴带有测速发电机或光电测速孔盘，采用合适的二次仪表，可读出平均流量和累计流量。

（2）腰形转子流量计　图 12-26 所示的是腰形转子流量计的原理图。壳体中装有经过精密加工、表面光滑无齿但能进行密切配滚的一对类似凸轮的转子，每个转子的转轴上都装有一个同步齿轮。这两个相互啮合的同步齿轮处于另外腔室中，用来保证在转动过程中，两个转子的母线总是密切贴合。在通过流量计的流量为恒定的情况下，转子角速度脉动率约为 0.22，但如果采用特殊结构，即两对转子按 45° 相移的关系组合起来，那么这个数值可减小到 0.027。由于转子的各处配合间隙会产生泄漏，从而使得这种流量计在小流量测量时误差较大。

（3）螺旋转子流量计　图 12-27 所示的是螺旋转子流量计的原理图。每个转子有 4 个对称圆弧齿廓的螺旋齿。与前述腰形转子流量计和不同，它的转子通过 4 个螺旋齿直接啮合，不用同步齿轮，啮合中也不会出现腰形转子流量计和椭圆齿轮流量计的困油现象。由于是螺旋齿，在工作过程中压力损失和压力脉动均较小。

6．涡街流量计

涡街流量计是把流体的流量转换为流体的振荡信号，通过测量振荡信号的频率进行流量的测量。一般情况下，当流体流过非流线型阻挡体时，会产生漩涡，而漩涡的产生频率与流体流速有着确定的对应关系，因此只要测量出频率的变化，就可得知流体的流量。

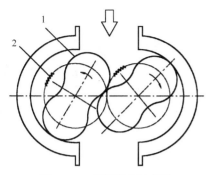

图 12-26　腰形转子流量计

1—腰形转子；2—同步齿轮

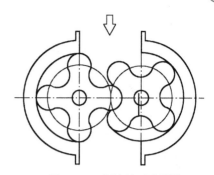

图 12-27　螺旋转子流量计

涡街流量计的测量主体是漩涡发生体，目的是要在流道里产生跟流速对应的漩涡。漩涡发生体是一个具有非流线型截面的柱体，横贯于流道截面内。当流体流过漩涡发生体时，在发生体两侧会交替地产生漩涡，并在它的下游形成两列互相交错的漩涡列。当这两个漩涡列稳定出现时，称之为"卡门涡街"。大量实验证明，在一定的雷诺数范围内，稳定的漩涡产生频率 f 与漩涡发生体处的流速 v 有确定的关系，即

$$f = S_t \frac{v}{d} \qquad (12-5)$$

式中，d 为漩涡发生体的特征尺寸；S_t 为施特鲁哈尔数。

S_t 与漩涡发生体形状及流体雷诺数有关。在一定的雷诺数范围内，S_t 数值基本不变。漩涡发生体的形状有圆柱体、三角柱、矩形柱、T 形柱以及由以上简单柱体组合而成的组合柱形。对于不同的柱形，S_t 不同，如圆柱体为 0.21，三角柱体为 0.16。其中，三角柱体产生的漩涡强度较大，稳定性较好，压力损失适中，故应用较多。

当漩涡发生体的形状和尺寸确定后，可通过测量漩涡产生频率来测量流体流量。其流量方程为

$$q_v = \frac{f}{K} \qquad (12-6)$$

式中，K 为仪表系数，一般是通过实验测得的。

检测漩涡频率的方法很多，可分为一体式和分体式两类。一体式的检测元件放在漩涡发生体内，如热丝式、热敏电阻式、膜片式。分体式检测元件则装在漩涡发生体下游，如压电式、超声式、光纤式。不论是一体式还是分体式，都是利用漩涡产生时引起的波动进行测量。图 12-28 所示的是一种一体式三角柱涡街流量计的原理图。这种类型的流量计是把三角形柱体横贯在流道中，柱体迎流面安装的两支热敏电阻组成电桥的两臂，且由

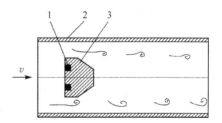

图 12-28　三角柱涡街流量计原理图

1—检测元件；2—管道；3—漩涡发生体

恒流电源供以微弱的电流对热敏电阻加热，使其温度稍高于流体。流体流动产生涡街时，在交替产生的漩涡的作用下，两支电阻被周期地冷却，使其阻值改变，并由电桥转变成电压的变化。最终，电桥输出与漩涡产生频率相一致的交变电压信号，测得其变化频率，便可得知流体的流量。

涡街流量计的精确度为 ±0.5%～±1%，是一种正在得到广泛应用的流量计。

7．电磁流量计

电磁流量计是根据电磁感应原理制成的一种流量计，用来测量导电液体的流量。测量原理如图 12-29 所示，它是由产生均匀磁场的磁路系统、用不导磁材料制成的管道以及在管道横截面上的导电电极组成的。磁场方向、电极连线及管道轴线三者在空间互相垂直。

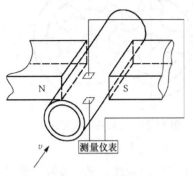

图 12-29　电磁流量计原理图

当被测导电液体流过管道时，相当于导体切割磁力线，便在和磁场及流动方向垂直的方向上产生感应电动势，其值与被测流体的流速成正比。即

$$E = BDv \tag{12-7}$$

式中，B 为磁感应强度；D 为管道内径；v 为液体平均流速。

由式(12-7)可得被测液体的流量为

$$q_v = \frac{\pi}{4}D^2v = \frac{\pi DE}{4B} = \frac{E}{K} \tag{12-8}$$

式中，K 为仪表常数，对于固定的电磁流量计，K 为定值。

电磁流量计的测量管道内没有任何阻力件，适用于有悬浮颗粒的浆流等的流量测量，而且压力损失极小，测量范围宽。因感应电动势与被测液体温度、压力、黏度等无关，故其使用范围广，可以测量各种腐蚀性液体的流量。电磁流量计惯性小，可用来测脉动流量。一般要求被测介质的导电率大于 0.002 Ω/m，因此不能测量气体及石油制品。但是对于原油，因为其中含有较多的水分及杂质，具有一定的导电性，所以也可以使用电磁流量计测流量。

8．超声波流量测量

超声波流量计是利用超声波在流体中的传播特性实现流量测量的。超声波在流体中的传播，受到流体流速的影响，检测接收到的超声波信号可测知流速，从而求得流量。利用超声波检测流体流量的方法有多种，按作用原理分为速度差法、多普勒频移法、声束偏移法、相关法等，在工业应用中以速度差法最普遍。超声波在流体中顺流传播的速度与逆流传播的速度不同，速度的差异与流体的流速有关。速度差法利用这种现象通过比较超声波的传播速度变化来测量流体流速，具体实现方法有时间差法、频差法和相差法三种。利用超声波测量液体和气体的流速很早就有人研究。1928 年德国人研制成功第一台超声波流量计，并取得了专利。但是由于技术水平的限制，超声波流量计一直没有较大的发展。只是近年来由于电子技术的进步，电路成本大幅降低和测量精度的提高，不仅使超声流量计获得了实际应用，而且发展很快，日益完善，越发显示出优越性。

超声流量计可夹装在正常工作的管道外表面，不用断开管道另外安装流量计，较之其他类型的流量计在安装和拆卸方面都更方便。另外，超声流量计没有机械节流装置，测量过程对管道内的流体流动没有影响。由于不直接接触被测流体，超声流量计可测量各种性质流体的流量，包括腐蚀性、高黏度、非导电性流体，尤其适合大口径管道测量。

超声波的频率范围位于听觉频率范围之上，工程中常用的超声波范围为 20 kHz～10 MHz。频率 f、波长 λ 和声速 c_0 之间一般有如下的关系：

$$c_0 = f\lambda \tag{12-9}$$

声音传播的速度取决于介质特性及其温度。室温下，声音在空气中的传播速度是 344 m/s，在水中为 1496.7 m/s。对于一个在水中传播的频率为 100 kHz 的声音来说，其波长则为 15 mm。

超声波通常用压电材料产生，如片状的压电晶体和压电陶瓷。在超声波发生器中，通过在压电片上施加交变电压使之产生机械振动，由该振动产生的声波垂直于压电片表面向外传播。超声波接收器用了逆压电效应，它把接收到的超声波通过激励压电片使之振动，从而产生与之对应的电压。实际应用中常将同一个零件交替用做超声波发生器和接收器，实现电能和机械能的转换，称为超声波换能器，其结构如图12-30所示。

（1）时差法

图12-31所示的是超声波流量测量装置的原理图。在该图所示结构中使用了两个超声换能器，这两个超声换能器既可以发射超声波，也可以接收超声波。两个换能器斜向配置，与管道轴线不垂直，与管道轴线呈 α 角，超声波的波速在在管道轴线方向上的分量不为零。检测的时候，首先是一个换能器发射，另一个接收，然后再反过来，接收的改为发射，发射的改为接收。由于两个换能器的配置与管道轴线不垂直，两次发射的超声波速度矢量沿管道轴线方向的分量与流体流动方向一次相同，一次相反。考虑到多普勒效应，流体流速对超声波传播速度的影响相反。比较两次测得的超声波波速，可以知道流体流速，再根据管道截面积就可以得到流量。该方法测量的直接结果是两个传感器之间的传播时间，所以成为时差法。图12-31中使用两个传感器对面斜向配置，实际结构也可以采用同向配置，两个传感器安装在管道同侧，依靠超声波在对面管壁上的反射实现超声波的同向测量。超声波的传播路径可以是多次壁面反射的路径，声波传播的时间比短距离传播要长。在测量精度相同时，硬件的要求可以适当降低。此外，为了安装和拆卸方便，甚至做成便携式超声流量计。超声波换能器还可以与管道不固结，将超声波换能器安装在管道外壁上，在超声波换能器与管道之间涂抹油脂作为耦合剂，使得超声波能顺利地透过管壁进入管内。为了进一步降低成本，也有一些超声波流量计产品采用特殊结构形式，只用一个传感器即可完成测量工作。

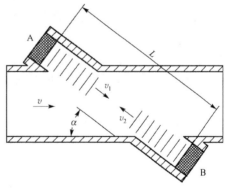

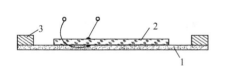

图 12-30　超声波换能器结构原理
1—声匹配材料；2—压电片；3—环形支架

图 12-31　超声波流量测量原理

图12-31中两个超声波换能器斜向相隔距离 L 被分开配置在管道的两侧。管道中流体速度为 v。当换能器 A 发送超声波而换能器 B 接收时，由于流体流速的影响，声传播速度 c_0 会增加一个数量 $v\cos\alpha$。超声波测量的目的即是求出流体的平均速度 v，进而乘以管截面面积求出体积流量。

设 t_1 为声波发生器 A 到接收器 B 走过的时间，t_2 为从发生器 B 到接收器 A 经过的时间，则有

$$t_1 = \frac{L}{c_0 + v\cos\alpha} , \quad t_2 = \frac{L}{c_0 - v\cos\alpha} \tag{12-10}$$

时间差为

$$\Delta t = t_2 - t_1 = 2L\frac{v\cos\alpha}{c_0^2 - v^2\cos^2\alpha} \tag{12-11}$$

如果夹角 α 接近 $90°$，则 $v^2\cos^2\alpha \square c_0^2$，式(12-11)简化为

$$v \approx \frac{c_0^2}{2L\cos\alpha}(t_2 - t_1) \tag{12-12}$$

由上式可知，测量结果 v 取决于声传播速度 c_0，c_0 的任何波动与变化都会影响到测量的结果。为了消除 c_0 的影响，可对 t_1 和 t_2 分开进行测量，并将它们相乘，即

$$t_1 t_2 = \frac{L^2}{c_0^2 - v^2\cos^2\alpha} \tag{}$$

进而

$$c_0^2 - v^2\cos^2\alpha = \frac{L^2}{t_1 t_2} \tag{12-13}$$

将式(12-13)代入式(12-11)，有

$$\Delta t = (t_2 - t_1) = 2L\frac{v\cos\alpha}{L^2}t_1 t_2 \tag{12-14}$$

由此就消除了声速项。由式(12-14)不经任何简化可得如下平均流速 v 的计算公式：

$$v = \frac{L}{2\cos\alpha}\frac{t_2 - t_1}{t_1 t_2} \tag{12-15}$$

为了精确测量 t_1 和 t_2，要求有振荡频率高的超声波换能器，其产生的脉冲应陡直。测量 t_1 和 t_2 时如果分开进行，并且间隔时间较长时，流体的流速可能已经发生了变化，为此，可以让两个换能器同时发送超声波信号，然后同时接收对方发送的超声波信号。用这种方法不仅测量速度快，而且排除了流体速度波动的影响，实现了流体瞬时速度测量。

（2）频差法

频差法的原理是，图12-31中超声波发生器 A 向接收器 B 发送一超声脉冲，接收器 B 在接收到脉冲后发出一个电信号反馈至发生器 A，并在发生器 A 中触发一个新的超声脉冲信号，根据下式得到发生器 A 的脉冲信号频率为

$$f_1 = \frac{1}{t_1} = \frac{c_0 + v\cos\alpha}{L} \tag{}$$

接下去，由发生器 B 发出脉冲并得到相应的频率为

$$f_2 = \frac{1}{t_2} = \frac{c_0 - v\cos\alpha}{L} \tag{}$$

由上面两式求得频差为

$$\Delta f = f_1 - f_2 = \frac{2v\cos\alpha}{L} \tag{}$$

从而可得到流速 v 的计算公式为

$$v = \frac{L}{2\cos\alpha}(f_1 - f_2) \tag{12-16}$$

从式(12-16)可以看出，流速 v 与声速 c_0 无关，这是因为

$$\frac{t_2 - t_1}{t_1 t_2} = \frac{1}{t_1} - \frac{1}{t_2} = f_1 - f_2 \tag{12-17}$$

与式(12-15)的结果一致。由于频率是通过一系列的超声波信号来测量的，因此测量的时间较长，这是该法的缺点。另外，较之时差法，频差法的频率测量过程更易受流体中的杂质如气泡、固体颗粒等反射的回波的干扰。

（3）相差法

相差法是利用顺流和逆流方向上接收信号之间存在的相位差来测量流体中顺流和逆流传播的时间差的。如图12-31所示，A 和 B 两个换能器同时作为发射器，然后同时作为接收器。由于流体流速的影响，两个接收器收到的信号之间就会产生相位差，即

$$\Delta\phi = 2\pi f \Delta t \tag{12-18}$$

式中，f 为超声波频率；Δt 为时差。

由此可以计算出流速为

$$v = \frac{c^2}{4\pi f L \tan\alpha}\Delta\phi \tag{12-19}$$

式中，L 为两个换能器之间的距离；α 是流体流向与超声波传播方向的夹角；c 是声速。

（4）多普勒效应法

如图 12-32 所示，如果在流动介质中相对于连续相而存在密度不同的小微粒如悬浊液、乳浊液时，向液体发射一束固定频率 f_1 的超声波，则有一部分超声能量会被微粒反射。由于多普勒效应，反射波的频率 f_2 与发射频率 f_1 不同，二者的差异称为频移 Δf，与流体的流速有关

$$\Delta f = f_1 - f_2 = 2f_1\frac{\cos\theta}{c_0}v \tag{12-20}$$

式中，f_1 为超声波的发送频率；f_2 为反射超声波的频率；c_0 为声传播速度；v 为流速；θ 为流体流向矢量与超声波传播方向矢量间的夹角。

若 $f_1\cos\theta$ 和 c_0 恒定不变，则有

$$\Delta f = f_1 - f_2 = Kv \tag{12-21}$$

式中，$K = 2f_1\dfrac{\cos\theta}{c_0}$。因此，频移与流速成正比，只要求得流速，即可根据流体管道面积求得体积流量。

与图12-32不同的是，图12-33所示的是另外一种配置形式的多普勒超声流量计，其超声波的发射端和接收端都在管道的同一侧。虽然两个图中的流量计结构形式不同，但是工作原理相同。

一般来说，各种不同的超声波流量测量方法的精度都比较高，能达到 $\pm 0.5\%$ 的测量精度，但要在整个测量范围内始终达到这样的精度并能测量小的流速（0.1～0.5 m/s），应选取与声速无关的测量方式，或采用精确的温度补偿方式。

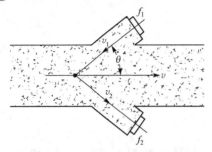

图 12-32　多普勒效应示意图

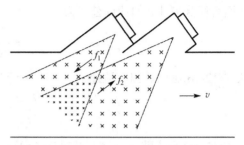

图 12-33　多普勒超声流量计结构示意图

【工程应用点评 12-4】 超声流量计的安装

　　换能器安装不合理是超声波流量计不能正常工作的主要原因。安装换能器需要考虑位置的确定和方式的选择。确定位置时除保证足够的上下游直管段外，尤其要注意换能器应尽量避开有变频调速器、电焊机等污染电源的场合。在安装方式上，主要有对贴安装方式、V 方式和 Z 方式三种。多普勒式超声波流量计采用对贴式安装方式，时差式超声波流量计采用 V 方式和 Z 方式。通常情况下，当管径小于 300 mm 时，采用 V 方式安装，当管径大于 200 mm 时，采用 Z 方式安装。对于既可以用 V 方式安装又可以用 Z 方式安装的换能器，应尽量选用 Z 方式。实践表明，Z 方式安装的换能器超声波信号强度高，测量的稳定性也好。

9．相关流量计

　　相关流量测量技术是运用相关分析技术，通过检测流体流动过程中随机产生的浓度、速度或是两相流动的密度不规则分布而产生的信号，测得流体的速度，从而计算流量。相关流量计实际上是一个流速测量系统，其工作原理如图 12-34 所示。

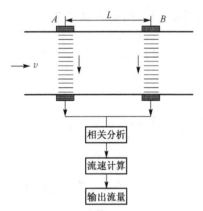

图 12-34　相关流量计的工作原理

　　两组相同特性的传感器（光学、电学或声学传感器）安装在管道上，两组的间距为 L。当被测流体在管道内流动时，流体内部会产生随机扰动，例如，单相流体中的湍流涡漩的不断产生和衰减，两相流体中离散相的颗粒尺寸和空间分布的随机变化等，都会对传感器所发出的能量束（如光束）或它们所形成的能量场（如电场）产生随机的幅值调制或相位调制，或两者的混合调制作用，并产生相应的物理量（如电压、电流、频率等）的随机变化。通过解调、放大和滤波电路，可以分别取出被测流体在通过上下游传感器之间的敏感区域时所发出的随机信号 $x(t)$ 和 $y(t)$。如果上下游传感器之间的距离 L 足够小，则随机信号 $x(t)$ 和 $y(t)$ 彼此是基本相似的，仅下游信号 $y(t)$ 相对于上游信号 $x(t)$ 有一个时间上的滞后。将二者进行相关运算，则

$$R_{xy}(\tau) = \lim_{T \to \infty} \frac{1}{T} \int_0^T y(t)x(t-\tau)\mathrm{d}t \tag{12-22}$$

互相关函数 $R_{xy}(\tau)$ 的峰值对应的时间 τ_0 就是下游信号 $y(t)$ 相对于上游信号 $x(t)$ 在时间上的滞后。

　　在理想的流动情况下，相关速度 u_c 可按下式计算：

$$u_\mathrm{c} = \frac{L}{\tau_0} \qquad (12\text{-}23)$$

相关速度和被测流体的截面平均速度 u_cp 相等，即

$$u_\mathrm{cp} = \frac{q_v}{A} = \frac{L}{\tau_0} \qquad (12\text{-}24)$$

式中，q_v 是流体流量；A 是管道的截面积。由式(12-24)可以得到被测流体流量的表达式为

$$q_v = \frac{AL}{\tau_0} \qquad (12\text{-}25)$$

相关流量计既能测洁净的液体和气体的流量，又能测污水及多种气-固和气-液两相流体的流量。管道内无测量元件，没有任何压力损失。随着微电子技术和微处理器的发展，在线流量测量专用的相关分析电路的价格越来越便宜，并且功能齐全，体积小，因此相关流量测量技术将会得到更快发展。

12.3　思考题与习题

12-1　常用的弹性式压力敏感元件有哪些类型？就其中两种说明使用方式。

12-2　应变式压力传感器和压阻式压力传感器的转换原理有何异同点？

12-3　分别简述电容式压力传感器、电感式压力传感器的测压原理。

12-4　给出一种压电式压力传感器的结构原理图，并说明其工作过程与特点。

12-5　简述流量测量仪表的基本工作原理及其分类。

12-6　简述几种差压式流量计的工作原理。

12-7　节流式流量计的流量系数与哪些因素有关？

12-8　以椭圆齿轮流量计为例，说明容积式流量计的工作原理。

12-9　分别简述靶式流量计、超声波流量计的工作原理和特点。

12-10　简述电磁流量计的工作原理，这类流量计在使用中有何要求？

12-11　简述涡街流量计的检测原理，常见的旋涡发生体有哪几种？

12-12　流量主要有哪些测量方法？

12-13　说明力平衡式压力传感器的工作原理。

12-14　试述文杜利管、流量喷嘴和孔板的工作原理和各自的优缺点。如何根据工程实际问题来选择上述三种仪器？

索　引

参 考 文 献

[1] 刘笃仁，韩保君，刘靳. 传感器原理及应用技术（第2版）. 西安：西安电子科技大学出版社，2009.

[2] 熊诗波，黄长艺. 机械工程测试技术基础（第3版）. 北京：机械工业出版社，2008.

[3] 栾桂冬，张金铎，金欢阳. 传感器及其应用. 西安：西安电子科技大学出版社，2002.

[4] 张永瑞，刘振起. 电子测量技术基础. 西安：西安电子科技大学出版社，1994.

[5] 郁有文，常健，程继红. 传感器原理及工程应用（第3版）. 西安：西安电子科技大学出版社，2008.

[6] 陈花玲. 机械工程测试技术（第2版）. 北京：机械工业出版社，2009.

[7] 李孟源. 测试技术基础. 西安：西安电子科技大学出版社，2006.

[8] 王伯雄，王雪，陈非凡. 工程测试技术. 北京：清华大学出版社，2006.

[9] 刘培基，王安敏. 机械工程测试技术. 北京：机械工业出版社，2007.

[10] 梁森，欧阳三泰，王侃夫. 自动检测技术及应用. 北京：机械工业出版社，2008.

[11] 蔡共宣，林福生. 工程测试与信号处理. 武汉：华中科技大学出版社，2006.

[12] 孔德仁，朱蕴璞，狄长安. 工程测试技术. 北京：科学出版社，2004.

[13] 黄长艺，卢文祥，熊诗波. 机械工程测量与试验技术. 北京：机械工业出版社，2007.

[14] 胡长岭，李长星，高理. 测试信号处理. 北京：机械工业出版社，2007.

[15] 赵庆海. 测试技术与工程应用. 北京：化学工业出版社，2005.

[16] 何道清. 传感器与传感器技术. 北京：科学出版社，2004.

[17] 宋文绪，杨帆. 传感器与检测技术. 北京：高等教育出版社，2004.

[18] 钟佑明，秦树人. 希尔伯特-黄变换的统一理论依据研究. 振动与冲击，2006，25（3）：40-43.

[19] 刘建国. 交流电力测功机及其控制系统研究. 湖南大学硕士论文，2004.

[20] 周渭，于建国，刘海霞. 测试与计量技术基础. 西安：西安电子科技大学出版社，2004.

[21] 杨万海. 多传感器数据融合及其应用. 西安：西安电子科技大学出版社，2004.

[22] 张发启. 现代测试技术及应用. 西安：西安电子科技大学出版社，2005.

[23] 刘君华. 智能传感器系统（第3版）. 西安：西安电子科技大学出版社，2004.

[24] 胡向东，刘京城，余成波. 传感器与检测技术. 北京：机械工业出版社，2009.

读者服务表

尊敬的读者：

感谢您采用我们出版的教材，您的支持与信任是我们持续上升的动力。为了使您能更透彻地了解相关领域及教材信息，更好地享受后续的服务，我社将根据您填写的表格，继续提供如下服务：

1．免费提供本教材配套的所有教学资源；
2．免费提供本教材修订版样书及后续配套教学资源；
3．提供新教材出版信息，并给确认后的新书申请者免费寄送样书；
4．提供相关领域教育信息、会议信息及其他社会活动信息。

基本信息				
姓名		性别		年龄
职称		学历		职务
学校		院系（所）		教研室
通信地址			邮政编码	
手机		办公电话	住宅电话	
E-mail			QQ 号码	

教学信息			
您所在院系的年级学生总人数			
	课程 1	课程 2	课程 3
课程名称			
讲授年限			
类　型			
层　次			
学生人数			
目前教材			
作　者			
出 版 社			
教材满意度			

书评
结构（章节）意见
例题意见
习题意见
实训/实验意见

您正在编写或有意向编写教材吗？希望能与您有合作的机会！		
状　态	方向/题目/书名	出 版 社
正在写/准备中/有讲义/已出版		

与我们联系的方式有以下三种：

1．发 Email 至 yuy@phei.com.cn，领取电子版表格；
2．打电话至出版社编辑 010-88254556（余义）；
3．填写该纸质表格，邮寄至"北京市万寿路 173 信箱，余义 收，100036"

我们将在收到您信息后一周内给您回复。电子工业出版社愿与所有热爱教育的人一起，共同学习，共同进步！

反侵权盗版声明

电子工业出版社依法对本作品享有专有出版权。任何未经权利人书面许可，复制、销售或通过信息网络传播本作品的行为；歪曲、篡改、剽窃本作品的行为，均违反《中华人民共和国著作权法》，其行为人应承担相应的民事责任和行政责任，构成犯罪的，将被依法追究刑事责任。

为了维护市场秩序，保护权利人的合法权益，我社将依法查处和打击侵权盗版的单位和个人。欢迎社会各界人士积极举报侵权盗版行为，本社将奖励举报有功人员，并保证举报人的信息不被泄露。

举报电话：（010）88254396；（010）88258888

传　　真：（010）88254397

E-mail：dbqq@phei.com.cn

通信地址：北京市万寿路 173 信箱

　　　　　电子工业出版社总编办公室

邮　　编：100036